21世纪高等学校规划教材 ｜ 电子信息

"十三五"江苏省高等学校重点教材

编号：2016-1-041

电子系统设计与实践

（第2版）

孙宏国　周云龙　编著

清华大学出版社

北京

内 容 简 介

本书共分 6 章,分别介绍电子系统设计导论,电子系统的组成、一般设计方法、方案论证、元器件的选择以及报告的撰写方法;模拟电子系统的设计方法、常用的单元电路设计;传统数字电子系统和现代数字电子系统的设计方法;单片机最小系统和各单元电路的组成;电子电路的调试方法、步骤和经验;历届参加电子设计竞赛题目举例。

本书可作为高等学校电子信息类等专业的"电子技术课程设计(含模拟电子、数字电子)""单片机课程设计"课程的教材,亦可作为参加电子设计竞赛的培训教材和参考书。

图书在版编目(CIP)数据

电子系统设计与实践/孙宏国,周云龙编著. —2 版. —北京:清华大学出版社,2018(2024.8重印)
(21 世纪高等学校规划教材·电子信息)
ISBN 978-7-302-47854-6

Ⅰ. ①电…　Ⅱ. ①孙… ②周…　Ⅲ. ①电子系统—系统设计　Ⅳ. ①TN02

中国版本图书馆 CIP 数据核字(2017)第 175228 号

责任编辑:魏江江　赵晓宁
封面设计:傅瑞学
责任校对:时翠兰
责任印制:杨　艳

出版发行:清华大学出版社
　　　　网　　　址:https://www.tup.com.cn,https://www.wqxuetang.com
　　　　地　　　址:北京清华大学学研大厦 A 座　　　　　　邮　　编:100084
　　　　社 总 机:010-83470000　　　　　　　　　　　　邮　　购:010-62786544
　　　　投稿与读者服务:010-62776969,c-service@tup.tsinghua.edu.cn
　　　　质量反馈:010-62772015,zhiliang@tup.tsinghua.edu.cn
　　　　课件下载:https://www.tup.com.cn,010-83470236
印　装　者:三河市铭诚印务有限公司
经　　销:全国新华书店
开　　本:185mm×260mm　　　印　张:19　　　　字　数:461 千字
版　　次:2012 年 1 月第 1 版　 2018 年 5 月第 2 版　印　次:2024 年 8 月第 5 次印刷
印　　数:17401 ～ 17900
定　　价:49.00 元

产品编号:070371-01

出 版 说 明

随着我国改革开放的进一步深化,高等教育也得到了快速发展,各地高校紧密结合地方经济建设发展需要,科学运用市场调节机制,加大了使用信息科学等现代科学技术提升、改造传统学科专业的投入力度,通过教育改革合理调整和配置了教育资源,优化了传统学科专业,积极为地方经济建设输送人才,为我国经济社会的快速、健康和可持续发展以及高等教育自身的改革发展做出了巨大贡献。但是,高等教育质量还需要进一步提高以适应经济社会发展的需要,不少高校的专业设置和结构不尽合理,教师队伍整体素质亟待提高,人才培养模式、教学内容和方法需要进一步转变,学生的实践能力和创新精神亟待加强。

教育部一直十分重视高等教育质量工作。2007 年 1 月,教育部下发了《关于实施高等学校本科教学质量与教学改革工程的意见》,计划实施"高等学校本科教学质量与教学改革工程"(以下简称"质量工程"),通过专业结构调整、课程教材建设、实践教学改革、教学团队建设等多项内容,进一步深化高等学校教学改革,提高人才培养的能力和水平,更好地满足经济社会发展对高素质人才的需要。在贯彻和落实教育部"质量工程"的过程中,各地高校发挥师资力量强、办学经验丰富、教学资源充裕等优势,对其特色专业及特色课程(群)加以规划、整理和总结,更新教学内容、改革课程体系,建设了一大批内容新、体系新、方法新、手段新的特色课程。在此基础上,经教育部相关教学指导委员会专家的指导和建议,清华大学出版社在多个领域精选各高校的特色课程,分别规划出版系列教材,以配合"质量工程"的实施,满足各高校教学质量和教学改革的需要。

为了深入贯彻落实教育部《关于加强高等学校本科教学工作,提高教学质量的若干意见》精神,紧密配合教育部已经启动的"高等学校教学质量与教学改革工程精品课程建设工作",在有关专家、教授的倡议和有关部门的大力支持下,我们组织并成立了"清华大学出版社教材编审委员会"(以下简称"编委会"),旨在配合教育部制定精品课程教材的出版规划,讨论并实施精品课程教材的编写与出版工作。"编委会"成员皆来自全国各类高等学校教学与科研第一线的骨干教师,其中许多教师为各校相关院、系主管教学的院长或系主任。

按照教育部的要求,"编委会"一致认为,精品课程的建设工作从开始就要坚持高标准、严要求,处于一个比较高的起点上。精品课程教材应该能够反映各高校教学改革与课程建设的需要,要有特色风格、有创新性(新体系、新内容、新手段、新思路,教材的内容体系有较高的科学创新、技术创新和理念创新的含量)、先进性(对原有的学科体系有实质性的改革和发展,顺应并符合 21 世纪教学发展的规律,代表并引领课程发展的趋势和方向)、示范性(教材所体现的课程体系具有较广泛的辐射性和示范性)和一定的前瞻性。教材由个人申报或各校推荐(通过所在高校的"编委会"成员推荐),经"编委会"认真评审,最后由清华大学出版社审定出版。

目前,针对计算机类和电子信息类相关专业成立了两个"编委会",即"清华大学出版社计算机教材编审委员会"和"清华大学出版社电子信息教材编审委员会"。推出的特色精品教材包括:

(1) 21 世纪高等学校规划教材·计算机应用——高等学校各类专业,特别是非计算机专业的计算机应用类教材。

(2) 21 世纪高等学校规划教材·计算机科学与技术——高等学校计算机相关专业的教材。

(3) 21 世纪高等学校规划教材·电子信息——高等学校电子信息相关专业的教材。

(4) 21 世纪高等学校规划教材·软件工程——高等学校软件工程相关专业的教材。

(5) 21 世纪高等学校规划教材·信息管理与信息系统。

(6) 21 世纪高等学校规划教材·财经管理与应用。

(7) 21 世纪高等学校规划教材·电子商务。

(8) 21 世纪高等学校规划教材·物联网。

清华大学出版社经过三十多年的努力,在教材尤其是计算机和电子信息类专业教材出版方面树立了权威品牌,为我国的高等教育事业做出了重要贡献。清华版教材形成了技术准确、内容严谨的独特风格,这种风格将延续并反映在特色精品教材的建设中。

清华大学出版社教材编审委员会
联系人:魏江江
E-mail:weijj@tup.tsinghua.edu.cn

第2版前言

随着微电子技术、计算机技术的飞速发展,不但使电子产品的小型化、微型化进程加快,而且给电子产品的设计也带来了前所未有的变革。对于电子技术的学习,不能只停留在理论层面,还需要对电子系统的设计方法、实验技术、仿真技术、制作与加工技术、测试与调试技术进行全面的学习。本书的具体内容是对相关课程知识的拓宽、提高和综合应用,其目的是培养学生的电子系统设计能力和创新能力,以适应电子信息时代对学生知识和能力的要求。本书内容新颖,理论联系实际,适合于电气信息类各专业的学生选用。

本书从信号的获取、信号的处理到信号的执行等方面介绍了电子设计中典型电路和常用电路,有利于学生综合设计能力和创新能力的提高。《电子系统设计与实践》(第2版)对单片机的型号做了更新,由89C51改为C8051F021,程序调试由ISP(在系统编程)技术改为JTAG技术,这样程序的修改和调试更方便。

本书共分6章,第1章为电子系统设计导论,主要介绍电子系统的组成、一般设计方法、方案论证、元件的选择以及报告的撰写方法。第2章为模拟电子系统设计,主要介绍模拟电子系统的设计方法、常用的单元电路设计和10个可作为模拟电子系统设计的基本题目。第3章为数字电子系统设计,主要介绍传统数字电子系统和现代数字电子系统的设计方法、常用的单元电路设计和20个数字电子系统设计的基本题目(其中8个是基于FPGA/CPLD实现的)。第4章为单片机应用系统设计,主要介绍单片机最小系统和各单元电路的组成,列举了10个可作为单片机系统设计的基本题目。第5章为制作与调试实践,主要介绍模拟电子系统、数字电子系统以及单片机系统的调试方法、步骤和经验。第6章为综合电子系统设计实例,这些实例都是经过实际制作且获得省级以上奖项的题目,采用的方案以我们自己参赛的方案为主,对其中不是太合理的作了适当的改进,以达到更好的效果。

本书由孙宏国和周云龙编著。第1、第5和第6章由孙宏国和周云龙共同编写,第2和第3章由孙宏国编写,第4章由周云龙编写。全书由孙宏国负责统稿。本书得到了盐城工学院教材出版基金的资助。盐城工学院电工电子组的教师在使用本书初稿时提出了许多宝贵的意见和建议,在此表示衷心的感谢。

本书在编写过程中,参考了许多文献资料,在此对这些资料的作者一并表示感谢。

由于编者水平有限,不足之处在所难免,敬请读者批评指正。

作者邮箱:sunhg@ycit.edu.cn。

编　者

2017年6月于盐城

目 录

第1章 电子系统设计导论

1.1 电子系统概述

1.1.1 定义

1. 系统的定义

系统是由两个以上各不相同且互相联系、互相制约的单元组成的,并在给定环境下能够完成一定功能的综合体。这里所说的单元,可以是元件、部件或子系统。一个系统又可能是另一个更大系统的子系统。系统的基本特征是,在功能与结构上具有综合性、层次性和复杂性。这些特征决定了系统的设计与分析方法将不同于简单的对象。现行的已投入使用的各种系统以及正在研究的各种系统均达到了相当大的规模与复杂度。因此,具有管理系统设计中复杂性的能力,应作为培养具有创新能力的大学生的目标之一。

2. 电子系统的定义

由若干相互连接、相互作用的基本电路组成的,具有特定功能的电路整体,称为电子系统。由于大规模集成电路和模拟—数字混合集成电路的大量出现,在单个芯片上可能集成许多种不同类型的电路,从而自成一个系统。例如,目前有多种单个芯片构成的数据采集系统产品,芯片内部往往包括多路模拟开关、可编程放大电路、取样保持电路、模数转换电路、数字信号传输与控制电路等多种功能电路,并且已互相连接成为一个单片电子系统。对于电子系统设计者来说,可以从生产厂家给出的产品手册中粗略了解这些单片系统的内容、功能与结构,但更关心的是这类芯片各引脚的功能和输入或输出特性,即芯片的外特性,以实现各芯片电路之间的互连,而把芯片内部结构当作一个黑盒子(即不必细究其内部结构)处理。这样的单片系统是功能更为完善的电子系统中的一个组成部分。一个比较复杂而完善的电子系统,往往由许多个子系统所构成。

常见的子系统有模拟子系统、数字子系统和微处理机子系统。这些子系统一般已不是1~2块简单模块电路可以实现的,它们本身也构成了一个特定功能、相对完整的电路系统。

根据电子系统的不同功能,大概有以下几种电子系统。

(1) 测控系统。大到航天器的飞行轨道控制系统,小到自动照相机快门系统以及工业生产控制等。

（2）测量系统。电量及非电量的精密测量。

（3）数据处理系统。语音、图像、雷达信息处理等。

（4）通信系统。数字通信等。

（5）家电系统。多媒体彩电、数字式视频光盘机等。

1.1.2　电子系统的组成

电子系统有大有小，大到航天飞机的测控系统，小到出租车计价器。电子系统的组成框图如图 1-1 所示。

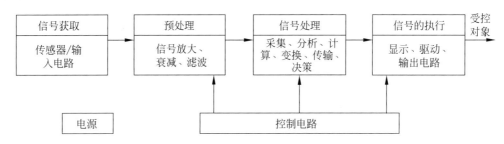

图 1-1　电子系统的组成框图

信号获取：主要是通过传感器或输入电路，将外界信息变换为电信号或实现系统与信源间的耦合匹配。

预处理：主要是解决信号的放大、衰减、滤波等，也就是通常所说的"信号调理"。经预处理后的信号，在幅度和其他诸多方面都比较适合做进一步的分析和处理。

信号处理：主要完成信号和信息的采集、分析、计算、变换、传输和决策等。

信号的执行：主要包括处理结果的显示、负载的驱动以及输出电路等。

控制电路：主要完成对各部分动作的控制，使各部分能协调有序地工作。

电源：这是每个电子系统中必不可少的部分。目前电源基本上都可采用标准化电路，有许多成品可供选择。

当前的电子系统有以下特点。

（1）模拟电路仍然是重要的组成部分。自然界的物理量大多以模拟量的形式存在，所以系统中模拟电路一般必不可少，特别是输入电路、信号调理和输出部分。

（2）数字化是信号处理和电子系统设计的大趋势。数字化具有许多优点，故数字电路在电子系统中占有极为重要的地位。从模拟量到数字量，或从数字量重新回到模拟量，A/D、D/A 转换作为二者的桥梁已成为电子系统的重要环节。对于规模较大的数字电路，固定的中、小规模器件几乎已被可编程器件(CPLD、FPGA 等)所代替。

（3）嵌入式系统、微处理器(CPU)或 DSP，已成为系统中控制和信号处理的核心。

（4）软件设计可使系统的自动化、智能化、多功能化变得容易实现，软件可使硬件简化、成本降低。所以在电子系统中所占的分量将越来越重。

1.2 电子系统的设计

1.2.1 电子系统设计的一般方法

因为电子系统的复杂性,必须用有效的方法去管理其复杂性才能使系统设计取得成功。基于系统的功能与结构上的层次性,演化出了以下3种设计方法。

1. 自顶向下法

自顶向下(Top-Down)设计方法首先从系统级设计开始。系统级的设计任务是,根据原始设计指标或用户的需求,将系统的功能(或行为)全面、准确地描述出来,也即将系统的输入输出关系全面、准确地描述出来,然后进行子系统级设计。具体讲就是根据系统级设计所描述的该系统应具备的各项功能,将系统划分和定义为一个个适当的能够实现某一功能的相对独立的子系统。每个子系统的功能(即输入输出关系)必须全面、准确地描述出来,子系统之间的联系也必须全面、准确地描述出来。例如,移动电话应有收信与发信的功能,就必须分别安排一个接收机子系统和一个发射机子系统,还必须安排一个微型计算机作为内务管理和用户操作界面管理子系统。此外,天线和电源子系统的必要性是不言自明的。子系统的划分、定义和互连完成后,就下到部件级上去进行设计,即设计或者选用一些部件去组成实现既定功能的子系统。部件级的设计完成后,再进行最后的元件级设计,即选用适当的元件去实现有既定功能的部件。

自顶向下法是一种概念驱动的设计方法。该方法要求在整个设计过程中尽量运用概念(即抽象)去描述和分析设计对象,而不要过早地考虑实现该设计的具体电路、元器件和工艺,以便抓住主要矛盾,避免纠缠在具体细节上,这样才能控制住设计的复杂性。整个设计在概念上的演化从顶层到底层应当逐步由概括到展开,由粗略到精细。只有当整个设计在概念上得到验证与优化后,才能考虑"采用什么电路、元器件和工艺去实现该设计"这类具体问题。此外,设计人员在运用该方法时还必须遵循下列原则,方能得到一个系统化的、清晰易懂的以及可靠性高、可维护性好的设计。

1) 正确性和完备性原则

该原则要求在每一级(层)的设计完成后,都必须对设计的正确性和完备性进行反复的过细检查,即检查指标所要求的各项功能是否都实现了,且留有必要的余地,最后还要对设计进行适当的优化。

2) 模块化、结构化原则

每个子系统、部件或子部件都应设计成在功能上相对独立的模块,即每个模块均有明确的可独立完成的功能,而且对某个模块内部进行修改时不应影响其他的模块;子系统之间、部件之间或者子部件之间的联系形式应当与结构化程序设计中模块间的联系形式相仿。

3) 问题不下放原则

在某一级的设计中如遇到问题时,必须将其解决了才能进行下一级(层)的设计,切不可将上一级(层)的问题留到下一级(层)去解决。

4) 高层主导原则

在底层遇到的问题找不到解决办法时,必须退回到它的上一级(层)去甚至再上一级去,通过修改上一级的设计来减轻下一级设计的困难,或找出上一级设计中未发现的错误并将其改正,才是正确的解决问题的策略。

5) 直观性、清晰性原则

设计中不主张采用那些使人难以理解的诀窍和技巧,应当在实际的设计中和文档中直观、清晰地反映出设计者的思路。设计文档的组织与表达应当具有高度的条理性与简洁明了性。一个可懂性好的设计,不仅使得同一项目组的设计人员之间的交流方便、高效,而且使今后系统的修改、升级和维修大为方便,即达到可维护性好的目标。

综上所述,进行一项大型、复杂系统设计的过程,实际上是一个在自顶向下的过程中还包括了由底层返回到上层进行修改的多次反复的过程,如图 1-2 所示。需要说明的是,自上而下的设计方法是一个不断求精、逐步细化、分解的过程,但并不是单方向的。自顶向下的设计方法的缺点就是需要先进的 EDA 设计工具和精确的工艺库的支持。

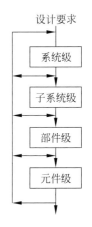

图 1-2   自顶向下
设计过程

2. 自底向上法

自底向上法(Bottom-Up)的设计过程与自顶向下法正好相反。该方法是根据要实现的系统的各个功能的要求,首先从现有的可用的元件中选出合用的,设计成一个个的部件,当一个部件不能直接实现系统的某个功能时,就需要设计由多个部件组成的子系统去实现该功能,上述过程一直进行到系统所要求的全部功能都实现为止。这种设计过程的优点是符合硬件设计工程师的传统习惯,可以继承使用经过验证的、成熟的部件与子系统,从而可以实现设计重用,减少设计的重复劳动,提高设计生产率。其缺点是设计过程中设计人员的思想受限于现成可用的元件,故不容易实现系统化的、清晰易储的以及可靠性高、可维护性好的设计,在底层设计时,缺乏对整个系统总体性能的把握。如果在整个系统完成后发现性能还需改进,则修改起来就比较困难,甚至需要重新制作硬件。随着系统规模与复杂度的提高,这种设计方法的缺点会越来越突出,因而渐被自顶向下的设计方法所取代。

3. 以自顶向下方法为主导并结合使用自底向上的方法

近代的系统设计中,为了实现设计重用以及对系统进行模块化测试,通常采用以自顶向下方法为主导,并结合使用自底向上的方法。这种方法既能保证实现系统化的、清晰易懂的以及可靠性高、可维护性好的设计,又能减少设计的重复劳动,提高设计生产率。这对于以 IP 核(Intellectual Property Core)为基础的超大规模集成电路(Very Large Scale Integration,VLSI)片上系统的设计特别重要,因而得到普遍采用。

上面所述的电子系统的一般设计方法,从方法学上来说与大型软件的设计方法是完全一致的。如果读者在软件设计方面已经具有一定的实践经验,在学习硬件设计的方法和原则时不妨将软件设计中的方法和原则与其做一个对照,从而可以加深理解。

1.2.2　电子系统设计一般步骤

为了承前启后,也为了便于查阅和复习在前修课中已经学过的数字、模拟和微机系统的设计方法,这里对它们的设计步骤做一个扼要的总结。前面曾经介绍过电子系统的一般设计步骤,它与下面所列出的三类系统的设计步骤之间的关系,是一般与具体、共性与个性以及原则与实施的关系。由此决定了电子系统的一般设计步骤对以下所列三类系统设计步骤将起着导向、规范与统筹的作用,从而保证三类系统遵循正确的理念与方法。虽然下面所列的这些设计步骤,最初是面向采用通用集成电路和印制底板去实现电子系统方法的,但只要将使用新器件、新工艺实现电子系统的新方法绑定到这些设计步骤上去,它们也适用于诸如以用户可编程的 PLD(Programmable Logic Device)或 ASIC(Application Specific Integrated Circuit)芯片等新器件来进行电子系统的设计。用后两种器件设计电子系统的方法将分别在本书其他章节中专门进行介绍。

1. 模拟系统设计步骤

(1) 任务分析、方案比较、确定总体方案。

(2) 将系统划分为若干相对独立的功能块,画出系统的总体组成框图。

(3) 以实现各功能块的集成电路为中心,通过选择和计算完成各个功能单元外接电路与元件的配置。

(4) 单元之间耦合的核算及电路的整体配合与调整,以得到一个比较切合实际的系统整体电原理图。

(5) 根据第(3)和(4)的结果,重新核算系统的主要指标,检查是否满足要求且留有一定余地。

(6) 画出系统元器件布置图和印制电路板(Printed Circuit Board,PCB)图,并考虑其测试方案,设置相关的测试点。

2. 数字系统设计步骤

(1) 明确设计要求(完成系统功能示意框图)。

(2) 确定系统方案(完成系统总体方框图——将控制器与受控器分开,拟定系统的总体算法状态机(Algorithmic State Machine,ASM)流图及定时图。

(3) 完成受控器的详细设计。

(4) 将系统级 ASM 流图及定时图细化,然后进行控制器设计。

(5) 工程实现与调试。

3. 以微机(单片机)为核心的电子系统的设计步骤

1) 确定任务,完成总体设计

(1) 确定系统功能指标,编写设计任务书。

(2) 确定系统实现的硬、软件子系统划分,分别画出硬件与软件子系统的方框图。

2) 硬件、软件设计与调试

(1) 按模块进行硬件设计,力求标准化、模块化,要有高的可靠性和抗干扰能力。

（2）按模块进行软件设计,力求结构化、模块化,要有高的可靠性和抗干扰能力。

（3）选择合适的单片机开发系统和测试仪器,进行硬、软件的调试。

3）系统总调、性能测定

将调试好的硬、软件装配到系统样机中去,进行整机总体联调。排除硬、软件故障后进行系统的性能指标测试。

1.3　总体方案的选择和实现

电子系统的总体框架设计是电子系统的顶层设计,是整个设计中至关重要的一个环节。设计者应根据设计项目的要求,用所学知识以及灵感构思电子系统。

1.3.1　总体方案论证及选择

总体方案论证及选择是电子系统设计成功的开始,也是成功的关键所在。方案选错了,将会导致全盘皆输,必须从头再来,这会给时间和金钱上造成不可弥补的损失。

方案论证和选择的依据仍然是系统的"先进性"和"可行性"。这里必须做以下两件事情。

（1）深刻理解项目所要求的每项技术指标的水平和含义,明确题目的重点、难点及关键技术。

（2）查阅资料、广开思路、选择方案。

通常,符合基本要求的系统方案不止一种,必须查阅有关资料、广开思路、提出多种不同的方案,然后逐一分析每种方案的优缺点和可行性,经过充分比较,选择一种技术上先进、合理、可行、性能价格比较高的最佳方案。

1.3.2　总体方案框图的设计及细化

总体方案框图是一个电子系统结构最简洁、最明确的描述方法,一般采用自顶向下的设计方法。设计人员首先根据对设计要求的理解及系统可能的工作方式、结构等知识构成系统总体方框图。在构成总体方框图时应不断地消化并理解用户要求,必要时与用户磋商讨论,进一步明确一些可能存在的不明确的地方,补充确定一些设计要求中未曾列出的必要的技术要求、指标等。总体方框图由若干个方框构成,每一个方框都是一个功能相对单一的子系统,如图1-3所示,如存储器系统、数据处理系统、输入输出系统等。要明确系统的创新点、攻关的目标、所需的关键器件以及实现的基本路线。甚至于功耗、体积、成本、时间限制等都是应该考虑的问题。完成了以上工作,就可以分工进入各功能块的具体电路设计阶段。

1.3.3　总体方案的实现

系统总体方案确定后,便可画出各功能块的详细框图,设计者根据设计要求及指标规定每个子系统的性能指标,类似于把用户要求层次概括为功能级,可以把带有技术指标要求的系统总体方框图概括为处理器级。然后,设计人员应对总体方框图中的每一个方框(子系统)的结构进行分析及设计。根据它在系统中的功能及指标构成该方框(子系统)的详细方

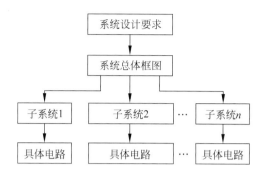

图 1-3 电子系统设计结构及流程框图

框图,要使详细方框图中的每一个小方框都落实到通用中大规模集成电路层次。同时规定一些关键器件的指标以保证该子系统的性能指标的实现。通常把这个层次概括为寄存器级。对于一个初级的电子系统设计人员而言,构成了寄存器级方框图就等于初步完成子系统设计的理论部分。要特别注意各单元之间输入输出电路的衔接和匹配,尽量不用或少用电平转换之类的接口电路。

1. 技术路线和设计理念

要顺应当前三大技术的重点转移,即分立元件向集成电路转移、模拟技术向数字技术转移、固定器件向可编程器件转移。

随着微电子技术的发展,集成电路功能越来越强大、价格也迅速降低,著名的摩根定律描述:"每 3 年芯片的集成度增加 4 倍"(或每 18 个月增加 2 倍),特征线宽缩小 $\sqrt{2}$ 倍,所以要尽量用集成电路代替分立元件(除非在一些特定场合),以简化设计、减小体积、提高系统可靠性。数字化有许多优点,特别是需要多功能的复杂信号处理时,数字化是必需的途径,所以技术重点向数字化转移是必然的。但是需要指出,数字化不可能完全替代模拟技术,尤其是在控制系统中的应用。可编程逻辑器件及其 EDA 工具的出现与发展是电子设计领域的一场革命。可编程逻辑器件具有使系统性能最优化、体积缩小、成本降低、可靠性提高、设计周期缩短等优点,使其很快代替了固定的中、小规模的数字器件。

2. 设计方法

必须充分利用各种 EDA 工具,采取先"仿真"后"实验",先"虚拟"后"硬件"的方法。

当前的 EDA 工具越来越多,且功能也越来越强大。用于数模混合仿真的有 Pspice、EWB、Multisim、Protel DXP 等,用于系统仿真的有 Systemview、Cadence、Synopsys 等,用于纯数字系统仿真的有 Maxplus Ⅱ、Quartus Ⅱ、Fundation 等。模型库、器件都比较完善。可以在计算机上设计好电路,仿真结果证实性能达到要求后再装配电路,或直接给可编程逻辑器件下载。这种设计方法是科学可行的,可以收到事半功倍的效果。

3. 继承与创新相结合

在设计过程中,要将继承与创新相结合。设计者可以通过查阅教科书、电路图集、技术手册、学术期刊、学位论文、网上资料等途径,借鉴、继承已有的成果,从中得到启发;或者直接找到满足要求的电路,在已有的电路基础上加以挑选、改进,为我所用。不可能也没有必要一切从零开始,闭门造车。在广泛调查研究的基础上,设计者可将精力集中在某些关键技术上,有所创新,设计出与众不同、性能优异的电子系统来。

4. 尽量发挥软件优势

当前的电子系统大多是软、硬件结合的系统。有的电子系统,离开软件,硬件根本无法工作,而成了一堆废物。硬件设计软件化是当前设计的趋势之一。应充分利用软件多解决问题,尽量减少硬件电路的投入和改动。

1.4　元器件的选择原则

如何选择电路结构中所需的元器件是每一个设计者所面临的难题之一。从某种意义上讲,电子电路的设计就是选择最合适的元器件,并将其有机地组合起来。因此,不仅要在设计单元电路时考虑采用哪些元器件,而且在方案选择时,也要考虑到核心器件的性能及价格问题。有时,找到一种元器件就可以使设计变得十分简单。那么应当如何选择元器件呢?这里必须搞清"要什么"和"有什么"两个问题。

"要什么"是指根据指标要求系统需要什么样的元器件,即指每个器件应具备的功能和性能参数。对于元器件最重要的4个要素是功能、精度、速度和价格。在满足功能、精度要求的前提下,能用低速的决不用高速,能用便宜的决不用昂贵的。

"有什么"是指哪些元器件手头有,哪些元器件可以在市场上买到或订到,它们的供货周期长短、价格、体积、性能如何等。应当认识到解决这个问题的学问很大,因为电子元器件品种繁多而且新的元器件不断涌现,这就要求设计者多关注元器件的信息,多查阅元器件资料(网络是一个不错的查阅途径),多去元器件市场看看。市场柜台的陈列和价格表是设计者了解元器件行情的最直接、最生动的教科书。

1.4.1　集成电路的选择

集成电路的品种和型号繁多。从大的方面看,可以分为专用和通用两个方面。这里所说的主要是通用集成电路。从处理的信号类型看,可以分为数字集成电路、模拟集成电路和数模混合集成电路三大类。其中,数字集成电路的品种远多于模拟集成电路。从集成电路中构成有源器件的管子类型看,可分为单极型和双极型,即CMOS型和TTL型。双极型和单极型器件比较,双极型的工作频率高,但功耗较大,温度特性较差,输入电阻小,集成度低。因此,一般大规模集成电路多为单极型的。

专用集成电路选择的针对性强,选择的余地相对较少;而通用集成电路的品种很多,选用时具有较大的灵活性。

通用集成电路选择的原则主要是看设计电路所提出的要求,应根据电路的功能要求选择器件的功能,根据电路的性能指标,选择器件的型号、规格。

表1-1给出了国产半导体集成电路的型号命名方法。

表 1-1　国产半导体集成电路型号命名方法

国标产品	器件类型	用数字和字母表示器件系列品种	工作温度范围/℃	封　装
C	T：TTL 电路	其中 TTL 分为：	C：0～70	F：多层陶瓷扁平
	H：HTL 电路	54/74× (标准 TTL)	G：－25～70	B：塑料扁平
	E：ECL 电路	54/74H× (高速 TTL)	L：－25～85	H：黑瓷扁平
	C：CMOS 电路	54/74L× (低功耗 TTL)	E：－40～85	D：多层陶瓷双列直插
	N：存储器	54/74S× (肖特基 TTL)	R：－55～85	J：黑瓷双列直插
	μ：微型机电路	54/74LS× (肖特基低功耗 TTL)	M：－55～125	P：塑料双列直插
	F：线性放大器	54/74AS× (先进肖特基)		S：塑料单列直插
	W：稳压器	54/74ALS× (先进低功耗肖特基)		T：金属圆壳
	D：音响、电视电路	54/74F× (快速肖特基)		K：金属菱形
	B：非线性电路			C：陶瓷芯片载体
	J：接口电路	CMOS 分为：		E：塑料芯片载体
	AD：A/D 转换器	4000 系列		G：网格针栅阵列
	DA：D/A 转换器	54/74HC× (高速 CMOS)		
	SC：通信专用电路	54/74HCT		
	SS：敏感电路	54/74AC× (先进 CMOS)		
	SW：钟表电路	54/74ACT×		
	SJ：机电仪电路			
	SF：复印机电路			

由表 1-1 可见，TTL 集成电路分为标准 TTL、高速 TTL、低功耗 TTL、肖特基 TTL、低功耗肖特基 TTL、先进肖特基、先进低功耗肖特基和快速肖特基 8 个系列。CMOS 分为 4000 CMOS、高速 CMOS(含 HC 和 HCT)、先进 CMOS(含 AC 和 ACT)5 个系列。这 13 个系列中又分为民品与军品，民品系列代号是 74(工作温度为 0～70℃)，军品的代号是 54(工作温度为－55～125℃)。而 CMOS 系列中只有高速 CMOS，先进 CMOS 有军品、民品之分，4000 系列则不分。在这样多的集成电路产品中，一般使用的是 74 系列的低功耗肖特基(74LS)和 CMOS 系列的器件。

表 1-2 给出了常用逻辑门的性能参数。值得一提的是，目前市场上流行的许多国外生产的器件，大多以公司的标准命名，应用时可查对相关型号对照资料。

表 1-2　几种逻辑门电路性能对照表

指　标	标准 TTL	LSTTL	HTL	ECL	CMOS
电源电压/V	＋5	＋5	＋15	－5.2	＋3～18
每门平均延时/ms	10	5	85	2	50
每门平均功耗/mW	15	2	30	25	0.01
计数频率/MHz	35	50	1	200	2
噪声容限/V	0.4	0.4	6	0.15	$0.4V_{DD}$
静态扇出	10	20	20	100	1000
输入高电平(min)/V	2	2	9	－1.105	$0.6V_{DD}$
输入低电平(max)/V	0.8	0.8	6.5	－1.475	$0.4V_{DD}$
输出高电平(min)/V	2.4	2.4	13.5	－0.96	电源高端

指　标	标准 TTL	LSTTL	HTL	ECL	CMOS
输出低电平(max)/V	0.4	0.4	1.5	−1.65	电源低端
高电平输入电流/mA	0.04	0.02	0.006	0.265	0.0001
低电平输入电流/mA	1.6	0.4	1.5	0.5	0.0001
高电平输出电流/mA	0.4	0.4	0.1	50	0.4
低电平输出电流/mA	16	8	35	52	0.7
主要特点	高速	高速低功耗	高抗干扰	超高速	微功耗

要正确地选择元器件,应注意以下几点。

(1) 应熟识集成电路的分类,最好能熟识每类中若干典型产品的型号、性能及价格,以便及时地提出好的方案,设计好的电路。

(2) 尽量选择市场流行的或大公司的系列产品。一般来说,集成电路更新很快,有些产品问世不久就被新产品所代替而停产。一旦选用过时或停产的产品,不但采购困难而且价格会很高。例如,单片机 8031(或 8051)的价格比 89S51(具有在系统编程功能)还贵,且极难找到。

(3) 应根据系统的应用场合合理选择器件。同样一类集成电路可分为美国 833 级、军品级、汽车级、工业级和商业级。商业级价格最低,833 级的范围与普通军品级相同,但在许多性能指标上,如失效率等高于普通军品级。商业级与军品级器件的价格可能相差几十倍之多,在应用中必须考虑到这些器件标准的差异。

1.4.2　电阻、电容的选择

1. 电阻的性能参数

电阻的主要参数是阻值和额定功率两项。应该根据应用电路的具体情况进行选择,有些情况下必须严格按计算出的电阻大小取值,而有些情况可以定性估算,具有一定的浮动范围。电阻的额定功率通常按 I^2R 计算后留有较大的余地。下面列出电阻的额定功率和标称阻值系列数据。

1) 额定功率

额定功率共分 10 个等级,其中常用的有 0.05W、0.125W、0.25W、0.5W、1W、2W、…。

2) 标称阻值系列

一般固定式电阻的标称值应符合如表 1-3 所示的数值或数值乘以 10^n,其中 n 为正整数或负整数。

表 1-3　电阻标称值

容许误差(%)	系列代号	标称系列值
±20	E6	10　　　15　　　22　　　33　　　47　　　68
±10	E12	10　12　15　18　22　27　33　39　47　56　68　82
±5	E24	10 11 12 13 15 16 18 20 22 24 27 30 33 36 39 43 47 51 56 62 68 75 82 91

体积很小的电阻器的阻值和误差常用色环表示,如图 1-4 所示。靠近电阻器的一端有 4 道或 5 道(精密电阻)色环,其中第 1 道、第 2 道及精密电阻的第 3 道色环,分别表示其相应位数的数字。倒数第 2 道色环表示 0 的个数,最后一道色环表示误差,如表 1-4 所示。

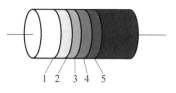

图 1-4 电阻色环表示法

表 1-4 电阻色环各种颜色所代表的意义

色别	黑	棕	红	橙	黄	绿	蓝	紫	灰	白
对应数字	0	1	2	3	4	5	6	7	8	9

2. 电容的性能参数

电容器的基本参数是耐压和标称容量。耐压通常按所在电路工作电压最大值的 1.5 倍选取,容量按电路的计算值选取后还应在实际安装中进行实验调整。表 1-5 说明了几种电容的标称容量和误差范围。

表 1-5 电容标称值

名 称	容许误差(%)	容量范围	标 称 容 量
纸膜复合介质电容器	±5	100pF～1μF	1.0,1.5,2.2,3.3,4.7,6.8
低频(有极性)有机薄膜介质电容器	±10 ±20	1～100μF	1,2,4,6,8,10,15,20,30,50,60,80,100
高频(无极性)钉机薄膜介质电容器	±5		E24
瓷介电容器	±10		E12
铝、钽、铌电解电容器	±10 ±20		1.0,1.5,2.2 3.3,4.7,6.8

注:标称电容量为表中数值或数据再乘以 10^n,其中 n 为正整数或负整数。

1)电容器的耐压

常用固定式电容器的直流工作电压为 6.3V、10V、16V、25V、40V、63V、100V、160V、250V、400V······

2)固定电容器的标称容量

电容器容量常按下列规则标印在电容器上。

(1)小于 10 000pF 的电容,一般只标明数值而省略单位,如 330 表示 330pF。

(2)10 000～1 000 000pF 的电容,采用 μF 为单位(往往也省略),它以小数标印,或以 10 乘以 10^n 标印。例如,0.01 表示 0.01μF,104 表示 $10×10^4$pF = 0.01μF,3n9 表示 $3.9×10^{-9}$F,即 3900pF。

(3)电解电容器以 μF 为单位标印。

3. 确定元件参数的原则

在确定元件参数时通常应遵循下面几项原则。

(1)考虑环境温度变化及电压波动等因素。计算参数应按最不利的情况处理。

（2）各元件的实际工作电压、电流、频率和功率值都应在元件标明的允许值内，并通常考虑留有 1.5 倍的裕量。

（3）电阻值应尽可能选在 1MΩ 范围以内，最大一般不应超过 10MΩ，考虑到与运算放大器负载能力有关的电阻时，还要求最小电阻值不小于 1kΩ。非电解电容值尽可能选在 100pF～0.1μF，最大一般不超过 1μF。最后选定的电阻、电容值均应是与表 1-3 和表 1-5 相近的标称系列值。

（4）在保证电路性能的前提下，尽可能减少元器件品种，选择价廉、体积小且容易买到的元器件，一般更应优先选用实验室现有的元器件。

1.5　设计报告与总结报告的编写

设计报告与总结报告的编写是培养学生的科学性、系统性及正确表达与概括能力不可缺少的过程，是科技论文写作训练的重要环节。设计报告是设计工作的起点，又是设计全过程的总结。是设计思想的归纳，又是设计结果的总汇，它全面反映了设计人员的设计思路、设计深度、广度以及优劣情况。从设计报告中可以看出设计人员的知识水平和层次。所以，对一个设计来讲，设计报告的编写是一个至关重要的问题。从另一个方面来讲，通过设计报告的编写还可以进一步发现前一阶段设计中的缺点及错误，从而找到进一步提高设计质量的途径。

关于总结报告，顾名思义，可知它是整个设计(文字、图表及实物)工作的总结。总结报告应该是真实工作的写照，是工作过程的记录，并有对今后工作的展望。

1.5.1　设计报告的编写

设计报告是设计全过程的总结，因此设计报告编写的内容、次序应与设计过程相一致。它们可能是：审题；选方案；细化方框图；设计关键单元电路；画出电路模块框图；设计控制电路；编写应用程序及管理程序；全机时序设计、关键部位波形分析以及计算机辅助设计成果；画出整机电路图、面板图以及必要的波形图；参考资料目录。根据不同设计内容可编写不同报告，如对于纯硬件电路就不必编写有关软件内容。再譬如整个电路的速度较低时，则可以不做时序设计等。下面对有关内容分别加以简单说明。

1．审题

审题包括理解题意，分析要求、确定总体方框图及必须完成的技术指标，为选方案提供可靠的依据。其中应特别注意的是，通过审题所确定的每一个技术指标都必须有依据、合理，不能带有随意性。

2．选方案

根据总体方框图及各部分分配的技术指标，找出可以实现的不同方案。从可能性、性能价格比、繁简程度、可靠性、通用性等各方面进行分析、计算、比较，有理有据地选定方案。

3．细化方框图

根据选定方案，画出实现此方案的细化方框图，列出关键单元电路及关键元器件。

4. 设计关键单元电路

根据要求选择合适的电路及器件,核定技术指标,进行必要的分析,提出对外围电路的要求。

5. 画出电路模块框图

根据细化方框图、关键单元电路以及分配的技术指标要求,画出以通用模块电路(名称、型号)为基础的受控电路模块框图,确定对控制信号的要求。

6. 设计控制电路

根据流程图(MDS 图、RTL 语言)及受控电路对控制信号的要求,选用核心模块电路(触发器、计数器、移位寄存器或 EPROM)构成实用控制电路,画出以通用模块电路为基础的控制模块框图。如果是软、硬件结合的智能系统,则应画出包含有 CPU 接口以及外围电路的完整硬件电路图。

7. 编写应用程序及管理程序

应有流程图及详细程序的打印件。

8. 全机时序设计、关键部位波形分析以及计算机辅助设计成果

对于速度要求较严格的电路必须进行时序设计。发现问题后应修改设计,包括更换元器件、电路结构,甚至方案。关键部位的波形分析应在已选元器件、电路结构条件下,根据已知器件极限参数画出关键部位波形,以便确定严格的时序关系,如果使用了计算机辅助设计及分析,则应附上辅助设计及分析的结果以及修改后的电路及参数。

9. 画出整机电路图、面板图及必要波形图

电路图必须实用化,严格按图形符号及国际标准绘制,如果用方框图绘制,则方框中的文字应与图形符号相一致。图中应注明必要的测试点、与面板图的对应点等。

10. 参考资料目录

参考资料目录应包括参考资料作者姓名、参考资料名称、出版社、出版日期等。

在编写中应掌握关键点,强调设计思路、整体指标、电路结构选择依据等。电路设计应给出关键计算公式,省略详细计算过程,注意辅以局部电路、局部波形等以加强可读性。要防止主次不分、眉毛胡子一把抓,使人不得要领。各部分名称代号、定义、变量名等应该前后一致,防止混乱。在使用可编程器件时,应首先设计出可编程器件将要实现的功能电路图,给出可编程器件的各个引脚与电路图的对应关系等。在整机电路图中可用虚线方框标出可编程器件,其各引脚标号应与单元电路相同。至于可编程器件的写入过程则可以从简或忽略。

1.5.2　总结报告的编写

总结报告是在完成样机测试并合格后进行的工作总结,是理论与实际相结合的产物,为

此总结报告与设计报告的主要差别是它应概括实际测试的全过程。总结报告的内容包括：测试方法的选择；测试数据及结果分析与处理；电路或系统方案修改的说明；最后结果(电路图、文字、图表、曲线、程序及测试结论)；系统功能改进方向等。

1. 测试方法的选择

根据系统功能及指标,拟定系统功能及指标的测试方案。

2. 测试数据及结果的分析与处理

设计要求中应满足的功能及技术指标都必须一一测试,应列出全部测试仪器的名称、型号、序号、设置条件以及测试电路图。测试结果一般应列表示出,必要时画出曲线。对照设计要求与测试结果,找出存在问题。改进电路及测试方法。

3. 电路或系统方案修改的说明

根据测试中找出的问题。修改电路设计,甚至修改设计方案,说明理由,给出必要的设计资料。

4. 最后结果

应包括合乎设计要求的实际电路图、面板图、配置图、实用程序清单及全部实测的功能及技术指标。

5. 系统功能改进方向

根据要求及实测结果找出系统存在的不足之处,提出系统可能的改进方案,提出对设计要求改进的方向等。

总结报告必须真实、可靠,来不得半点虚假,鼓励大胆发表个人见解和意见,提倡实事求是的学风。

通过设计报告与总结报告的编写,设计人员可在理论上进一步提高,发现不足和纠正缺点。也为他人使用或修改提供完整的第一手资料。因此是整个设计中不可缺少的环节,千万不可忽视。

如果只要求提供一本报告,则应提供最后的实际成果报告,不必提及修改说明等,但可指出存在问题及改进力向。

1.5.3　电子设计竞赛设计报告格式、内容

1. 封面

封面应包含题目、学校名称、学生姓名、日期等相关信息。除封面外,其他地方不能出现学校、学生名称。题目名称必须与全国大学生电子设计竞赛组委会公布的题目名称相同,不能更改。

2. 摘要

应有一个较详细的摘要,摘要要求 400 字以内。摘要主要包括采用方案、实现方法、实

现的功能及特点和水平。

摘要中不应出现"本文、我们、作者"之类的词语。英文摘要内容应与中文相对应；一般用第三人称和被动式。关键词一般选3～6个。

摘要单独占一页。

3. 目录

可以按二级或三级目录结构。建议按以下格式排列。

1……………………（第1级）

　1.1………………（第2级）

　　1.1.1……………（第3级）

4. 正文

一般论文主要包括本课题研究的主要意义和目的、作者做了哪些工作、如何做的以及主要结果和结论。

设计报告主要由以下几个部分组成。

第1章　方案设计与论证

包含方案的比较，方案的正确以及方案的优良性。

方案比较：有明确的比较——实现的方案至少有两个以上，并且对各方案有较充分的说明。

正确性：设计的方案和电路要求正确合理。

优良程度：方案优秀或有特色。

在方案比较中，提出的方案只需要框图（即功能模块级），并说明每一个方案所具有的特点，即方案具有的优点和缺点，然后说明本设计所采用的方案，为什么采用此方案。

设计的正确性和优良程度主要是对采用的方案评估。

在原理框图的基础上，应进行单元电路设计、说明。单元电路原理图剪贴到相应部分。

第2章　理论计算

理论计算要求完整、准确。

对方案论证与设计中的单元电路进行必要的分析计算。标明每个元器件的参数、选择依据，能否达到指标的评估。

对于定量测量系统，需要进行误差分配及误差分析，确保电路能达到设计指标要求。

第3章　电路图

电路图要保证完整性，即系统中各部分电路完整。

电路图要规范、清晰、工整、合乎标准，最好用电路CAD软件绘制。

撰写报告时，第1～3章相关部分也可合起来写，至少单元电路图应插入到相关说明部分，最后还需附上一张或多张电路图构成的总图。

比较好的方法是方案分析与选择为一章，具体实现的各模块单元电路说明书、分析与计算为一章，相应图表贴于合适位置，最后附上总图。

第4章　测试方法与数据

（1）测试方法。列出测什么项目、怎么测。必要时，应画出仪器仪表连接图、指明测试条件,即测试点选择原则。

(2) 列出所用的测试仪器名称、型号规格、厂家名称。正确选择测试仪器是保证得到可靠的测试结果的条件之一。

(3) 测试数据。根据测试方法及测试项目进行测试,列表记录测试结果。测试数据力求反映整个工作范围。

第5章　结果分析

根据设计要求及实际测量分析结果得出相应的结论。必要时可进行列表,分析的结论不可少。

结果分析应包含对作品的评估、存在问题、产生问题的原因及解决办法。

5. 参考文献

参考文献部分应列出在设计过程中参考的主要书籍、刊物、杂志等。参考文献的格式如下。

1) 专著、论文集、学位论文、报告

[序号]主要责任者(.)文献题名[专著([M].);论文集([C].);学位论文([D].);报告([R].)](.)出版地(:)出版者(;)出版年(:)起止页码(.)

2) 期刊文章

[序号]主要责任者(.)文献题名([J].)刊名(,)年(,)卷(期)(;)起止页码(.)

3) 国际、国家标准

[序号]标准编号(,)标准名称([S].)

若参考文献中的作者是用英文拼写的,则应姓在前、名在后。参考文献在正文中应标注相应的引用位置,在引文后的右上角用方括号标出。

6. 附录

附录包括元器件明细表,仪器设备清单、电路图图纸、设计的程序清单、系统(作品)使用说明。

应注意的是,元器件明细表的栏目应包括序号、名称、型号及规格(如电阻器 RJ14-0.25W-510Ω(±5%))、数量、备注(元器件位号等)。

电路图图纸要注意选择合适的图幅大小、标注栏。程序清单要有注释,说清楚总的和分段的功能及其他必要的说明。

7. 字体要求

(1) 一级标题:小二号黑体,居中占五行,标题与题目之间空一个汉字的空。

(2) 二级标题:小三号标宋,居中占三行,标题与题目之间空一个汉字的空。

(3) 三级标题:四号黑体,顶格占二行,标题与题目之间空一个汉字的空。

(4) 四级标题:小四号粗楷体,顶格占一行,标题与题目之间空一个汉字的空。

(5) 标题中的英文字体均采用 Times New Roman 体,字号同标题字号。

(6) 四级标题以下的分级标题的标题字号为五号宋体。

(7) 所有文中图和表要先有说明再有图表。图要清晰并与文中叙述一致,对图中内容的说明尽量放在文中。图序、图题(必须有)为小五号宋体,居中排列于图的正下方。

(8)表序、表题为小五号黑体,居中排列于表的正上方;图和表中的文字为六号宋体;表格四周封闭,表跨页时另起表头。

(9)图和表中的注释、注脚为六号宋体;数学公式居中排,公式中字母正斜体和大小写前后要统一。

(10)公式另行居中,公式末不加标点,有编号时可靠右侧顶线;若公式前有文字,如例、解等,文字顶格写,公式仍居中;公式中的外文字母之间、运算符号与各量符号之间应空半个数字的间距;若对公式有说明,可接排;公式中矩阵要居中且行列上下左右对齐。

(11)一般物理量符号用斜体,如 $f(x)$、a、b 等;矢量、张量、矩阵符号一律用黑斜体;计量单位符号、三角函数、公式中的缩写字符、温标符号、数值等一律用正体;若下脚标为物理量,一律用斜体;若是拉丁、希腊文或人名缩写,则用正体。

(12)物理量及技术术语全文统一,要采用国际标准。

第2章 模拟电子系统设计

2.1 概述

2.1.1 模拟电子系统的组成及特点

当前的应用电子系统,一般都同时使用数字和模拟两类技术。两者互为补充、充分发挥各自优势。但对一个具体应用系统而言,使用技术的侧重点有所不同,有的以数字技术为主,有的以模拟技术为主。两类系统在设计上有其共性,也有其个性,因此本节重点将对模拟系统在设计中的特点作一描述,而不是系统地描述一个模拟电子系统设计的全过程。

典型模拟电路系统的组成框图如图 2-1 所示,其中包含 3 部分,即传感器件、信号放大与变换电路(模拟电路)和执行机构。

传感器件的主要作用是把非电量信号(如声音、温度、压力、流量等)转换为连续变化的电信号,以便在模拟电路中进行放大和变换。

图 2-1　模拟系统装置组成框图

执行机构的主要作用是把模拟电路传送来的电能转换成其他形式的能量,以完成所需要的功能,喇叭、电铃、继电器、示波器、表头等都是执行机构。

模拟电路的主要作用是实现电信号的放大和变换以驱动执行机构动作。放大电路、振荡电路、整流电路、电源电路、滤波电路以及各种波形变换电路或它们的组合就是模拟电路。

与数字电子系统设计相比,模拟电子系统的设计有以下特点。

(1) 工作于模拟领域中单元电路的类型较多,如形形色色的传感器电路,各种类型的电源电路、放大电路,式样繁多的音响电路、视频电路以及性能各异的振荡、调制、解调等通信电路和大量涉及机电结合的执行部件电路等,因此涉及面很宽,要求设计者具有宽广的知识面。

(2) 模拟单元电路一般要求工作于线性状态,因此它的工作点选择、工作点的稳定性、运行范围的线性程度、单元之间的耦合形式等都较重要。而且对模拟单元电路的要求,不只是能实现规定的功能,更要求它达到规定的精度指标,特别是为实现一些高精度指标,会有许多技术问题要加以解决。

(3) 电子系统设计中的重点之一是系统的输入单元与信号源之间的匹配和系统的输出单元与负载(执行机构)之间匹配。在这方面模拟单元电路与数字单元电路有较大的区别。模拟系统的输入单元要考虑输入阻抗匹配以提高信噪比,要抑制各种干扰和噪声,如为抑制共模干扰可采用差分输入、为减少内部噪声应选择合理的工作点等。输出单元与负载的匹配,如与扬声器的匹配、与发射天线的匹配,则主要是为了能输出最大功率和提高效率等。

（4）调试工作的难度。一般来说,模拟系统的调试难度要大于数字系统的调试难度,特别对于高频系统或高精度的微弱信号系统更是这样。这类系统中的元器件布置、连线、接地、供电、去耦等对性能指标影响很大。人们要想实现所设计的模拟系统,除了正确设计外,设计人员是否具备细致的工作作风和丰富的实际工作经验就显得非常重要。

（5）当前电子系统设计工作的自动化发展很快,但主要在数字领域中,而模拟系统的自动化设计进展比较缓慢。人工的介入还是起着重要的作用,这与上述诸特点有关。

2.1.2　模拟电子系统的设计方法与步骤

1. 任务分析、方案比较、确定总体方案

在电子系统设计中,这一步是非常关键的。从当前的模拟系统设计来看,如高频系统或音响系统,有分立器件、功能级集成块、系统级集成块,甚至 ASIC 电路,它们都可能适用于某一系统。这就要求设计人员在深入分析任务的基础上,对功能、性能、体积、成本等多方面作权衡比较,而且还要考虑到具体的实际情况而最后确定方案,因此这一阶段与设计人员的知识面,对任务分析的透彻程度和对最新单元器件掌握的情况等都有密切关系。

2. 划分各个相对独立的功能块,得出总体的原理框图

根据系统的功能、总体指标,按信号输入到输出的流向划分各个独立的功能方框,可以得到一个初步的总体原理框图,在图上标明各级的功能和主要指标。

3. 以集成块为中心,完成各功能单元配置的外电路的设计

根据前述的各单元的功能和指标,人们应优先选择合适的集成块。然后计算该集成块有关外电路的参数。例如,运算放大器的反馈网络参数的计算、音调控制放大器的调节网络的参数计算,A/D 转换器外加双极性量程电路参数的计算、取样/保持电路中保持电容的计算等。在实际的设计工作中,本步骤与第一步骤是不能截然分开的,常是一个交互作用过程。因为目前集成块种类繁多,各有特色。有些芯片已具有多个功能甚至已进入到系统级。对于输入单元和输出单元的集成块的选择应特别关注,因为这时的信号源已确定(通常传感器已选定,或系统中已给出),同样输出负载已确定(执行机构已给出或选定,相应的负载特性已给出),通常要求输入单元的输入特性与信号源匹配,而输出单元的输出特性与负载相匹配。这里的匹配是指使输入和输出单元工作在最佳状态。所谓"最佳状态"是指在规定的工作条件下,能获得最好的结果。例如,某些系统要求输入单元能获得尽可能大的信噪比,输出单元在规定的条件下要使负载上获得尽可能大的功率,以满足扬声器或天线的要求,或要求输出单元工作在尽可能的高效率状态,以减少发热等。

4. 单元之间的耦合及整体电路的配合,以得到整体系统电原理图

1）单元间耦合

因为模拟电路的工作情况和性能通常与直流工作点有关,而有些单元之间连接时,其前

级的工作点会影响到后级的工作情况(如直接耦合),甚至可能造成系统工作不正常。同时后级的输入阻抗也会给前级的性能指标带来影响,从而影响总的指标。这些在划分功能级时,虽已初步考虑,但在每个单元的外电路参数确定后,应根据实际参数进行核算。

2) 系统整体的配合

目前的模拟系统普遍应用负反馈技术来改善品质。不论是音响系统、控制系统还是通信系统都不例外。作为系统的主反馈,通常是根据要求来计算外接参数的,再通过调试最后予以确定。另外,为了使系统稳定,有时要人为地加入校正网络。为了消除电源纹波对系统的影响,要在适当的地方接入滤波电路等。这些除了在设计中应全面考虑外,还要在以后的调试工作中进行仔细的调整。至此,可得出完整的电原理图。

5. 根据 3、4 两步得到的结果,重新核算系统的主要指标

系统的主要指标除了要满足要求外,最好留有一定的裕量(如增益裕量、误差裕量、稳定性裕量、功率裕量等),以备系统应用后,器件老化或工作条件变化后系统仍能可靠工作。

6. 画出系统元器件的布置图和印制电路板的布线图,并考虑好测试方案,设置测试点

由于模拟系统的特殊性,元件的布置和印制电路板的布线显得更为重要和复杂。因为有的系统输入信号很小(可小到微伏级),且各单元电路大都处于线性工作状态,对干扰的影响极为敏感。传感器的敏感元件种类繁多,影响对象各异。此外,环境和元器件的杂散电磁场和地线电流的存在,极易形成寄生反馈,有时还可能发生声、光、电等物理量交互作用的寄生反馈。总之,作为一个完善的系统设计,这些因素也都应考虑。最终所设计的模拟系统能否达到预期要求,要经过调试和测量才能得出,而且调试过程能否顺利完成,是与调试者的严谨作风和工作经验密切相关的。

2.2　基本单元电路设计

基本单元电路是组成电子系统的"细胞"。电子系统涉及的单元电路非常广泛,虽然大多单元电路已在电子技术、微机原理等课程中作过介绍,但是一般是以工作原理、分析计算为主线加以描述,而对于单元电路某些性能参数的工程含义、对系统的影响以及各种性能指标的合理选择等实际应用知识涉及较少,因此本节为弥补这方面的不足,对常用的基本单元电路,如信号的获取、信号的处理、信号的传输与执行以及电子系统中的电源电路等从应用角度加以叙述。

2.2.1　信号的获取

在日常生活和生产实际中,被控对象往往是一些非电量,无法对这些量实现自动测量和控制,因此通常需要将这些非电信号转换为电信号,传感器就是能把非电信号转换为电量的器件,实质是一种功能块,其作用是利用热电效应、光电效应、压电效应、霍尔效应等多种物理现象或化学生物现象,将来自外界的各种非电信号转换成电信号。它是实现测试与自动控制系统的首要环节。如果没有传感器对原始参数进行精确测量,那么,无论是信号转换还是信息处理,或最佳数据的显示和控制都将无法实现。传感器种类很多,随着材料科学的发展,新型传感器不断涌现,这里仅介绍一些常用的传感器及其应用方法。

1．温度传感器及其应用

温度传感器是检测温度的器件,其种类最多、应用最广、发展最快。温度传感器一般分为接触式和非接触式两大类。接触式就是传感器直接与被测物体接触进行温度测量,这是温度测量的基本形式。这种方式的特点是通过接触方式把被测物体的热量传递给传感器,从而降低了被测物体的温度,特别是被测物体热容量较小时,测量精度较低。因此,这种方式要测得物体的真实温度,前提条件是被测物体的热容量要足够大且大于温度传感器。而非接触式是测量物体辐射而发出的红外线从而测量物体的温度,可进行遥测,这是接触方式所不能做到的。表 2-1 展示了各类传感器类的测量范围、测量精度和用途。

表 2-1　各类温度传感器的特点

传感器类型	测量范围/℃	测量误差	用途
热电偶	$0\sim1600$	$\pm0.5\%$ 或 $<10℃$	工业测量、计量
热电阻	$-200\sim600$	$<1℃$	工业测量
标准金属热电阻	$-200\sim600$	$<0.1℃$	计量标准
半导体热敏电阻	$-50\sim400$	$<1℃$	工业测量
模拟集成温度传感器	$-40\sim150$	$<5℃$	一般测量
数字集成温度传感器	$-40\sim150$	$<3℃$	一般测量
红外辐射式温度计	$0\sim3000$	$\pm1\%$	工业测量

1）热电偶的工作原理和使用方法

热电偶是利用物理学中的塞贝克效应制成的温敏传感器。当两种不同的导体 A 和 B 组成闭合回路时,若两端结点温度不同(分别为 T_0 和 T),则回路中产生电流,相应的电势称为热电动势,这种装置称为热电偶,如图 2-2 所示。

热电动势 $E_{AB}(T_0,T)$ 是由内接触电势和温差电势两部分组成的,其大小和两端点的温差有关,还和材料性质有关。试验和理论都表明,在 A、B 间接入第三种材料 C,只要结点 2、3 温度相同,则和 2、3 直接连接时的热电势一样。这一点很重要,它为热电偶测量时接测量引线带来方便。

这种由两种不同导体组成的热电偶的热电势一般情况下和两端点温度 T_0、T 都有关。若使 T_0 为给定的恒定温度,如取为 0℃,则热电势仅为一端(称为测量端)温度 T 的单值函数。

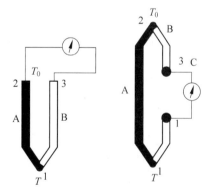

图 2-2　热电偶的结构

显然,利用热电偶这一特性可做成测温计用于测温,但要求材料的热性能要稳定,电阻系数小,电导率高,热电效应强,复制性好。

常见的热电偶有铂铑—铂热电偶、镍铬—镍铝(镍铬—镍硅)热电偶和铜—康铜热电偶。

铂铑—铂热电偶用于较高温度的测量,标定在 $630.74\sim1064.43℃$。测量为 $0\sim1800℃$

内时,误差为±0.5%。

镍铬—镍铝(镍铬—镍硅)热电偶是贵重金属热电偶中最稳定的一种,用途很广,可在0~1000℃内(短时间可在1300℃下)使用,误差小于1%,其线性度较好,热电势在相同环境下比铂铑—铂热电偶还大4~5倍,但这种热电偶不易做得均匀,误差比铂铑—铂热电偶大。

铜—康铜热电偶用于较低的温度(0~400℃)具有较好的稳定性,尤其是在0~100℃,误差小于0.1℃。

热电偶远离温度测量器时,不用导线连接是非常理想的,但是这种热电偶价格比较高。如果采用廉价的热电偶,就要用导线连接,称为补偿导线。补偿导线有两类:一类是采用与热电偶相同材料的伸长型;另一类是利用与热电偶的热电势类似特性的合金补偿型。

采用补偿导线要注意以下两点。其一,热电偶的长度由补偿结点的温度决定。热电偶长度与补偿导线长度要达到最佳配合。例如,热电偶长50cm,则补偿导线以5m为宜。补偿导线使用温度为90~150℃。它与热电偶的连接如图2-3所示。热电偶与补偿导线接点(这点称为补偿结点)的温度不能超过补偿导线的使用温度,如图2-3(b)所示。若热电偶受冷,如图2-3(d)所示,需要把热电偶伸长到补偿导线的使用温度范围。因此,测温结点温度高,热电偶可长;测温结点温度低,热电偶可短。补偿结点间做到没有温差。其二,热电偶与温度计之间增加一个温度结点(补偿结点),结点要紧靠,做到不产生温差。

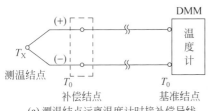

(a) 测温结点远离温度计时接补偿导线

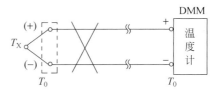

(b) 热电偶长度由补偿结点温度决定(设为90~150℃以下)

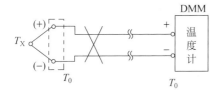

(c) 补偿结点端点是相同的温度

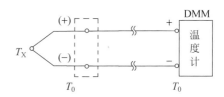

(d) 正确的连接方法

图 2-3　补偿导线连接方式

热电偶的基本应用电路如下。

热电偶的输出电压极小,其值为几十微伏每摄氏度。因此,要采用低失调电压运放进行放大。目前运放种类很多,而且价格便宜,可以选择到合适的运放作为热电偶的放大电路,但要注意外围元件的选用。

图2-4所示是K型热电偶的放大电路。电路中,A_1及其周围电阻构成放大器,增益为240.9445;$R_1 \sim R_3$是1/4W的金属膜电阻,精度为20%;R_{P_1}和R_{P_2}是10圈线绕电位器;C_1是滤波电容,采用精度为20%、耐压为50V的漏电小的电解电容,它与R_3组成输入滤波电路。因为热电偶的热电势很小,因此如果电容漏电大,就会产生漂移电压。

热电偶的热电势与温度关系如表2-2所示。由表可知,K型热电偶在0℃时产生热电势

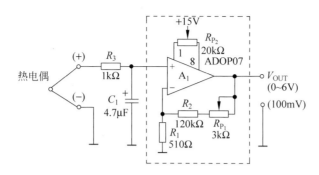

图 2-4 K 型热电偶的放大电路

为 0mV,600℃时产生热电势力 24.902mV。如果用 R_{P_1} 设置运放的增益为 240.94,则 0℃时运放输出电压为 0V,600℃时运放输出电压为 6.0V。

表 2-2 热电势与温度的关系

温度/℃	K 型热电偶/mV	J 型热电偶/mV	E 型热电偶/mV	T 型热电偶/mV
−200	−5.891	−7.890	−8.824	−5.603
−100	−3.553	−4.632	−5.237	−3.378
0	0	0	0	0
100	4.095	5.268	6.317	4.277
200	8.173	10.777	13.419	9.286
300	12.207	16.325	21.033	14.860
400	16.395	21.846	28.943	20.869
500	20.640	27.388	36.999	
600	24.902	33.096	45.085	
700	29.128	39.130	53.110	
800	33.277	45.198	61.022	
900	37.325	51.875	68.783	
1000	41.269	57.942	76.358	
1100	45.108	63.777		
1200	48.828	69.536		
1300	52.398			

热电偶的热电势与温度为非线性关系。图 2-5 所示为 K 型热电偶的热电势与温度关系曲线,温度为 0~600℃时,最大非线性误差为 1%。而 K 型热电偶在各类热电偶中还是线

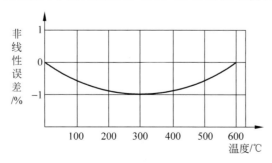

图 2-5 K 型热电偶的非线性特性曲线

性最好的一种。因此,使用热电偶时,都要进行线性化处理。

2) 热电阻的工作原理和使用方法

热电阻是利用导体的电阻随温度变化的特性而制成的测温元件。因此,要求导体的温度系数尽可能大和稳定,电阻率大,电阻与温度之间最好呈线性关系,并在较宽的范围内有稳定的物理、化学性质。目前用得较多的热电阻材料有铂、镍和铜等。这种传感器主要用于-200~600℃温度范围内的温度测量。

在中间温度区,热电阻的特性基本上是线性的,即

$$R_t = R_0(1 + \alpha t) \tag{2-1}$$

式中　R_t——温度为 t 时的热电阻值;

　　　R_0——0℃时的热电阻值;

　　　α——热电阻的电阻温度系数。

在低温区与高温区,热电阻特性与温度的关系呈非线性关系,即

$$R_t = R_0(1 + At + Bt^2 + Ct^3) \tag{2-2}$$

式中　A、B、C——分别为热电阻的一次、二次、三次温度系数。

3) 半导体热敏电阻

热敏电阻器是利用对温度敏感的半导体材料制成的,其阻值随温度变化有比较明显的改变。通常可分为负温度系数热敏电阻(Negative Temperature Coefficient Thermistor, NTC)、正温度系数热敏电阻(Positive Temperature Coefficient Thermistor,PTC)和临界温度系数热敏电阻(Critical Temperature Resistor,CTR)3 种。其电阻率温度特性如图 2-6 所示。

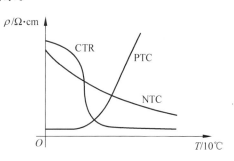

图 2-6　几种不同的热敏电阻特性

热敏电阻器的特点是,在工作温度范围内电阻值随温度的升高而降低、灵敏度高、响应快,但精度不高,而且非线性比较明显。一般情况下常用于精度要求不高的温控场合。CTR 可用来实现电源系统的过热保护。

4) 集成温度传感器

集成温度传感器是把感温晶体管和外围电路集成到一个半导体芯片上而得到的温度传感器组件。极大地提高了传感器的性能,它与传统的热敏电阻、热电阻、热电偶等温度传感器相比,具有测温精度高、复现性好、线性优良、体积小、热容量小、稳定性好、输出电信号大等优点。

集成温度传感器按输出形式的不同,可分为电压型和电流型两种。电压型集成温度传感器的温度系数为 10mV/℃,常用的有 LM135、LM335、LM35、μPC616A、AN6701 等,电流型集成温度传感器的温度系数为 1μA/℃,常用的有 AD590、AD592、HTS1 和 TMP17 等。这里以 AD590 为例介绍集成温度传感器的使用。

AD590 产生的电流与绝对温度成正比,它可接收的工作电压为 4~30V,检测的温度范围为-55~+150℃,它有非常好的线性输出性能,温度每增加 1℃,其电流增加 1μA。AD590 的外形如图 2-7 所示,电路符号如图 2-8 所示。

AD590 温度与电流的关系如表 2-3 所示。

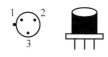

(a) 顶视图　(b) 侧面图

图 2-7　AD590 的外形

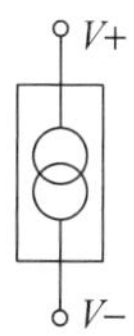

图 2-8　集成温度传感器电路符号

表 2-3　AD590 温度与电流的关系

温度/℃	AD590 电流/μA	输出电压/V	温度/℃	AD590 电流/μA	输出电压/V
0	273	0	25	298	2.5
5	278	0.5	30	303	3
10	283	1	35	308	3.5
15	288	1.5	40	313	4
20	293	2			

AD590 的主要特性如下。

(1) 流过器件的电流微安数等于器件所处环境温度的热力学温度数,即

$$\frac{I_T}{T} = 1\mu A/K \tag{2-3}$$

式中　I_T——流过 AD590 的电流,μA;

　　　T——环境温度,K。

(2) AD590 的测温范围为 $-55 \sim +150$℃。

(3) AD590 的电源电压范围为 $4 \sim 30$V,电源电压在 $4 \sim 6$V 内变化,电流 I_T 变化 1μA,相当于温度变化 1K。AD590 可以承受 44V 正向电压和 20V 反向电压。

(4) AD590 的输出电阻为 710MΩ。

(5) 精度高,AD590 共有 I、J、K、L、M 五挡不同精度。其中,M 挡精度最高,在 $-55 \sim$ 150℃范围内,非线性误差为 ± 0.3℃;I 挡误差最大,约为 ± 10℃,故应用时应校正(补偿)。

由电流型温度传感器 AD590 和运放 CF7650 组成的测温放大电路原理图如图 2-9 所示。± 7.5V 通过 R_{W1} 加在 AD590 上,当温度变化时,通过 AD590 的电流变化,则 R_{W1} 上的压降变化,从而使运放反相输入端的电压随温度变化。这个电压被运放放大由⑩脚输出,再

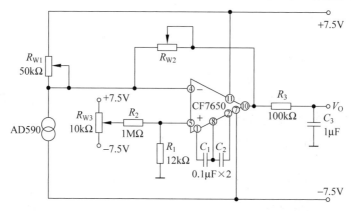

图 2-9　由 CF7650 组成的测温放大电路

经 R_3、C_3 的滤除干扰信号后由输出端输出 V_O。可见,V_O 是随被测物体的温度而变化的。R_{W1} 是调零电位器,R_{W2} 为满度调节电位器,R_{W3} 用于调节放大器的输入失调。

该电路测温为 0～99℃,输出电压为 0～5V。

5) 数字式温度传感器

把温度传感器、外围电路、A/D 转换器、微控制器和接口电路集成到一个芯片中构成的具有温度测量且可以和微处理器进行数据交换的组件称为智能化集成温度传感器,又可称为数字式温度传感器。

数字式温度传感器典型产品及主要技术指标如表 2-4 所示。

表 2-4　数字式温度传感器典型产品及主要技术指标

型　号	测量误差/℃	测量范围/℃	电源电压/V	主　要　特　点
DS18B2x	±0.5～±2	−55～125	3.0～5.5	单线总线,可对分辨力编程,具有自控模式
DS162x	±0.5	−55～125	2.7～5.5	适用于温度控制,DS1624 有 I²C 总线
DS1722	±2	−55～120	2.65～5.5	SPI 总线,适用于温度控制
AD7314	±3.0	−55～125	2.8～5.5	SPI 总线
AD741x	±2.0～±3.0	−55～125	2.7～5.5	I²C 总线
AD781x	±1.0～±2	−55～125	2.7～5.5	I²C 总线,SPI 总线
LM7x	±2.0～±3.0	−55～125	2.7～5.5	I²C 总线,SPI 总线
LM83	±3.0	−55～125	2.8～3.6	SMBμs 总线,4 通道
MAX1668	±3.0	−55～125	3.0～5.5	I²C 总线
MAX6625	±2.0	−55～125	3.0～5.5	I²C 总线
MAX6654	±2.0	−55～125	3.0～5.5	SMBμs 总线,2 通道

DS18B20 是美国 DALLAS(达拉斯)公司生产的单线智能温度传感器,是目前使用最普遍的数字温度传感器。这里简单介绍一下 DS18B20 数字温度传感器的特点和常用方法。

(1) DS18B20 的主要特点。

① 全数字温度转换及输出。

② 先进的单总线数据通信。

③ 最高 12 位分辨率,精度可达 ±0.5℃。

④ 12 位分辨率时的最大工作周期为 750ms。

⑤ 电源电压为 3.0～5.5V,也可由数据线供电。

⑥ 检测温度为 −55～+125℃(−67～+257°F),−10～+85℃ 温度具有 ±0.5℃ 精度。

⑦ 内置 EEPROM,限温报警功能。

⑧ 64 位光刻 ROM,内置产品序列号,方便多机挂接。

⑨ 多种封装形式,适应不同硬件系统。

(2) DS18B20 引脚功能。

DS18B20 封装及引脚排列如图 2-10 所示。GND 电压地,DQ 单数据总线,V_{DD} 电源电压,NC 空引脚。

（3）DS18B20 内部寄存器。

DS18B20 的温度检测与数字数据输出全集成于一个芯片之上，从而抗干扰能力更强。其一个工作周期可分为两个部分，即温度检测和数据处理。DS18B20 共有两种形态的存储器资源，分别如下。

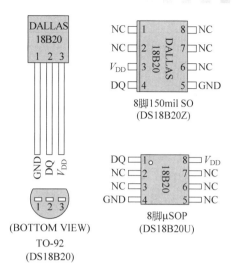

图 2-10 DS18B20 封装及引脚排列图

① ROM 为只读存储器，用于存放 DS18B20 ID 编码，其前 8 位是单线系列编码（DS18B20 的编码是 19H），后面 48 位是芯片唯一的序列号，最后 8 位是以上 56 位的 CRC 码（冗余校验）。数据在出产时设置，不由用户更改。DS18B20 共 64 位 ROM。

② RAM 是数据暂存器，用于内部计算和数据存取，数据在掉电后丢失。DS18B20 共 9 个字节 RAM，每个字节为 8 位。第 1、2 个字节是温度转换后的数据值信息，第 3、4 个字节是用户 EEPROM（常用于温度报警值储存）的镜像。在上电复位时其值将被刷新。第 5 个字节则是用户第 3 个 EEPROM 的镜像。第 6~8 个字节为计数寄存器，是为了让用户得到更高的温度分辨率而设计的，同样也是内部温度转换、计算的暂存单元。第 9 个字节为前 8 个字节的 CRC 码。EEPROM 为非易失性记忆体，用于存放长期需要保存的数据，上下限温度报警值和校验数据，DS18B20 共 3 位 EEPROM，并在 RAM 中都存在镜像，以方便用户操作。

（4）DS18B20 的基本操作指令。

DS18B20 的操作指令为 ROM 操作指令和存储器操作指令。

ROM 操作指令及其含义如表 2-5 所示。

表 2-5 ROM 操作指令及其含义

指　　令	代码	说　　明
Read ROM	33H	如果只有一片，可用此命令，若有多片，则将发生冲突
Match ROM	55H	多片在线时，可用此命令匹配一个给定序列号的 DS18B20，此后的命令就针对该 DS18B20
Skip ROM	CCH	此命令执行后的存储器操作将针对在线的所有 DS18B20
Search ROM	F0H	用以读在线的 DS18B20 的序列号
Alarm Search	ECH	当温度高于 TH 或低于 TL 中的数值时，此命令可以读出报警的 DS18B20

存储器操作指令及其含义如表 2-6 所示。

表 2-6 存储器操作指令及其含义

指　　令	代码	说　　明
Write Scratchpad	4EH	写两个字节的数据到温度传感器
Read Scratchpad	BEH	读取温度寄存器的温度值
Copy Scratchpad	48H	将温度寄存器的数值复制到 EEPROM 中，以保证温度数据不丢失

续表

指　　令	代码	说　　明
Convert T	44H	启动在线 DS18B20 做温度 A/D 转换
Recall E2	B8H	将 EEPROM 中的数据复制到温度寄存器中
Read Power Supper	B4H	在本命令送到 DS18B20 之后的每一个读数据间隙,指出电源模式,0 为寄生电源,1 为外部电源

（5）DS18B20 的总线时序。

DS18B20 单总线通信功能是分时完成的,它有严格的时隙概念。DS18B20 初始化时序如图 2-11 所示。

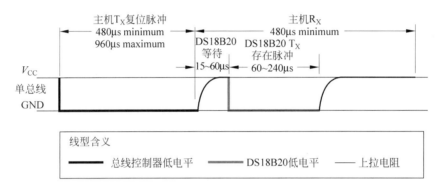

图 2-11　DS18B20 初始化时序

主机对 DS18B20 进行读、写操作的时序如图 2-12 所示。可以看出,每读写一位数据时,主机都要先把单总线置为低电平。

（6）DS18B20 的应用。

DS18B20 与微处理器的典型连接如图 2-13 所示。若采用寄生电源供电方式,则 V_{DD} 应接地。可以用 MOSFET 管实现 DS18B20 总线的上拉,提高总线驱动能力。

无论是单点还是多点温度检测,在系统安装及工作之前,应将主机逐个与 DS18B20 挂接,读出其序列号。其工作过程是,主机 T_X 发一个脉冲,待 0 电平大于 480μs 后,复位 DS18B20,待 DS18B20 所发出响应脉冲由主机 R_X 接收后,主机 T_X 再发读 ROM 命令代码 33H(低电平),然后发一个脉冲(15μs),并接着读取 DS18B20 序列号的一位。用同样的方法读取序列号的 56 位。

（7）DS18B20 使用注意事项。

主机控制 DS18B20 完成温度转换时,在每一次读写之前,都要对 DS18B20 进行复位,而且该复位要求主 CPU 要将数据线下拉 500μs,然后释放。DS18B20 收到信号后将等待 16～60μs,之后再发出 60～240μs 低脉冲。主 CPU 收到此信号即表示复位成功。实际上,较小的硬件开销需要相对复杂的软件进行补偿。由于 DS18B20 与微处理器间采用串行数据传送方式,因此,在对 DS18B20 进行读写编程时,必须严格地保证读写时序;否则,将无法正确读取测温结果。在使用 C 等高级语言进行系统程序设计时,对 DS18B20 操作部分最好采用汇编语言实现。

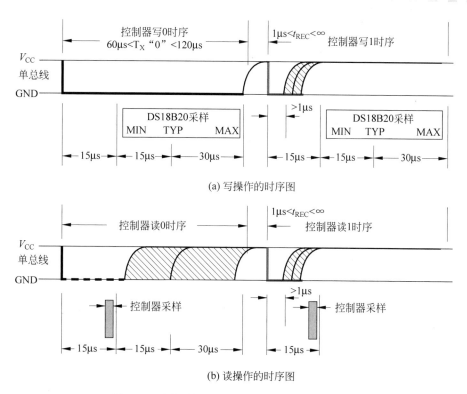

(a) 写操作的时序图

(b) 读操作的时序图

图 2-12 主机对 DS18B20 进行读、写操作的时序

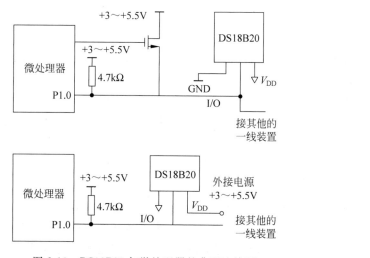

图 2-13 DS18B20 与微处理器的典型连接图

对于在单总线上所挂 DS18B20 的数量问题,一般人会误认为可以挂任意多个 DS18B20,而在实际应用中并非如此。若单总线上所挂 DS18B20 超过 8 个时,则需要解决微处理器的总线驱动问题,因此,在进行蓄电池单体多点测温系统设计时对该问题要加以注意。

连接 DS18B20 的总线电缆是有长度限制的。试验中,当采用普通信号电缆且其传输长度超过 50m 时,读取的测温数据将发生错误。而将总线电缆改为双绞线带屏蔽电缆时,正常通信距离可达 150m,如采用带屏蔽层且每米绞合次数更多的双绞线电缆,则正常通信距离还可以进一步加长。这种情况主要是由总线分布电容使信号波形产生畸变造成的。因此,在用 DS18B20 进行长距离测温系统设计时要充分考虑总线分布电容和阻抗匹配问题。

在 DS18B20 测温程序设计中,当向 DS18B20 发出温度转换命令后,程序总要等待 DS18B20 的返回信号。这样,一旦某个 DS18B20 接触不好或断线,在程序读该 DS18B20 时就没有返回信号,从而使程序陷入死循环。因此,在进行 DS18B20 硬件连接和软件设计时,应当对系统进行抗干扰设计,具体应从以下几个方面入手。

① 电源线加粗,合理走线、接地,三总线分开。使用完全光耦隔离方法来提高抗干扰能力,减少互感振荡,光耦应选择高速器件。

② CPU、RAM、ROM 等主芯片应在 V_{cc} 和 GND 间接电解电容及瓷片电容,以去掉高、低频干扰。

③ 应采用独立系统结构,并减少接插件与连线,以提高可靠性,减少故障率。

④ 在外部供电的输入口加二极管桥抑制电路,以防止逆向电流的出现,同时也使得内外电路的地线隔离,从而起到抗干扰作用。

⑤ 加复位电压检测电路可防止复位不充分 CPU 就工作的现象,尤其在有 EEPROM 器件时,复位不充分会改变 EEPROM 的内容。

⑥ 在单片机空单元写上 00H,并在最后放跳转指令到 ORG 0000H,可防止程序跑飞。

2. 湿度传感器及其应用

湿度是表示空气中水蒸气含量的物理量,常用绝对湿度和相对湿度来表示。绝对湿度就是单位体积空气内所含水蒸气的质量,也就是指空气中水蒸气的密度,单位为 g/m^3。相对湿度就是在某一温度下,空气中所含水蒸气的实际密度与同一温度下饱和密度之比,即相对湿度 RH=水蒸气实际密度/饱和密度(%)。日常生活中所说的空气湿度,实际上就是指相对湿度。又因为水蒸气的压强也近似与其密度成正比,所以也可以说,空气的相对湿度是空气内的水蒸气压强与同一温度下水蒸气饱和压强之比。使水蒸气的相对湿度变成 100% 的温度叫作露点,所以露点就是水蒸气的饱和密度所对应的温度,也是绝对湿度的一种计算方法。

对环境湿度的测量与控制在工农业生产中已成为比较普遍的测量项目,但由于湿度受大气压、温度等因素影响较大,使得湿度成为最难准确测量的一个参数。常见的湿度测量方法有动态法(如双压法、双温法、分流法)、静态法(如饱和盐法、硫酸法)、露点法、干湿球法和电子式传感器法。

电子式湿敏传感器正从简单的湿敏元件向集成化、智能化、多参数检测的方向发展。目前国际上生产集成湿度传感器主要生产厂家有 Honeywell、Humirel 等公司,产品可分为线性电压输出型、线性频率输出型、频率输出型(含测温)和单片智能化湿度传感器等四大类。表 2-7 所示为几种传感器及其技术指标。

表 2-7 几种湿敏传感器及其技术指标

型号	测量范围 /%RH	测量精度 /%RH	输出形式和范围	电源电压 /V	工作温度 /℃	主 要 特 点
HIH-3602 HIH-3605 HIH-3610	0～100	±2	0.8～3.9V	4～5.8	−40～85	线性电压输出型,抗污染能力好
HM1500	0～100	±3	1～4V	5	−30～60	线性电压输出型,互换性好,不怕水浸
HM1520	0～20	±2	1～1.6V	5	−30～60	
HF3223	10～95	±2	9650～8030Hz	5	−40～85	线性频率输出型
HTF3223	10～95	±5	9650～8030Hz	5	−40～85	频率输出含测温
SHT11	10～95	±3.5	串行数据	2.4～5.5	−40～120	单片智能化,数字式温度、湿度值输出
SHT15	10～95	±2	串行数据	2.4～5.5	−40～120	

注意:

① 某些湿敏传感器只能适用于一定的相对湿度范围,如使用较多的氯化锂湿敏传感器,每片使用范围在 20%RH 左右,因此使用时要多片组合。

② 湿敏传感器吸湿或脱湿所用的时间是不同的,设计电路时要考虑到这个差别。

③ 湿敏传感器必须靠其信息物质(即水)来接触传感器,才能完成检测。敏感元件不能密封、隔离,必须直接暴露在所在的环境中,因此使用时要做好防腐措施。

3. 光电传感器

光电传感器是把光信号转换为电信号的一种传感器,广泛应用于自动控制、宇航、广播电视等各个领域。光电传感器主要有光敏电阻器、光敏二极管、光敏三极管等。

1) 光敏电阻器

光敏电阻器是根据半导体的光电效应制成的,使用时需要给它施加直流或交流偏压。它是用硫化镉(CdS)或硒化镉(CdSe)材料制成的特殊电阻器,对光线非常敏感。无光线照射时呈高阻态,暗阻值一般可达 1.5MΩ 以上;有光照时材料中便激发出自由电子与空穴,使其电阻减小,随着照度的增加,电阻值迅速降低,亮阻值可减小至 1kΩ 以下。可见,光敏电阻的暗阻与亮阻的阻值之比约为 1500 倍,暗阻愈高愈好。光敏电阻器适用于光电自动控制、照度计、电子照相机、光报警装置中。光敏电阻器的外形及符号如图 2-14 所示。其结构特征是把条状的光敏材料封装在圆形管壳内,有的还用玻璃等透明材料制成防护罩。和普通电阻器一样,它也有两根引线。

2) 光敏二极管

光敏二极管的顶端有能射入光线的窗口,光线可通过该窗口照射到管芯上。光敏二极管又称为光电二极管,它是利用 PN 结施加反向电压时,在光线照射下反向电阻由大变小的原理进行工作,其外形及符号如图 2-15 所示。

光敏二极管当无光照射时,反向电流很小,即暗电流很小;当有光线照射时,在光的激发下,光敏二极管内产生大量"光生载流子",反向电流增大,即光电流增大。但是光敏二极管对光线的反应有选择性,也就是说,在特定的光谱范围内才产生光电反应。在特定范围内,光敏二极管对一波长的光波又有着最佳响应,称这一波长为峰值波长。不同型号的光敏二极管,由于材料与工艺不同,其峰值波长亦不相同。

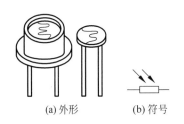

图 2-14　光敏电阻器的外形与符号

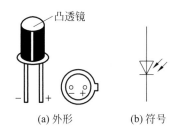

图 2-15　光敏二极管的外形与符号

3）光敏三极管

光敏三极管有时简称为光敏管，具有两个 PN 结，其基本原理与光敏二极管相同。由于它把光照射后产生的电信号又进行了放大，因此具有更高的灵敏度，外形与符号如图 2-16 所示。光敏三极管也有锗管、硅管两种类型，其伏安特性即光电流与反向电压间的关系，如普通三极管的 I_c 与 U_{CE} 的关系，如图 2-17 所示。光敏三极管正常工作时需要施加一定的反向电压，这样才可以得到较大的光电流与暗电流之比。光敏三极管中锗管的灵敏度比硅管高，但锗管的暗电流较大。锗管的灵敏度最高时对应的光波长（峰值波长）为 $1.5\mu m$ 左右，硅管的峰值波长为 $0.98\mu m$ 左右。锗管对 $1.9\mu m$ 以上波长光线及硅管对 $1.1\mu m$ 以上波长光线的灵敏度将明显下降。应用光敏三极管时光线应尽量与芯片垂直，以取得最高灵敏度。值得注意的是，光敏三极管有 3 个引脚的，也有只有两个引脚的，不要误认为是光敏二极管。

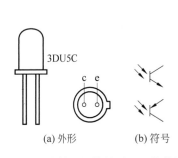

图 2-16　光敏三极管外形和元件符号

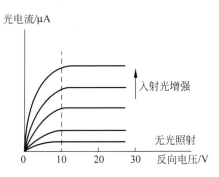

图 2-17　光敏三极管的伏安特性

4）光耦合器

光耦合器具有体积小、寿命长、抗干扰能力强以及无触点输出（在电气上完全隔离）等优点，是近年来日益广泛应用的一种半导体光电器件。它可以代替继电器、变压器、斩波器等。无触点的固态继电器（Solid State Relay，SSR）就是光耦合器的一种应用，还可以用于隔离电路、开关电路、数/模转换电路、逻辑电路、过流保护、电平匹配等许多方面。

光耦合器的工作原理是电信号传送到发光管（通常是红外发光管），使之发光并射向光敏器件，光敏器件（如光敏二极管、光敏三极管、光敏电阻、光控晶闸管）受光后，又输出电信号。这个电→光→电的转换过程，就实现了输入电信号与输出电信号间既用光来传输又通过光隔离，从而提高了电路的抗干扰能力。

图 2-18 展示了典型的光敏三极管型光电耦合器的内部结构。光敏三极管一般无基极引线，因为它的基极接收光信号。即使有引出线，使用中也不一定用到。在这种情况下，光

耦合器相当于一个普通三极管,即三极管的发射极、集电极相当于光电耦合器中光敏三极管发射极、集电极,光电耦合器中的发光管就相当于普通三极管的基极。

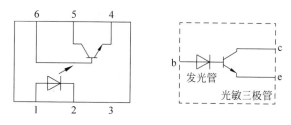

(a) 光敏三极管型光耦合器内部结构　(b) 普通光耦合器内部结构

图 2-18　光电耦合器内部结构

实际应用时,要选用适宜的传感器才能达到预期的效果。一般的选用原则是,高速的光检测电路、宽范围照度的照度计、超高速的激光传感器宜选用光敏二极管;10kHz 以下的简单脉冲光敏传感器、简单电路中的低速脉冲光敏开关宜选用光敏晶体管;响应速度虽慢,但性能优良的电阻桥式传感器、具有电阻性质的光敏传感器、路灯自动亮灭电路中的光敏传感器、随光的强弱成比例改变的可变电阻等宜选用 CdS 和 PbS 光敏元件,旋转编码器、速度传感器、超高速的激光传感器宜选用集成光敏传感器。

4. 霍尔元件及霍尔传感器

霍尔传感器是利用霍尔效应与集成技术制成的半导体磁敏器件,具有灵敏度高、可靠性好、无触点、功耗低、寿命长等优点,适于自控设备、仪器仪表及速度传感、位移传感等。国产有 SLN 系列、CS 系列产品,国外有 UGN 系列、DN 系列产品等。

1) 霍尔效应

当一块通有电流的金属或半导体薄片垂直置于磁场中时,薄片两侧会产生电势的现象,称为霍尔效应。这一电势即称为霍尔电势,如图 2-19 所示。设有一块半导体薄片,若沿 X 轴方向通过电流 I,沿 Z 轴方向施以磁场,其磁感应强度为 B,则在 Y 轴方向便会产生霍尔电势 U_H,其表达式为

$$U_H = K_H IB \tag{2-4}$$

式中　I——输入端(控制电流端)注入的工作电流,mA;

B——外加的磁感应强度,T;

K_H——灵敏度,表示在单位磁感应强度和单位控制电流作用下霍尔电势的大小,mV/mA·T。

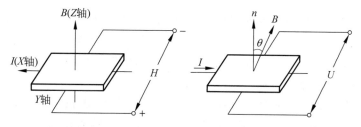

(a) 半导体薄片与磁场垂直　　(b) 半导体薄片法线与磁场成 θ 角度

图 2-19　霍尔电势的形成

若 B 与通电的半导体薄片平面的法线方向成 θ 角(见图 2-19(b)),则

$$U_\mathrm{H} = K_\mathrm{H}IB\cos\theta \qquad (2\text{-}5)$$

2)霍尔元件

霍尔元件就是利用霍尔效应制作的半导体器件。如上所说,金属薄片也具有霍尔效应,但其灵敏度很低,不宜制作霍尔元件。霍尔元件一般由半导体材料制成,且大都采用 N 型锗(Ge)、锑化铟(InSb)和砷化铟(InAs)材料。锑化铟制成的霍尔元件,灵敏度最高,输出 U_H 较大,受温度的影响也大;锗制成的霍尔元件灵敏度低,输出 U_H 小,但它的温度特性及线性度都较好,砷化铟较锑化铟制成的霍尔元件的输出 U_H 小,而温度影响比锑化铟小,线性度也较好。

霍尔元件由霍尔片、引线与壳体组成,霍尔片是一块矩形半导体薄片,如图 2-20 所示。在短边的两个端面上焊出两根控制电流端引线(见图 2-20(a)中 1、1′);在长边端面中以点焊形式焊出的两根霍尔电势输出端引线(见图 2-20(a)中 2、2′),焊点要求接触电阻小(即为欧姆接触)。霍尔片一般用非磁性金属、陶瓷或环氧树脂封装。在电路中,霍尔元件常用图 2-20(b)所示的符号表示。

由于霍尔元件是由半导体材料制成,它的载流子迁移率、材料的电阻率及载流子浓度等都是温度的函数。从而会因温度变化而导致霍尔元件性能如内阻、霍尔电势等产生误差。为补偿这种误差,行之有效的办法是在控制电流端并联一个适当大小的电阻 R,如图 2-21 所示,并有式(2-6)关系成立,即

$$R = \left(\frac{\rho}{\alpha}\right)R_0 \qquad (2\text{-}6)$$

式中　R_0——霍尔元件的内阻,可由测量获得阻值;

　　　α——霍尔元件灵敏度温度系数;

　　　ρ——霍尔元件内阻的温度系数。

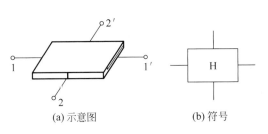

(a)示意图　　　　　(b)符号

图 2-20　霍尔元件的示意图及符号

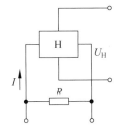

图 2-21　霍尔元件的温度补偿

3)霍尔集成传感器

霍尔集成传感器是将霍尔元件、放大器、施密特触发器以及输出电路等集成在一块芯片上,为用户提供了一种简化的和较完善的磁敏传感器。其输出信号明快,传送过程中无抖动现象,且功耗低,对温度的变化是稳定的,灵敏度与磁场移动速度无关。霍尔集成传感器分为线性集成电路和开关集成电路。

线性集成传感器的内部框图和输出特性如图 2-22 所示,由霍尔元件 HG、放大器 A、差动输出电路 D 和稳定电源 R 等组成。图 2-22(b)所示为其输出特性,在一定范围内输出特性为线性,线性中的平衡点相当于 N 和 S 磁极的平衡点。

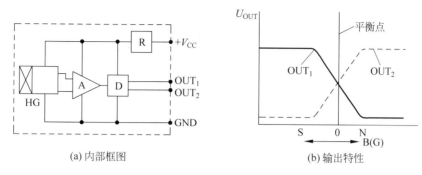

(a) 内部框图　　　　　　　　　(b) 输出特性

图 2-22　线性集成传感器的内部框图和输出特性

图 2-23(a)展示了开关集成传感器的内部框图,由霍尔元件 HG、放大器 A、输出晶体管 VT、施密特电路 C 和稳定电源 R 等组成,与线性集成传感器不同之处是增设了施密特电路 C,通过晶体管 VT 的集电极输出。图 2-23(b)所示为输出特性,它是一种开关特性。开关集成传感器的输出只有 1 端,是以一定磁场电平值进行开关工作的,由于内设有施密特电路,开关特性具有时滞,因此有较好的抗噪声效果。霍尔集成传感器一般内有稳压电源,工作电源的电压范围较宽,可为 3～16V。

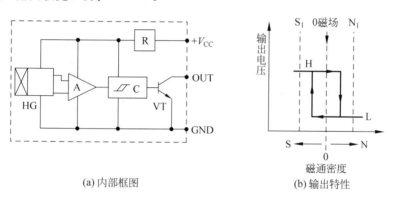

(a) 内部框图　　　　　　　　　(b) 输出特性

图 2-23　开关集成传感器的内部框图和输出特性

应用举例如下。

图 2-24 所示为采用霍尔集成传感器的电机通断控制电路,为了增大驱动功率,电路中接 PNP 功率晶体管 VT。此电路可以直接驱动 1A 左右的电流负载。这里是驱动直流电动机,但也可以接螺线管、灯泡等负载。

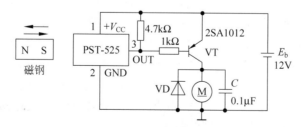

图 2-24　电机通断控制电路

图 2-25 所示是磁转子的转数检测电路实例,电路中霍尔集成传感器采用 UGN3040,输出端接有小功率 PNP 晶体管 VT$_1$。VT$_1$ 的输出信号极性与 A 端相反,因此,此电路可以获得相位相反的两种信号 A 与 B。

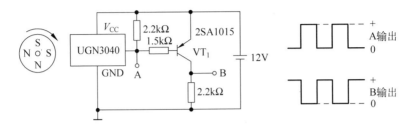

图 2-25　磁转子的转数检测电路

5. 其他类型的传感器

1) 压敏电阻器

压敏电阻器(VSR)是电压灵敏电阻器的简称,是一种新型的以氧化锌(ZnO)为主要材料而制成的金属—氧化物—半导体陶瓷过压保护元件。其电阻值随端电压而变化,如图 2-26 所示。压敏电阻器的主要特点是工作电压范围宽(6～3kV,分若干挡)、对过压脉冲响应快(几至几十纳秒)、耐冲击电流的能力强(可达 100A～20kA)、漏电流小(低于几至几十微安)、电阻温度系数小(低于 0.05%/℃)、VSR 性优价廉、体积小,是一种理想的保护元件,由它可构成过压保护电路、消噪电路、消火花电路、吸收回路等。

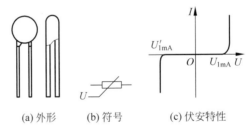

(a) 外形　　　(b) 符号　　　(c) 伏安特性

图 2-26　压敏电阻器的外形、符号和伏安特性

2) 气敏传感器

半导体气体传感器,是利用半导体气敏元件同气体接触,造成半导体性质变化,借此检测待定气体的成分和浓度的传感器。

气敏传感器一般采用氧化物半导体材料制作而成的。氧化物半导体可分为 N 型和 P 型两类。最常用的氧化物气敏传感器材料是 N 型氧化物,如 SnO_2、ZnO 和 Fe_2O_3。因为当 N 型半导体材料暴露在纯净空气中时,空气中的氧气在其表面产生吸附,因而具有很高的阻值。此时当它一旦接触到还原性气体,其阻值随即降低,因此用其测量还原性气体的灵敏度很高,重现性也较好。在众多的 N 型氧化物材料中,最受重用的是化学性质相对稳定的 SnO_2;Fe_2O_3 材料应用也相当广,它可以制成一系列检测还原性气体的传感器;ZnO 材料的应用也较普遍,但其高温稳定性不如 SnO_2 和 Fe_2O_3。

半导体气敏器件由于灵敏度高、响应时间和恢复时间短、使用寿命长、成本低,而得到了广泛的应用。目前,应用最广泛的是烧结型气敏器件,主要是 SnO_2、ZnO 等半导体气敏器件。近年来薄膜型和厚膜型气敏器件也逐渐开始实用化。上述气敏器件主要用于检测可燃性气体、易燃或可燃性液体蒸汽。金属—氧化物—半导体场效应晶体管型气敏器件在选择性检测气体方面也得到了应用,如把 MOSFET 管作为检测氢气气敏器件也逐渐走向实用化。一些特殊的气敏器件,如 ZrO_2 系列半导体气敏器件作为氧敏器件广泛应用于汽车发动机排气中氧含量的检测及炼钢炉铁水中氧含量的检测。

图 2-27 所示是利用 QM-N6 型半导体气敏器件设计的简单而且廉价的家用气体报警器电路图。这种测量回路能承受较高交流电压,因此可直接由市电供电,不加复杂的放大电路,就能驱动蜂鸣器等报警。这种报警器的工作原理是,蜂鸣器与气敏器件构成了简单串联电路,当气敏器件接触到泄漏气体(如煤气、液化石油气)时,其阻值降低,回路电流增大,达到报警点时蜂鸣器便发出警报。

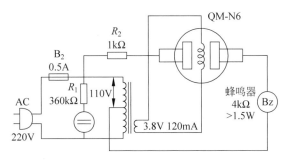

图 2-27 家用报警器电路图

2.2.2 模拟信号处理单元

1. 集成运放基本知识

1) 集成运放的分类

(1) 通用型运放。

常用于对速度和精度要求不太高的场合,如 μA741(通用单运放)、CF124/CF224/CF324(四运放)。μA741 要求双电源供电(±5~±18V),典型值为 ±15V。

(2) 高输入阻抗运放。

高输入阻抗运放的特点是:输入阻抗很高,约 $10^{12}\,\Omega$;工作速度较高;输入偏流约 $10\mu A$。常用于积分电路及保持电路。

(3) 低失调低漂移运放。

此类运放如 OP-07,输入失调电压及其温漂、输入失调电流及其温漂都很小,因而其精度较高,故又称为高精度运放,但其工作速度较低,常用于积分、精密加法、比较、检波和弱信号精密放大等。OP-07 要求双电源供电,使用温度为 0~70℃。

(4) 斩波稳零集成运放。

以 ICL7650 为代表的斩波稳零集成运放,其特点是超低失调、超低漂移、高增益、高输入阻抗,性能极为稳定。广泛用于电桥信号放大、测量放大及物理量的检测等。

常用的集成运算放大器的主要型号和生产公司如表 2-8 和表 2-9 所示。

表 2-8　常用集成运放

公司	型号	片内运放数	增益带宽积 GBW/MHz	转换速率 $S_R/V\mu s^{-1}$	低噪声电流 $/\mu A$	开环增益 /dB	输入电阻 $/\Omega$
NEC	LF347	4	4	13	0.01	100	10^{12}
	LF353	2	4	13	0.01	100	10^{12}
	LF356	1	5	12	0.01	100	10^{12}
	LF357	1	20	50	0.01	100	10^{12}
PM	OP-16	1	19	25	0.01	120	$6*10^6$
	OP-37	1	40	17	0.01	120	$6*10^6$
sig	NE5532	1	10	9	2.7	80	$3*10^5$
	NE5534	2	10	13	2.5	84	$1*10^5$

表 2-9　集成低频功率放大器

公司	型号	V_{CC}/V	R_i/Ω	R_L/Ω	闭环增益 G_V/dB	P_{OR}不失真输出功率	BW/K	失真系数 $\gamma/\%$
NEC	μPC1188H	±22	200	8	40	18	20～20	≤1
日立	HA1397	±18	600	8	38	15	5～120	≤0.7
	HA1936	13.2	10k	8	40	15	20～20	≤0.03

2) 集成运算放大器的主要参数

(1) 增益带宽乘积 GBW。

$$GBW = A_{vd}f_H$$

式中　A_{vd}——中频开环差模增益；

f_H——上限截止频率。

以 F007 为例,如图 2-28 所示,$f_H = 10Hz$,$A_{vd} = 100dB$,即 10^5 倍,GBW = 1MHz,所以该运放的单位增益频率 $f_T = 1MHz$。

若该运放在应用中接成闭环增益为 20dB 的电路,由图 2-28 可见,这时上限截止频率 $f_H = 100kHz$。因为对于一个单极点放大器的频率特性而言,其 GBW 是一个常数。在实际使用时,集成运放几乎总是在闭环下工作,所以从 GBW 等常数可推出该运放在实际工作条件下所具有的带宽。

(2) 摆率(转换速率)S_R。

摆率(转换速率)S_R 是表示运放所允许的输出电压 u_o 对时间变化的最大值,即

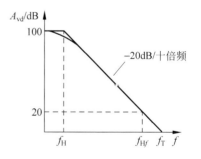

图 2-28　F007 的增益带宽特性

$$S_R = \left|\frac{du_o}{dt}\right|_{max} \tag{2-7}$$

若输入为一正弦波,则

$$S_R = \left|\frac{du_o}{dt}\right|_{max} = 2\pi f U_{om} \tag{2-8}$$

若已知 U_{om},则在不失真工作条件下的最高工作频率 $f_{max} = \dfrac{S_R}{2\pi U_{om}}$。

（3）共模抑制比 K_{CMR}。

此指标的大小，表示了集成运放对共模信号的抑制能力。定义为开环差模增益和开环共模增益之比，工程上常用分贝表示：

$$K_{CMR} = 20\lg \left| \frac{A_{vd}}{A_{vc}} \right| \quad dB \tag{2-9}$$

式中　A_{vd}——开环差模增益；

　　　A_{vc}——开环共模增益。

共模抑制比这一指标在微弱信号放大中非常重要，因为在许多场合，存在着共模干扰信号。例如，信号源是有源的电桥电路的输出，或信号源通过较长的电缆连到放大器的输入端，它们可能引起放大器输入端与信号源接地端的电位不相同，因而产生共模干扰。通常，共模干扰电压值可达几伏甚至几十伏，从而对集成运放的共模抑制比指标提出了苛刻的要求。

（4）最大差模输入电压 U_{idmax} 和最大共模输入电压 U_{icmax}。

在实际工作中，集成运放最大差模输入电压 U_{idmax} 受输入级的发射结反向击穿电压限制，在任何情况下不能超过此值，否则就会损坏器件，而输入端的最大共模电压超过 U_{icmax} 时，放大器就不能正常工作。运放工作在同相输入跟随器时，其输入电压 U_i 的最大值就是最大共模输入电压。

3）选用运放的注意事项

（1）若无特殊要求，应尽量选用通用型运放。当系统中有多个运放时，建议选用双运放（如 CF358）或四运放（如 CF324 等）。这样有助于简化电路，减小板面，降低成本，特别是在要求多路对称的场合，多运放更显优越性。

（2）对于手册中给出的运放性能指标应有全面的认识。首先，不要盲目片面追求指标的先进，如场效应管输入级的运放，其输入阻抗虽然高，但失调电压也较大，低功耗运放的转换速率也较低；其次，手册中给出的指标是在一定的条件下测出的，如果使用条件和测试条件不一致，则指标的数值也将会有差异。

（3）当用运放作弱信号放大时，应特别注意选用失调以及噪声系数均很小的运放，如 ICL7650。同时，应保持运放同相端与反相端对地的等效直流电阻相等。此外，在高输入阻抗及低失调、低漂移的高精度运放的印制底板布线方案中，其输入端应加保护环。

（4）当运放用于直流放大时，必须进行调零。

（5）为了消除运放的调频自激，应参照推荐参数在规定的消振引脚之间接入适当电容消振。同时应尽量避免两级以上放大级级联，以减小消振困难。为了消除电源内阻引起的寄生振荡，可在运放电源端对地就近接去耦电容，考虑去耦电解电容器的电感效应，常常在其两端再并联一个容量为 $0.01\sim0.1\mu F$ 的瓷片电容。

2．典型模拟运算电路

集成运算放大器的基本应用电路，从功能上分有信号的运算、处理和产生电路等。运算电路包括加法、减法、积分、微分、对数、指数、乘法和除法电路等；处理电路包括有源滤波、精密二极管整流电路、电压比较器和取样—保持电路等；产生电路有正弦波振荡电路、方波振荡电路等。

1）反相比例运算电路

反相比例电路是最基本的运算电路。反相比例电路是将输入信号 u_i 从运算放大器的反相输入端引入,而同相输入端接地,该电路的输出信号与输入信号成反相比例关系。电路如图 2-29 所示。

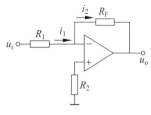

图 2-29　反相比例运算电路

在图 2-29 中,同相输入端经电阻 R_2 接地,也称为平衡等效电阻,其值为 R_1 和 R_F 相并联的结果,这是因为集成运放输入级是由差动放大电路组成,要求两边的输入回路参数对称,即从集成运放反相输入端和地两点向外看的等效电阻 R_n 应当等于从集成运放同相端和地两点向外看的等效电阻 R_p。R_F 为反馈电阻。其放大倍数为

$$A_v = -\frac{R_F}{R_1} \tag{2-10}$$

应用本电路时还应注意以下几点。

(1)本电路的电压放大倍数不宜过大。通常 R_F 宜小于 1MΩ,因 R_F 过大会影响阻值的精度;R_1 不宜过小;否则整个电路的输入电阻就小,导致电路将从信号源吸取较大的电流。反相比例电路只适用于输入信号源对负载电阻要求不高的场合。如果要用反相电路实现大的放大倍数,可用 T 型网络代替 R_F。

(2)在设计反相比例放大电路时,要根据多种因素来选择运放参数。放大直流信号时,应着重考虑运放的失调和温度漂移。为提高运算精度,运放的开环增益 A_{vo} 和输入差模电阻 R_{ID} 要大,输出电阻 R_O 要小。为减小漂移,运放的输入失调电压 U_{IO}、输入失调电流 I_{IO} 和偏置电流 I_{IB} 要小。放大交流信号时,则要求放大器有足够的带宽,作为闭环负反馈工作的放大器,其小信号上限工作频率 f_H 受到运放增益带宽积 $GBW = A_{vd}f_H$ 的限制。

(3)如果运放工作于大信号输入状态,则此时电路的最大不失真输入幅度 U_{im} 及信号频率将受到运放的转换速率 S_R 的制约。

2)同相比例运算电路

由上可知反相比例放大电路的输入阻抗不太高。为克服这一缺点,可采用同相输入比例放大电路。同相比例电路的构成如图 2-30 所示。当输入信号 u_i 经电阻 R_2 送到同相输入端,而反相输入端经电阻 R_1 接地。为了实现负反馈,反馈电阻 R_F 仍应接在输出与反相端之间,构成电压串联负反馈。信号由同相端输入,所以输出与输入同相。

电路的电压放大倍数为

$$A_v = \frac{u_o}{u_i} = \frac{R_1 + R_F}{R_1} = 1 + \frac{R_F}{R_1} \tag{2-11}$$

如果将同相比例电路中的电阻 R_1 开路,即接成电压跟随器形式。电路如图 2-31 所示,其中的 R_2 和 R_F 起限流作用,防止因意外造成过大的电流。由式(2-11)可得 $u_o = u_i$,即输出电压与输入电压大小相等、相位相同。它具有输入电阻高、输出电阻低的特点,因此获得广泛的应用。

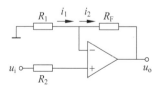

图 2-30　同相比例运算电路

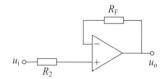

图 2-31　电压跟随器

当运放的差模信号 u_{id} 较小,而共模干扰输入 u_{ic} 较大时,为确保运算的精度,要求运放输出中的差模信号分量明显大于输出中的共模干扰分量。这里对运放的共模抑制 K_{CMR} 将有严格的要求。

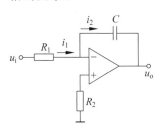

图 2-32　积分电路

3)积分电路

积分电路如图 2-32 所示,利用虚地的概念:$u_+ = u_- = 0$,$i_i = 0$,因此有 $i_1 = i_2 = i$,电容 C 就以电流 $i = u_i/R_1$ 进行充电。假设电容器 C 初始电压为零,则

$$u_- - u_o = \frac{1}{C}\int i_1 dt = \frac{1}{C}\int \frac{u_i}{R_1}dt$$

因 $u_- = 0$,所以有

$$u_o = -\frac{1}{R_1 C}\int u_i dt \qquad (2\text{-}12)$$

式(2-12)表明,输出电压 u_o 为输入电压 u_i 对时间的积分,负号表示它们在相位上是相反的。

通常,为限制低频电压增益,在积分电容 C 两端并联一个阻值较大的电阻。当输入信号的频率 $f_i > \dfrac{1}{2\pi R_f C}$ 时,电路为积分器;若 $f_i \ll \dfrac{1}{2\pi R_f C}$,则电路近似于反相比例运算电路,其低频电压放大倍数 $A_v = -\dfrac{R_F}{R_1}$。

积分电路的用途广泛,如可用于延迟、方波变换为三角波、移相 90° 和将电压量转换为时间量等。

4)微分电路

将积分电路中的电阻和电容元件对换位置,并选取比较小的时间常数 RC,便可得到图 2-33 所示的微分电路。在这个电路中,同样存在虚地、虚短和虚断的概念。

设 $t = 0$ 时,电容器 C 的初始电压 $u_C = 0$,当信号电压 u_i 接入后,便有

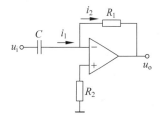

图 2-33　微分电路

$$u_- - u_o = iR_1 = R_1 C\frac{du_i}{dt}$$

则有

$$u_o = -RC\frac{du_i}{dt} \qquad (2\text{-}13)$$

式(2-13)表明,输出电压正比于输入电压对时间的微商。

微分电路的应用是很广泛的,在线性系统中,除了可作微分运算外,在脉冲数字电路中,常用来作波形变换。例如,在单稳态触发器的输入电路中,用微分电路把宽脉冲变换为窄脉冲。

5)峰值检波电路

图 2-34 展示了峰值检波电路。A_1 和 A_2 两个比较器构成两个电压跟随器,利用二极管的单向导电性,根据输入信号和输出信号不同的值,电容将进行充电或处于保持状态,直到电容上的电压和输入信号的最大值相同。

(1)$u_i > u_o$,A_1 输出高电平,$u_{o1} > u_i$,二极管 VD_1 关断、VD_2 导通,保持电容 C_H 充电,

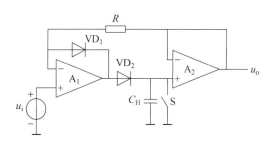

图 2-34　峰值检波电路

A_1、A_2(虚断使 R 上电流为 0A,电压为 0V)构成跟随器,电容电压 u_{C_H} 和输出电压 u_o 同步跟踪 u_i 增大。因二极管 VD_1 关断,A_1 开环,一旦 $u_o < u_i$,则立即会有很大的 u_{o1} 向 C_H 充电,稳定后有 $u_{o1} = u_i + U_{D2(on)}$,保证闭环满足 $u_o = u_i = u_{C_H}$,抵消了二极管导通电压 $U_{D2(on)}$ 的影响。

(2) $u_i < u_o$ 时,VD_1 导通,$u_{o1} = u_i - U_{D1(on)} < U_i$,$VD_2$ 关断,由于 C_H 无放电回路,则 $u_o = u_i = u_{I(peak)}$,处于保持状态,实现了峰值检测。采样完一个周期后应由 S 控制 C_H 放电,继续进行下一次检测。

3. 测量放大器

测量放大器又称为数据放大器、仪表放大器。其主要特点是:输入阻抗高、输出电阻低、失调及零漂很小,放大倍数精确可调,具有差动输入、单端输出、共模抑制比很高的特点。适用于大的共模电压背景下对缓慢变化微弱的差模信号进行放大,常用于热电偶、应变电桥、生物信号等的放大。

1) 三运放测量放大器

电路如图 2-35 所示,其中运放 A_1 和 A_2 构成第一级,为具有电压负反馈之双端同相输入、双端输出的形式,其输入阻抗高,放大倍数调节方便;第二级 A_3 为差动放大电路,它将双端输入转换为单端输出,在电阻精确配对的条件下,可获得很高的共模抑制比。电路中所用到的运放必须由高精度集成运放作为基础,如 FC72、OP-07 为双电源供电,低漂移、高精度、单运放;否则也达不到上述效果。

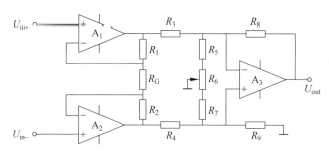

图 2-35　三运放测量放大器

该电路的差模电压增益为

$$A_{VD} = 1 + 2 \frac{R_1}{R_G} \qquad (2\text{-}14)$$

测量放大器的共模抑制比为

$$K_{CMR} = \left(1 + 2\frac{R_1}{R_G}\right) \times K_{CMR3} \qquad (2\text{-}15)$$

式中　　K_{CMR3}——第二级 A_3 的共模抑制比。

改变 R_G 的值,可调节放大器的放大倍数。该放大器第一级是具有深度电压串联负反馈的电路,所以它的输入电阻很高。

这种高精度数据放大器在许多要求处理低电平微弱信号的高精度电子设备中极其有用,并广泛用于数据采集系统中。

2)单片集成测量放大器(LH0036)

三运放测量放大器有很强的共模抑制能力、较小的输出漂移电压和较高的差模电压增益,但为进一步提高电路的性能,应严格挑选几个外接电阻,因此目前已经把这种电路集成到一个集成电路上,LH0036 即是其中的一种,它只需外接电路 R_G[一般取 50kΩ/(A_V−1)]。$A_V = 1\sim1000$,$R_i = 300$MΩ,$K_{CMR} = 100$dB,$U_{IO} = 0.5$mV,$I_{IO} = 10$nA,$\dfrac{\Delta U_{IO}}{\Delta T} = 10\mu$V/℃,$S_R = 0.3$V/$\mu$s。其内部电路如图 2-36 所示。

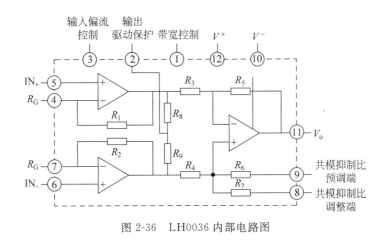

图 2-36　LH0036 内部电路图

图 2-36 中,引脚⑤和⑥分别为输入信号的正端和负端;④脚和⑦脚接电阻 R_G,用于改变测量放大器的放大倍数;⑫脚和⑩脚分别接电源的正和负;⑪脚为放大器的输出;⑧脚和⑨脚分别为放大器共模抑制比的调整端和预调端;①脚为带宽控制;③脚为输入偏流控制。

这类放大器种类繁多,在工程实践中应用很广泛。按性能分类有通用型(如 INA110、INA114/115、INA131 等)、高精度型(如 AD522、AD524、AD624 等)、低噪声功耗型(如 INA102、INA103 等)。

3)可编程放大器

由于各种传感器的输出信号幅度相差很大,可从微伏数量级到伏特数量级。即使同一个传感器,在使用中其输出信号的变化范围也可能很大,取决于被测对象的参数变化范围。如果放大器的放大倍数是一个固定值,则很难适应实际情况的需要。因此,一个放大倍数可以调节的放大器应运而生。

根据输入信号大小改变放大器放大倍数的方法,可以是用人工来实现,也可以自动实现。如果能用 5 组数码来控制放大器的放大倍数,就不难根据输入信号的大小来实现放大倍数的自动调节,这样的数据放大器一般称为程控数据放大器,即可编程放大器。

可编程增益放大器有两种:一种是专门设计的电路,即集成 PGA;另一种是由其他放大器外加一些控制电路组成,称为组合型 PGA。

集成 PGA 电路种类很多,美国 B-B 公司生产的 PGA102 是一种高速、数控增益可编程放大器。它由①脚和②脚的电平来选择增益为 1、10 或 100。每种增益均有独立的输入端,通过一个多路开关进行选择。PGA102 的增益选择如表 2-10 所示。

表 2-10　PGA102 增益控制表

输　　　入	增　　　益	①脚	②脚
		×10	×100
V_{IN1}	$G=1$	0	0
V_{IN2}	$G=10$	1	0
V_{IN3}	$G=100$	0	1
无效	无效	1	1

其中,逻辑 0,$0 \leqslant V_{IN} \leqslant 0.8V$;逻辑 1,$2 \leqslant V_{IN} \leqslant +V_{CC}$;逻辑电压是相对③脚的。

PGA102 的内部结构如图 2-37 所示。

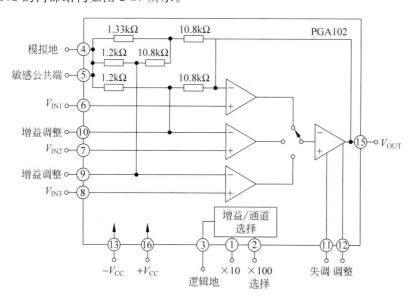

图 2-37　PGA 内部结构框图

可以看出,这种可编程放大器实际上是一种可控制放大器反馈回路电阻的运算放大器。在 PGA102 中,改变×10×100 两管脚的电平,即可选择 V_{IN1}、V_{IN2} 和 V_{IN3}。3 种输入电路的反馈电阻不同,因而可得到不同的增益。由于各输入级失调电压经激光修正,所以一般不用调整。其增益精度也很高,一般也不用调整,只有在必要时才外接电阻电路进行修正。量程自动转换可采用可编程增益放大器和微机实现量程自动转换。

BB3606 是在原来三运放数据放大器的基础上实现的程控数据放大器。它的放大倍数变化为 1~1024 倍,以 2 的幂次从 $2^0 \sim 2^{10}$ 分成 11 挡。增益精度为 ±0.02%,非线性失真小于 0.005％，温度漂移为每度百万分之五，最大输出电压为 ±12V，最大输出电流为 ±10mA，输出电阻为 0.05Ω，电源电压为 ±15V，共模与差模电压范围为 ±10.5V，失调电压 为 ±0.02μV，偏置电流为 ±15nA，输入噪声电压峰峰值小于 1.4mV，共模抑制比大于 90dB，单位增益下的频度响应（下降 3dB 时）为 100kHz。

4. 有源滤波器

滤波器在通信、测量自动控制系统中得到广泛的应用。经常遇到测量的信号都是很微弱的，且在其中还混有干扰信号，这对电路的正常工作是有害的，尤其是在微机控制电路中。为了消除这种影响，就需要用滤波器，使有用的信号能比较顺利地通过，而将无用的信号滤掉。

用运算放大器和 RC 网络组成的有源滤波器，具有许多独特的优点。因为不用电感元件，所以免除了电感所固有的非线性特性、磁场屏蔽、损耗、体积和重量过大等缺点。由于运算放大器的增益和输入电阻高、输出电阻低，所以能提供一定的信号增益和缓冲作用。这种滤波器的频率为 $10^3 \sim 10^6$ Hz，频率稳定度可做到 $(10^{-3} \sim 10^{-5})$/℃，频率精度为 $\pm(3 \sim 5)\%$，并可用简单的级联来得到高阶滤波器，且调谐也很方便。

滤波器的技术指标主要有通带和阻带及相应的带宽，通带指标有通带、边界频率（没有特殊说明时，一般为 3dB 截止频率）、通带传输系数。阻带指标通常提出对带外传输系数的衰减速度。下面简要地介绍设计中的考虑原则。

1) 关于滤波器类型的选择

一阶滤波器电路最简单，但带外传输系数衰减慢，一般是在对带外衰减特性要求不高的场合下选用。

当要求带通滤波器的通带较宽时，可用低通滤波器和高通滤波器合成，这比单纯用带通滤波器要好。

2) 级数选择

滤波器的级数主要根据对带外衰减特性的要求来确定。每一阶低通或高通 RC 可获得 ±20dB/十倍频的衰减，每增加一级 RC 电路又可以获得 ±20dB/十倍频的衰减。多级滤波器串接时，传输函数总特性的阶数等于各阶数之和。当要求的带外衰减特性为 $-m$dB/十倍频时，则所取级数 n 应满足 $n \geqslant m/20$。

3) 有源滤波器对运放的要求

在无特殊要求的情况下，可选用通用型运算放大器。为了获得足够深的反馈，以保证所需滤波特性，运放的开环增益应在 80dB 以上。对运放频率特性的要求，由其工作频率的上限确定。设工作频率的上限为 f_H，则运放的单位增益频率应满足：$BW_G \geqslant (3 \sim 5)A_F f_H$，式中 A_F 为滤波器通带的传输系数。

如果滤波器的输入信号较小，如在 10mV 以下，宜选用低漂移运放。如果滤波器工作于超低频，以致使 RC 网络中电阻元件的值超过 100kΩ 时，则应选用低漂移、高输入阻抗的运放。

2.2.3 模拟信号变换单元

由传感器获得的模拟信号经过放大、运算等环节处理后的信号，当用于控制信号时，往往需对这些信号进行变换才能满足要求。常用的信号变换单元电路有电压比较器、电压—

电流转换电路和电压—频率转换电路等。

1．电压比较器

电压比较器(简称比较器)的功能是比较两个电压的大小。电压比较器的输出是两个不同的电平，即高电平和低电平。

1）过零比较器

最简单的比较器是过零比较器。只需把运算放大器的一个输入端(同相端或反相端)接地；另一端接输入电压，如图 2-38 所示，其中的电阻是避免因 u_i 过大而损坏运算放大器。显然，在理想情况下，它的阈值为零，也就是说，当 u_i 变化经过零时输出电压从一个电平跳变到另一个电平。

过零比较器的信号电压接到集成运放的反相输入端，属于反相输入接法，图 2-38(a)所示。也可以采用同相输入接法，如图 2-38(b)所示。各种比较器一般都有这两种接法，究竟采用哪种接法，看比较器前后所需的电压极性关系而定。

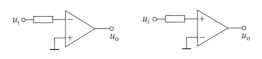

(a)反相输入过零比较器   (b)同相输入过零比较器

图 2-38   过零比较器

2）施密特触发器

为了防止比较器的输出因干扰而产生抖动，并提高其输出前后沿的陡度，通常可提供一定的正反馈，使其传输特性具有回差特性。一种同相输入过零滞回比较器(施密特触发器)的电路、传输特性及波形如图 2-39 所示。

2．电压—电流转换电路

在测控系统中，当需要远距离传送电压信号时，为避免信号源电阻和传输线路电阻带来的精度影响，通常可以先将电压信号变换为相应的电流信号再进行传送。完成这一转换功能的电路，就是电压—电流变换器。

1）基本电压—电流变换电路

电流串联负反馈放大电路，如图 2-40 所示。当运放工作在线性区时，输入端存在"虚短"及"虚断"，所以有

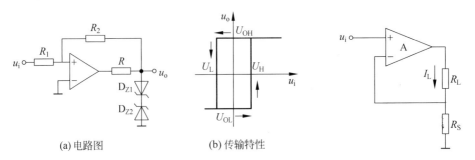

(a)电路图   (b)传输特性

图 2-39   施密特触发器   图 2-40   电压—电流变换电路

$$I_\mathrm{L} = \frac{U_\mathrm{I}}{R_\mathrm{S}} \tag{2-16}$$

式中 R_S——取样电阻。

此电路中负载 R_L 不能直接接地,即 R_L 处于浮地状态。

2)允许负载接地的电压—电流变换电路

一个允许负载接地的电流源电路,如图 2-41 所示。当 $R_1 R_2 = R_3 R_4$ 时,有

$$I_\mathrm{L} = -\frac{U_\mathrm{I}}{R_2} \tag{2-17}$$

即流过负载 R_L 的电流与输入电压成正比,而与负载 R_L 无关。当运放为双电源供电时,随 U_I 的极性的正、负可提供双向电流源。

3. 电压—频率转换器

完成模拟信号与脉冲频率之间的相互转换的电路称为电压—频率变换器。这一类 U/F 变换器 IC 品种较多,如同步型 V/F—VFC100、AD651;高频型 V/F—VFC110;精密单电源型 V/F—VFC121;通用型 V/F—VFC320、LMX31。LMX31 系列(包括 LM131A/LM131、LM231A/LM231、LM331A/LM331),其性价比较高,适于作 A/D 转换器、精密频率电压转换器、长时间积分器、线性频率调制或解调及其他功能电路。

其基本参数如下。

(1)满量程频率范围为 1Hz～100kHz。

(2)线性度为 $\pm 0.01\%$。

(3)电源电压为 3.9～40V。

LMX31 系列外形采用 8 脚 DIP 封装结构,如图 2-42 所示。

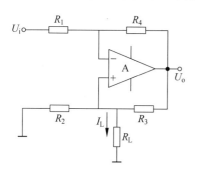

图 2-41 负载接地的电压—电流变换器

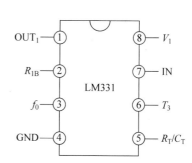

图 2-42 LM331 的引脚排列

其内部结构与基本接法如图 2-43 所示。其基本工作原理为,若无信号时,⑥脚电平约为 V_CC,⑦脚电平 $\frac{V_\mathrm{CC}}{R_1 + R_2} R_2$。当输入负脉冲信号使⑥脚电平低于⑦脚电平时,输入比较器翻转,使 RS 触发器置 1。RS 触发器控制电流开关,使精密电流源(电流值为 $i = 1.9/R_\mathrm{S}$,该电流值为 10～50μA,变更 R_S 阻值可调整电压频率转换比)对①脚的负载电容 C_L 充电,同时 RS 触发器还使 V_CC 通过定时电阻 R_t 对⑤脚的定时电容 C_t 充电。当 C_t 充电电压值略超过 $2/3 V_\mathrm{CC}$ 时,定时比较器翻转,RS 触发器置 0。由电容的充电过程 $V_\mathrm{CC}(1 - \mathrm{e}^{\frac{-T}{R_\mathrm{t} C_\mathrm{t}}}) =$

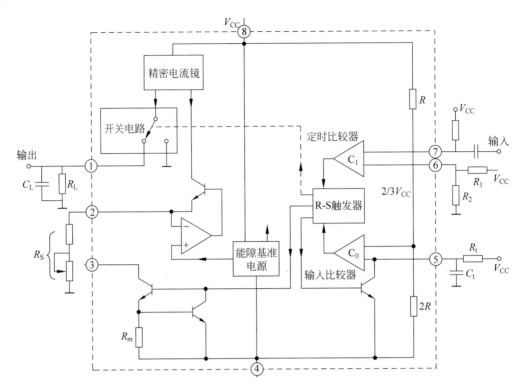

图 2-43　LM331 内部结构与基本接法

$\frac{2}{3}V_{CC}$,可求得对定时电容 C_t 的充电时间 $T \approx 1.1 C_t R_t$。则电流开关切断对负载电容 C_L 的充电,电容 C_L 通过负载电阻 R_L 缓慢放电。时间常数 $C_L R_L$ 决定了输入信号频率变化时输出电压之变化所需的建立时间的大小及输出电压纹波的大小。$C_L R_L$ 越大,则建立时间越长,但输出电压的纹波越小。同时 RS 触发器也切断对 C_t 的充电,C_t 通过饱和晶体管迅速放电。然后整个电路等待下一个输入负脉冲进行循环。

　　由 LM331 组成的 U/F 转换基本电路如图 2-44 所示。输出信号的频率 f_o 与输入信号电压 U_{IN} 严格成正比。

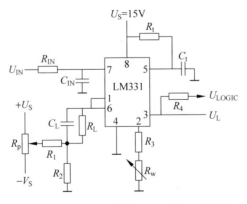

图 2-44　LM331 组成的 U/F 转换基本电路

2.2.4 信号产生单元

波形发生器(信号发生器)是科研单位和实验室经常用到的电子仪器设备,用来产生各种信号及波形,通常有正弦波、三角波、脉冲波及调制波等,用途极为广泛。

1. 正弦波产生电路

1) RC 正弦波振荡器

正弦波振荡电路是在没有外加输入信号的情况下,依靠电路自激振荡而产生正弦波电压输出的电路,一般由放大电路、正反馈网络、选频网络和稳幅环节 4 个部分组成。选频网络保证电路只在某个特定的频率上满足振荡的相位条件,常用的选频网络有 RC 选频网络、LC 选频网络和石英晶体等,RC 选频网络构成的 RC 正弦波振荡电路的振荡频率较低,一般在 1MHz 以下,LC 选频网络构成 LC 正弦波振荡电路的振荡频率在 1MHz 以上,石英晶体正弦波振荡频率和 LC 正弦波振荡电路相当,其特点是振荡频率非常稳定。在要求高频率稳定度的场合,往往采用高 Q 值的石英晶体振荡器代替 LC 回路。

常见的 RC 正弦波振荡电路有 RC 移相振荡电路、RC 串并联网络振荡电路和双 T 选频网络的振荡电路。

图 2-45 展示了 RC 移相振荡电路。其振荡频率为

$$f_0 = \frac{1}{2\pi RC \sqrt{2\left(\frac{2}{n}+3\right)}} \tag{2-18}$$

式中 $n = \dfrac{R}{r_{in}}$;

r_{in}——电路的输入电阻。

特点:电路简单,经济方便,但失真大,频率稳定度低,适用于输出固定振荡频率且稳定度要求不高的设备中。

图 2-46 展示了 RC 串并联网络振荡电路(可称为文氏桥振荡电路)。$R_f = 2R_1$ 才能保证电路振荡,电路的振荡频率为 $f_0 = \dfrac{1}{2\pi RC}$。

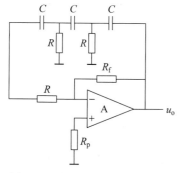

图 2-45　移相式正弦波振荡电路

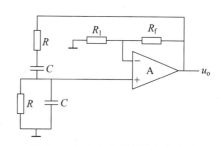

图 2-46　RC 串并联网络振荡电路

2) 晶体振荡电路

晶体振荡电路就是用石英晶体构成的正弦波振荡电路,其频率稳定度可高达 10^{-9},其

至达到 10^{-11} 量级,在高频率稳定度要求的设备中得到广泛应用。

(1) 并联型石英晶体正弦波振荡电路。

并联型石英晶体正弦波振荡电路如图 2-47 所示。图中电容 C_1 和 C_2 并接在晶体的两端,称为晶体的负载电容。如果其电容值等于晶体厂家对晶体规定的标准负载电容值,则振荡电路的频率就是晶体外壳上所标注的标称频率值。实际上,由于老化及寄生参量的影响,实际振荡频率与标称频率会有偏差。因此,在对振荡频率准确度要求高的应用场合,一般可以在晶体旁串联一个调节范围很小的微调电容,作为微调振荡频率的辅助电路。

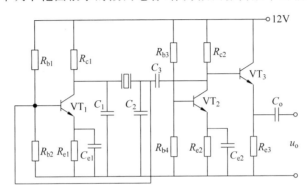

图 2-47 并联型晶体正弦波振荡电路

(2) 串联型石英晶体正弦波振荡电路。

串联型石英晶体正弦波振荡电路如图 2-48 所示。电容 C_b 为旁路电容,对交流信号可视为短路。当晶体串联谐振时,反馈最强,振荡频率等于晶体串联谐振频率 f_s。对于 f_s 以外的其他频率,晶体呈现较大的电抗,导致反馈减弱,电路难以满足起振条件。调整和晶体串联的电阻 R_p 的阻值,可使电路满足正弦波振荡的幅值平衡条件,获得较好的正弦波输出。

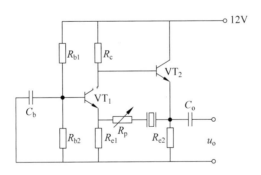

图 2-48 串联型晶体正弦波振荡电路

2. 方波产生电路

方波产生电路是一种能够直接产生方波或矩形波的非正弦波信号发生电路。由于方波或矩形波包含丰富的谐波,因此这种电路又称为多谐振荡器。构成多谐振荡器电路的方法很多,既可用模拟电路,又可用数字电路的方法实现,本章只介绍利用集成运算放大器构成的方波产生电路。

方波产生电路如图 2-49 所示。它是在迟滞比较器的基础上,增加了一个 R_f、C 电路组成的积分电路,把输出电压经 R_f、C 反馈到比较器反相端。R 为限流电阻,D_{Z1} 和 D_{Z2} 为两个稳压管,可以实现双向稳压的作用。由图可知,电路的正反馈系数 $F \approx \dfrac{R_2}{R_1+R_2}$。

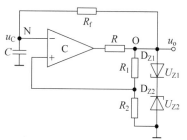

在接通电源的瞬间,输出电压究竟偏于正向饱和还是反向饱和,那纯属偶然。当输出电压 $u_o = +U_Z$ 时,输出端经 R_f 对电容 C 进行充电,当 u_C 略正于同相端电压 $u_+ = \dfrac{R_2}{R_1+R_2}U_Z = FU_Z$ 时,输出电压便立即从正饱和值($+U_Z$)迅速翻转到负饱和值($-U_Z$),以通过 R_f 对电容 C 进行

图 2-49　双向限幅的方波产生电路

反向充电,当 u_C 略低于同相端电压 $u_+ = -\dfrac{R_2}{R_1+R_2}U_Z = -FU_Z$ 时,输出状态再翻转回来,如此循环下去。输出电压和电容器电压波形图如图 2-50 所示。

通常将矩形波为高电平的持续时间与振荡周期的比称为占空比。由图 2-50 可以看出,图 2-49 所示电路所产生的方波占空比为 50%,这是由于电容的充、放电回路是同一个时间常数。要想改变方波的占空比,只需适当改变电容 C 的正、反向充电时间常数即可。改进后的电路如图 2-51 所示,其振荡周期为

$$T = (R_{f1} + R_{f2})C\ln\left(1 + 2\frac{R_2}{R_1}\right) \tag{2-19}$$

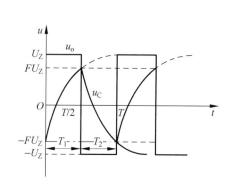

图 2-50　方波产生电路的电压波形

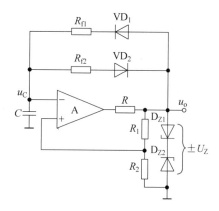

图 2-51　改进后的双向限幅的方波产生电路

2.2.5　多路选择开关

数据选择器用于对多路数字信号进行选择,随选择地址信号的不同,每次选择多路信号中的一路进行传输,和 CPU 一起使用,很容易实现数字信号的自动传送。它只要求所传送的信息逻辑状态不变,允许电压幅度有一定变化。用它来进行模拟信号的传输则会带来很大的误差,因此对于模拟信号的传输宜选用多路模拟开关来实现。

多路模拟开关实际上起一个波段开关的作用。多路模拟开关所要求的指标比数据选择器高得多,其内部电路及电路符号如图 2-52 所示。图 2-52(a)中的 TG 是由场效应管构成

的双向传输门,要求有很小的导通电阻、很大的断开电阻,所能传输的信号幅度大、线性度好、精度高,而且还要求功耗低等。多路模拟开关常用于测控系统中信号通道的选择及可编程放大器等方面。

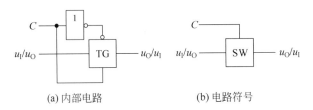

(a) 内部电路　　　　　　　　　(b) 电路符号

图 2-52　模拟开关的内部电路和电路符号

常用的 CMOS 多路模拟开关有以下几种。

(1) 国产的模拟开关型号主要有:四 1 对 1 双向开关 CC4066;三 2 对 1 双向开关 CC4053;双 4 对 1 双向开关 CC4052;单 8 对 1 双向开关 CC4051;单 16 对 1 双向开关 CC4067。

(2) 美国 AD 公司(美国模拟器件公司)的 CMOS 模拟开关型号有 AD7501(双向 8 对 1)、AD7502(双 4 对 1)、AD7503(双向 8 对 1)、AD7506(双向 16 对 1)和 AD7507(双向 8 对 1)。它们的输入电流和泄漏电流及导通电阻比国产的 CC4051 要小一些。

模拟开关的总功耗随工作频率和供电电压的增高而增大。

图 2-53 展示了多路模拟开关的应用实例——功率因数测量电路。它采用多路模拟开关 CC4052,分时将每相测量用的信号(如 I_A 和 V_{BC} 的方波信号)接入单片机,CC4052 为双四选一多路传输开关,INH 为禁止端,该端由单片机的 P1.0 控制,当 P1.0＝0 时,该端被禁止,多路模拟开关均为不接通。将电流信号(I_A、I_B、I_C)依次接入 X 通道,电压信号和电流信号成对依次(V_{BC}、V_{CA}、V_{AB})接入 Y 通道,这样可测量出三相电压、电流信号的相位差,即可测出每相电路的功率因数。

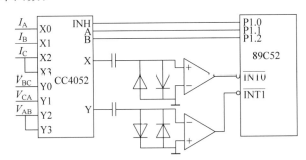

图 2-53　CC4052 和单片机构成的测量电路

选用多路模拟开关应考虑的因素有所传输模拟量的路数、是单端还是差动信号、模拟信号幅度有多大、传输的速率要求多高以及允许多大串扰误差。串扰误差是由于通道之间的串抗干扰引起的。由于通道之间有寄生电容,一个通道的信号会通过寄生电容耦合到其他通道,这就是串扰。一个多路模拟开关的路数越多,各路之间的寄生电容越大,串扰误差就越大。

2.2.6 电源电路

1. 桥式整流滤波电路

桥式整流滤波电路是简单而又常用的电源电路,如图 2-54 所示。常用在对电源要求不高的场合。变压器把交流电压由 U_1 变为 U_2,全波整流桥把正弦波交流电整流为脉动直流电,再由电解电容器构成的滤波电路变为带一定纹波的直流电。本电路需考虑以下几点。

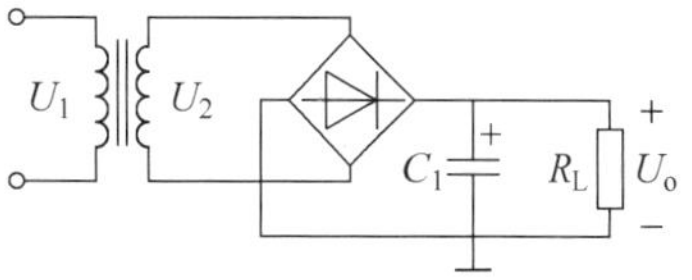

(1) 桥式整流滤波电路输出电压 $U_o=(1.1\sim1.2)U_2$(带负载),$U_o=1.4U_2$(空载)。

(2) 若由整流二极管构成整流桥,则整流二极管的选取原则是:每个整流二极管平均电流等于 0.5 倍负载电流,每个整流二极管能承受的反向电压等于 $1.4U_2$。常用的整流二极管有 IN4001、IN4002、IN4005、IN4007 和 IN5399 等。

图 2-54 桥式整流滤波电路

(3) 若整流桥选用桥堆,则应考虑桥堆的电流、耐压等参数。

(4) 滤波电容的选择。电容容量的选择应使电路充放电时间常数是信号周期的 3~5 倍。50Hz 的交流电经全桥整流变为脉动直流电,信号周期为 10ms,故考虑 $R_L C$ 为 30~50ms,R_L 可用 $(1.1\sim1.2)U_2/I_L$ 估算(R_L 为负载阻抗,I_L 为负载电流)。

2. 单路固定稳压电源——78XX 三端稳压电路

本电路用在对电源电压稳定度要求较高、对电源变换效率要求不高的低成本场合,图 2-55 展示了单路固定稳压电源,简单实用。

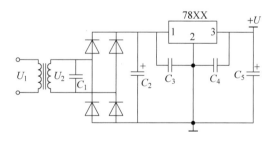

图 2-55 单端固定稳压电路

(1) 4 个整流二极管、电解电容 C_2 构成整流滤波电路。

(2) 78XX 是三端稳压块,常见的型号有 7805、7806、7809、7812、7815、7818、7824 等,其输出电压分别是 5V、6V、9V、12V、15V、18V、24V。

(3) 为在 78XX 的输出端获得稳定的输出电压,要求 78XX 输入端电压比输出端电压高 2.5V 以上。若 78XX 的负载电流较大或输入输出电压差较大,则应加散热片散热。

(4) C_1 吸收来自电网的尖脉冲,选择聚苯乙烯(CBB)电容或高压瓷片电容,要求较低的场合可不选用。

(5) C_3($0.33\mu F$)、C_4($0.1\mu F$)用于频率补偿,消除 78XX 系列三端稳压器的自激。设计 PCB 时,应尽量缩短与 78XX 引线的距离,可选用瓷片电容或 CBB 电容。

（6）C_2、C_5 是滤波电容，要求 C_5 的容量小于 C_2 的容量，以免掉电时 C_5 通过 78XX 向 C_2 反向充电。

（7）常见的 78XX 系列三端稳压块参数如表 2-11 所示。

表 2-11　常见的 78XX 系列三端稳压块参数

指　　标	78TXX	78XX	78MXX	78LXX
最大输入电压	35V(7805～7818),40V(7824)			
最大输出电流	3.0A	1.0A	0.5A	0.1A

3. 双路固定稳压电源

图 2-56 展示了双路固定稳压电源电路。本电路应用在需要正负电源供电的场合。该电路简单实用、性能可靠稳定。变压器采用双抽头输出型，中间输出脚接地，79XX 是与 78XX 相对应的三端稳压模块，但其输出为负压。$VD_1 \sim VD_4$ 是两个全波半桥式整流构成正负双路对称电源。

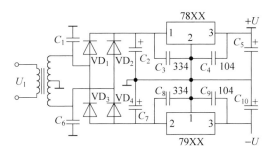

图 2-56　双路固定电源电路

具体应用该电路时，应注意以下两点。

（1）79XX 的引脚顺序与 78XX 不同。

（2）78XX 和 79XX 散热片均与各自的 2 脚相连，两稳压块的散热片相互绝缘；否则会造成电源短路故障。

4. 单路可调三端稳压电源

单路可调三端稳压电源如图 2-57 所示，多用于对输出电压要求可调的场合。电路以可调三端稳压集成芯片 LM317 为核心，辅以整流滤波电路和取样调整电路构成。

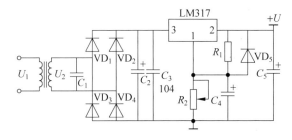

图 2-57　单路可调三端稳压电路

（1）输出电压在 $1.25\sim37\mathrm{V}$ 内可调，$U_\mathrm{o}=1.25(1+R_2/R_1)+I_\mathrm{adj}R_2$。其中，$1.25\mathrm{V}$ 电压为调整端的固定基准电压，I_adj 为调整端引脚电流，典型值为 $50\mu\mathrm{A}$，一般地，$R_1\leqslant240\Omega$。

（2）最大输出电流：LM317 为 $1.5\mathrm{A}$，LM317L 为 $100\mathrm{mA}$。

（3）最大输入输出电压差为 $40\mathrm{V}$。

（4）C_3 滤波电容应尽可能靠近集成稳压器的输入端，$C_5(1\sim1000\mu\mathrm{F})$ 的作用是改进瞬态响应和输出阻抗，消除自激，一般采用钽电解电容 $1\mu\mathrm{F}$ 或铝电解电容 $25\mu\mathrm{F}$。

5. 基准电压源电路

基准电压源电路是高精度、高稳定度的电压源电路。这类电路具有电压精度高、温度系数小、负载能力小的特点。常在稳压、恒流电源电路中用作电压参考及在 A/D、D/A 转换电路中用作参考电源。LM336、LM385 是常见的基准电压源集成电路芯片，其具体参数如表 2-12 所示。

表 2-12　LM336、LM385 性能参数

芯片型号	工 作 电 流	稳 定 电 压/V（25℃典型值）	平均温度系数/(ppm/℃)（典型值）
LM336-2.5	$0.4\sim10\mathrm{mA}$	2.5	—
LM385-1.2	$15\mu\mathrm{A}\sim20\mathrm{mA}$	1.235	80
LM385-2.5	$20\mu\mathrm{A}\sim20\mathrm{mA}$	2.5	80

图 2-58 所示是 LM336 轻负载的典型应用电路，其驱动电流为 $0.4\sim10\mathrm{mA}$。若需要更强的负载电流，则需进行扩流。图 2-58(b) 中的 U_o 输出电压若稍小于 $2.5\mathrm{V}$，则运放 1 脚输出高电平，VT_1 导通，U_o 输出电压上升，但 U_o 输出电压升到稍大于 $2.5\mathrm{V}$ 时，运放 1 脚输出低电平，VT_1 截止，U_o 输出下降，如此反复，U_o 输出电压始终在 $2.5\mathrm{V}$ 附近极小范围内波动。最大驱动电流由 VT_1 决定。

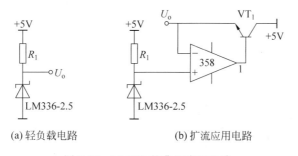

(a) 轻负载电路　　　　　(b) 扩流应用电路

图 2-58　LM336 的典型应用电路

6. 低压差稳压电源

由前面可知，要使三端稳压块正常工作，其输入端与输出端必须保持一定的电压差，一般在 $2.5\sim3\mathrm{V}$ 内。该压差增加了稳压器芯片的管耗，当输出电流增大时，芯片就要发烫。例如，7805，若保持输入端与输出端的压差为 $3\mathrm{V}$，当输出电流为 $500\mathrm{mA}$ 时，管耗就为 $1.5\mathrm{W}$，芯片就要发热，必须加散热片才能保证正常工作，而输入端与输出端之间 $2.5\sim3\mathrm{V}$ 以上的压降引起的管耗，会使稳压电源的效率降低，引起不必要的资源浪费。

低压差稳压电源克服了上述缺点,正常工作时,其输入端与输出端的电压差一般为0.5~0.6V。如此低的电压差,使稳压电源的效率大大提高,管子的散热问题得到了改善,特别是对于用电池供电的产品,其优越性更为突出。

低压差稳压电源输入端与输出端电压差的关键在于内部调整管采用了 PNP 型管,采用PNP 型管作为调整管,正常工作时所需管压降可大大降低。低压差稳压电源最初是设计用于汽车电器的,因此它还有一些独到的保护措施:防止电池反接或两节电池对接的保护措施;在线路电压瞬变期间(如由负载变化造成稳压电源输出电压瞬间下降),稳压器输入电压有可能瞬间超过所规定的最大工作电压时,稳压器将自动关闭以保护内部电路和负载。

LM2930/LM2931、LM2940/LM2941 是常见的低压差稳压电源,这里以 LM2930/LM2931 为例加以说明。LM2930T-5.0 为固定 5V 输出;LM2930T-8.0 为固定 8V 输出;LM2931T(Z/AT/AZ)-5.0 为固定 5V 输出;LM2931CT 为 3~26V 输出可调。LM2930 的输出电流为 150mA,LM2931 的输出电流为 100mA,它们的输入端与输出端的电压差为0.6V。

1) LM2930 典型应用

图 2-59 所示为 LM2930 的典型应用电路。注意事项如下。

① 如果稳压器距离整流滤波电路较远,则必须加输入滤波电容 C_1。

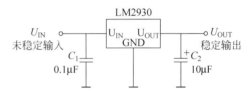

图 2-59　LM2930 典型应用电路

② 为保证输出稳定,输出电容 C_2 必须大于 $10\mu F$,且该电容越大,对保持瞬变时调整率越有利,设计电路板(PCB)时,C_2 应尽可能靠近稳压器。

③ 选择电容 C_2 时应注意其温度范围要与稳压器的温度范围一致,并且电容器的等效串联电阻在工作温度范围内应小于 1Ω。

2) LM2931 典型应用

图 2-60 所示为 LM2931 的典型应用电路,其中图 2-60(b)为可调电路,其输出电压 $U_{OUT}=U_{REF}(R_1+R_2)/R_1$。

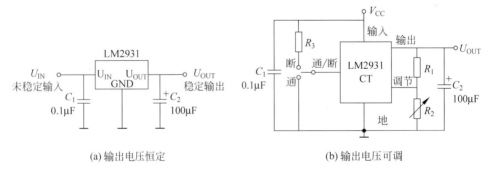

(a) 输出电压恒定　　　　　　　　　(b) 输出电压可调

图 2-60　LM2931 典型应用电路

注意事项如下。

① 除了与 LM2930 要注意同样的问题外,LM2931 的输出电容 C_2 必须不小于 $100\mu F$。

② LM2931CT 电路中,电阻 R_1 为 28kΩ,用于自动补偿由调节端输入偏流(约 $1\mu A$)而

引起的 U_o 误差。

低压差线性稳压器件 LM2940/LM2941 电压输入范围大,输入输出电压差低(最小可达 0.5V),输出电流大(最大输出 1A),且输出电压稳定精度高,实际应用和 LM2930/LM2931 基本相同。

2.3 模拟电子系统设计举例

2.3.1 湿度控制器的设计

1. 任务和要求

(1) 设计并制作一种湿度控制器,控制环境的相对湿度。

(2) 功能要求。

① 当环境湿度低于控制湿度的下限值时,控制执行设备自动地使环境湿度增大,并发光显示或发声示警。

② 当环境湿度高于控制湿度的上限值时,控制执行设备自动地使环境湿度减小,并发光显示或发声示警。

③ 用计量表显示环境的相对湿度。

2. 总体方案设计

(1) 设计思路。

在某些科学研究单位或实验室、生产车间,经常需要将环境的湿度控制在某一范围内。采用电子电路实现对环境湿度的控制,其关键是能将环境的相对湿度转换成相应的电信号。具有这一转换功能的部件即湿度传感器。湿度传感器具有以下特性:其直流电阻值随环境相对湿度的增加按对数规律而减小。利用传感器的这一特性,采用电阻—电压变换电路,将传感器电阻值的变化变换成相应的电压输出,然后将该输出电压进行计量显示。

同时,该输出电压与控制湿度相对应的基准电压相比较,比较结果经驱动电路控制执行机构调节环境湿度。

(2) 湿度控制器的原理框图如图 2-61 所示。

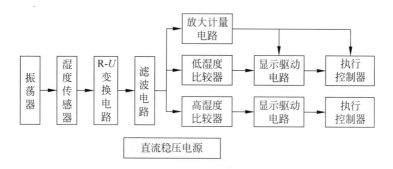

图 2-61 湿度控制器原理框图

图中直流稳压电源是给每一个单元电路提供工作电压。

3. 电路组成及原理

(1) 使用湿敏传感器的有关知识。

① 湿敏传感器的波形。

通常,湿敏传感器使用时需提供交流信号。由于交流信号直接影响传感器的特性、寿命和可靠性,因此最理想的是选用失真非常小的正弦波。所选择的波形应以 0V 为中心对称,并且是没有叠加直流偏置的信号。交流信号的频率以与厂家数据表中所提供的参数相同为宜,由于振荡电路设计上的不同,稍有差异也不影响使用。

另外,使用方波也可以使湿敏传感器正常工作,不过在使用方波时应注意同正弦波一样须以 0V 为中心,无直流偏置电压,并且要使用占空比为 50% 的对称波形。

加到湿敏传感器上的交流供电电压应按厂家数据表中的要求确定。通常最大供电电压普遍要求确保有效值为 1～2V,在 1V 左右使用一般不会对传感器有影响。如果供电电压过低,则湿敏传感器成为高阻抗,低湿度端将受到噪声的影响;相反,如果供电电压过高,则将影响可靠性。

供给湿敏传感器的波形、频率和电压等参数发生变化时,将不可能得到厂家保证的感湿特性,因此必须事先加以确认。

② 对湿敏传感器阻抗特性的处理方法。

电阻式湿敏传感器的湿度－阻抗特性呈指数规律变化,由此湿敏传感器输出的电压(电流)也是按指数规律变化的。在 30%～90%RH,阻抗变化 1 万～10 万倍,可采用一种对数压缩电路来解决此问题,即利用硅二极管正向电压和正向电流呈指数规律变化构成运算放大电路。

另外,在低湿度时,湿敏传感器的阻抗达几十兆欧,因此,在信号处理时必须选用场效应管输入型运放。为了确保低湿度时的测量准确性,应在传感器信号输入端周围制作电路保护环,或者用聚四氟乙烯支架来固定输入端,使它从印制板上浮空,从而消除来自其他电路的漏电流。

③ 温度补偿。

湿敏传感器与温度有关,因此,要进行温度补偿。方法之一就是采用对数压缩电路,在这种电路中,硅二极管的正向电压具有 $-2mV/℃$ 的温度系数,利用这一特点来补偿湿敏传感器对温度的依存性是完全可能的,也就是说,借助对数压缩电路,可以同时进行对数压缩和温度补偿。

另外,还有使用负温度系数热敏电阻的温度补偿方法。这时,湿敏传感器的温度特性必须接近一般的热敏电阻的 B 常数($B=4000$),因此,湿敏传感器的温度特性比较大时,往往难以用负温度系数热敏电阻进行温度补偿。

④ 线性化电路。

在大多数情况下,难以得到相对于湿度变化而线性变化的输出电压。为此,在需要准确显示湿度值的场合,必须加入线性化电路,它将传感器电路的输出信号变换成正比于湿度变化的电压。

线性化的方法有很多,但常用的是折线近似方法。在要求不太高的情况下测量范围,也可不用线性化电路而采用电平移动的方法获取湿度信号。

⑤ 湿敏传感器的使用。

湿敏传感器要安装在流动空气的环境中,这样响应速度快。延长传感器的引线时要注意以下几点:延长线应使用屏蔽线,最长距离不要超过1m,裸露部分的引线要尽量短;在10%～20%RH的低湿度区,由于受到的影响较大,必须对测量值和精度进行确认;在进行温度补偿时,温度补偿元件的引线也要同时延长,使它尽可能靠近湿敏传感器安装,此时温度补偿元件的引线仍要使用屏蔽线。

图2-62展示了采用HS15湿敏传感器的测湿电路。HS15是一种在高湿度环境中具有很强适应性的阻抗—高分子型湿敏传感器,测量湿度范围为0～100%RH。图2-62所示的电路中虽没有线性化电路,但可以获得±5%RH精度的输出信号,在0～100%RH湿度范围,可输出0～1V直流电压,后接相应电路就可组成测湿仪或控湿器。

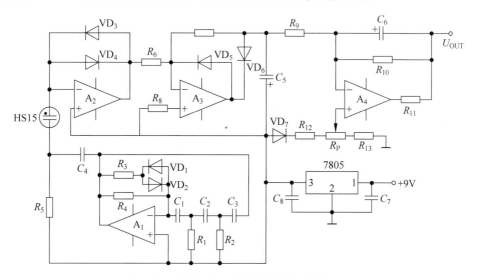

图2-62　采用HS15湿敏传感器的测湿电路

图中元件参数如下。

R_1、R_2、R_5、R_6:10kΩ;R_3:51kΩ;R_4:180kΩ;R_7:20kΩ;R_8:6.8kΩ;R_9、R_{10}、R_{12}、R_{13}:100kΩ;R_{11}:220kΩ;R_P:10kΩ;C_1、C_2、C_3:0.01μF;C_4:0.22μF;C_5:22F;C_6:0.47μF;C_7、C_8:0.1μF。

在图2-62中,A_1等构成正弦波振荡电路,将正弦波信号供给湿敏传感器HS15,此处产生正弦波的频率约90Hz、电压有效值为1.3V。VD_1和VD_2用于稳定振荡幅度。A_1输出通过C_4(无极性电容)同HS15连接。A_1的偏置电压为5V,但此时供给HS15的波形已不含直流成分。A_2是利用VD_3和VD_4硅二极管正向电压—电流特性的对数压缩电路。HS15阻抗变化所引起的电流变化在这里被对数压缩后以电压信号输出,为了使低湿度时与湿敏传感器的高阻抗相适应,选用了FET输入型运放LF412。另外,为了在低湿度情况下,获得正确的测量值,A_2同湿敏传感器的连接点(反相输入端)应采用保护环等措施使它在电气上浮空。

此对数压缩电路又兼作温度补偿电路,利用硅二极管正向电压—电流特性的温度系数,补偿湿敏传感器的温度特性。这里有些过补偿,接入VD_7进行调节,同时VD_3和VD_4要接近传感器安装,使它们同湿敏传感器具有相同的温度。

A$_3$ 与 VD$_5$ 和 VD$_6$ 等构成半波整流电路,它截去被 A$_2$ 对数压缩过的交流信号的一个半周,经电容 C$_5$ 滤波后变换成直流信号。A$_4$ 用于对来自整流电路的直流信号进行电平移动,并输出 U$_{OUT}$。

调整时,先将一个 51kΩ 电阻替代 HS15,并使电路通电工作;调整 R$_P$,使输出 U$_{OUT}$ 为 540～550mV;切断电源,取下 51kΩ 电阻,装上 HS15。

(2)采用集成运放和电压表组成放大计量电路,其参考电路如图 2-63 所示。

A 和 R$_P$ 及电阻组成电压串联负反馈放大器,其放大倍数决定于反馈网络各电阻的取值,该阻值可根据电表的量程进行选择;前级电路输出 U$_{OUT}$ 加于放大器的同相输入端,放大器的输出信号通过 R$_4$ 加于电压表。调节电位器 R$_P$ 使表头进行调零,利用标准湿度计(或者干湿泡湿度计),在电压表的相应刻度上标出相对湿度标度。

(3)低湿度比较器如图 2-64 所示。采用最低湿度限值作为其基准电压 U$_{REF1}$,当 $u'_O \leqslant$ U$_{REF1}$ 时,比较器输出高电平,控制发光二极管发光显示,同时可通过三极管驱动执行元件继电器吸合,接通喷雾器喷水,使空气中的湿度增加。

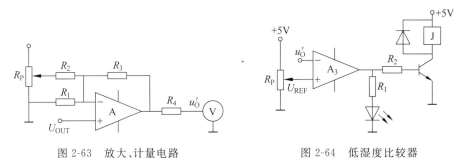

图 2-63　放大、计量电路　　　　　图 2-64　低湿度比较器

(4)高湿度比较器结构和低湿度比较器类似,采用最高湿度限值作为其基准电压 U$_{REF2}$,当 $u'_O \geqslant$ U$_{REF2}$ 时,比较器输出高电平,使相应的发光二极管发光显示,同时可通过三极管驱动继电器吸合,接通通风机排除过湿空气(或者采用加热器),使空气中湿度下降。

(5)本湿度控制器工作时,其直流电压选用＋5V,可采用电源变压器、整流和滤波电路以及三端集成稳压器组成直流稳压电源。

2.3.2　电子系统的数控直流稳压电源设计

1. 概述

各种电子系统都要求有稳定的直流电源供电。多数直流电源是由电网的交流电经整流、稳压实现的。当今直流稳压电源主要有线性型和开关型两种形式。线性型稳压电源是一个线性反馈系统,其调整管、误差放大器都工作于线性放大状态。它的特点是性能优良、设计制作较简单。但它必须使用一只工频变压器,这样不但增加了体积和重量,而且增加损耗、降低效率。同时调整管的管耗也比较大。

开关型稳压电源的特点是调整管工作在开关状态,而且工作频率较高,大多在 20kHz 以上,因此可采用体积很小的高频变压器来实现变压任务。由于调整管工作在开关状态,管子截止时管压降虽然很大,但流过电流几乎为零;而管子导通时电流虽然很大,但此时管压降非常小,因而调整管的管耗很小,提高了电源的效率。目前被广泛地用于各类电子系统和计算机中。开关电源的形式很多,可分为自激式和他激式两种。根据能量的传送方式,可分为电感储能式和变压器耦合式两类。自激式开关电源电路简单,输出电压可调范围较小,且电压稳定性不够高,所以常用于要求较低的场合。他激式开关电源需要集成脉宽调制器芯片和辅助直流电源,因此电路较复杂,但它输出电压稳定,各项技术指标都可做得很好,所以用在要求较高的场合。电感储能式适用于小功率的开关稳压电源,而变压器耦合式适用于大功率的开关稳压电源中。

2. 设计任务

设计一个输出电压可调的数控电压源,并由数码管显示其输出值。

(1) 输出电压为 $2\sim20V$,调节单位为 $0.1V$。

(2) 电压稳定度 $\left(\dfrac{\Delta U_\mathrm{o}}{U_\mathrm{o}}\right)$ 小于 0.2%,纹波电压小于 $10mV$。

(3) 输出电流 $1A$。

(4) 输出电压值由数码管显示,并由+-二键分别控制输出电压步进增减。

(5) 电源应具有输出短路保护和功率器件的过热保护功能。

3. 方案论证与框图

1) 方案 1

根据设计任务的要求,首先想到要实现输出电压的数字控制和数字显示,可利用数模转换器(DAC)和数字逻辑控制电路来控制通常的线性型稳压电源。由此可得出图 2-65 所示的方框图。本方案中的逻辑控制部分若采用中小规模器件来实现,则比较烦琐而且对可靠性及抗干扰能力会带来一些影响。显然,逻辑控制电路功能完全可以用单片机来实现,这样虽然有些大材小用,但可使本系统的功能便于扩展。

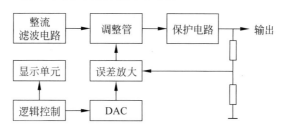

图 2-65　数控稳压电源方框图

2) 方案 2

众所周知,DAC 可以方便地实现一个程控电源的基本功能,如图 2-66 所示。图中的数字量 $x_1,x_2,\cdots,x_n$ 可以由拨盘开关设定或用单片机控制。输出电压由式(2-20)决定,即

$$u_\mathrm{o} = \frac{U_\mathrm{ref}}{R_\mathrm{ref}}R(x_1 2^{-1} + x_2 2^{-2} + \cdots + x_n 2^{-n}) \tag{2-20}$$

但这样的简单电路,输出功率较小,满足不了本设计的任务要求。为此可在此基础上再加以功率放大,由此可得图 2-67 所示的框图。

本方案的主要特点是输出部分不再用传统的调整管,功率放大电路可用运放作前级,再

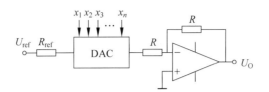

图 2-66　数字可编程电源框图

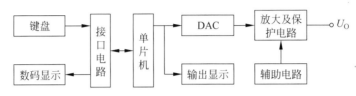

图 2-67　带功率放大的数字可编程电源框图

用分立元件的功率放大级,也可采用功率集成芯片。由于功放输出的波形与 DAC 输出波形相同,因此该系统除能输出直流电压外,还可以很容易地实现具有功率输出的信号发生器。

3) 方案 3

本任务中的输出电压、电流值并不是很大,输出电压可调范围也并不是很宽,因此当前已有集成三端稳压器能满足要求,而且这类芯片内部都有过流和过热的保护电路,如 W317,其额定电流可达 1.5A,输出电压的调节范围为 1.2~37V,内部有过热和过流保护电路。价格也不贵,所以采用这种芯片为主体来组成所要求的系统是比较合理的。W317 的基本稳压电路在前面已经讲过,具体可参见图 2-57。

若把 R_2 设计成一个电阻网络,用开关来切换其阻值,就可实现数控输出电压的任务。逻辑控制部分采用单片机系统使功能扩展比较灵活,硬件电路结构比较简单。

综上所述,决定采用方案 3,并可画出原理框图,如图 2-68 所示。

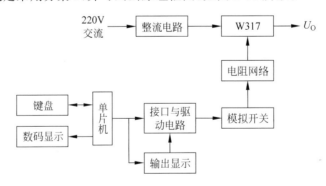

图 2-68　单片机控制的数控电源原理框图

4. 主要单元电路参数的选定和方案的实现

1) 整流滤波电路及+5V 辅助电源

本单元除了要产生数控电源的直流输入电压外,还应提供一个稳压的+5V 直流电源,以供给单片机等各种单元电路的电源。其原理电路如图 2-69 所示。

整流电路采用桥式电路,整流管采用普遍使用的桥堆。根据器件手册可选 W7805 的输入端电压为 9V,W317 的输入端电压为 24V。电源变压器的副边交流电压一般推荐为整流输出电压的 0.8 倍左右。实际上,此值与滤波电容的容量大小、直流输出电流的大小和电网的波动大小等因素有关,由于本任务的输出电流为 1A,对电容滤波而言已属于较大负载。再考虑到电网电压可能有 ±10% 的波动,为保证在最恶劣情况下仍能正常工作,所以变压器副边交流电压取 24V 和 9V。

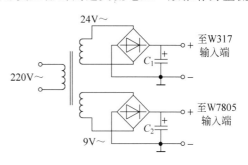

图 2-69　辅助电源电路图

滤波电容 C_1、C_2 的选取如下。

一般可选电容的放电时间常数大于其充电周期的 3～5 倍,由于使用桥式整流,所以 C 的充电周期为交流电源的半周期(10ms),而放电时间常数为 $R_L C$,其中 R_L 为整流电路的直流电阻($R_{L1} = 25V/1A = 25\Omega$)。

若取 $R_{L1} C_1 = 5 \times 10ms = 0.05s$,所以 $C_1 = 0.05/25 = 2000\mu F$,选取 $C_1 = 2200\mu F/40V$。

用同样的方法可选取 C_2。若取 $R_{L3} C_2 = 3 \times 10ms$,则 $C_2 = 3300\mu F$。所以选取 $C_2 = 3300\mu F/16V$。

必须指出,除了选取滤波电容的容量外,还需合理选择电容器的耐压。当整流电路为电容负载时,如图 2-69 所示。其电容两端电压的最大值可达到输入交流电压的 1.4 倍,所以通常电容耐压应选取输入交流电压的 1.5～2 倍。本例中,C_1 耐压应大于 36V,而 C_2 耐压应大于 14V。

2) 稳压器和电阻网络

根据 LM317 的基本功能,调压电阻网络可采用图 2-70 所示电路。这里的电阻网络采用分立元件组成的 8 位权电阻串联式网络,而开关则采用舌簧式继电器(常闭式)的触点。因为根据前述的说明,为使 LM317 能正常工作,要求流过 R_1 的电流不小于 5mA,而 R_1 两端的电压是恒定的 1.25V,所以若取流过 R_1 的电流为 5mA,则 $R_1 = 1.25V/5mA = 250\Omega$,为了满足调节单位为 0.1V,故 $R = 0.1V/5mA = 20\Omega$,则可求得该网络的其他电阻值。由于常用的电子式模拟开关的导通电阻有几十到几百欧,且不稳定,因此不能满足要求,所以本方案中采用了干式舌簧继电器,其触点的接触电阻只有 0.1Ω 左右。

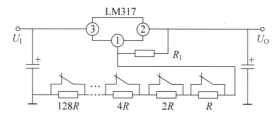

图 2-70　LM317 的调压电阻网络

3) 接口和驱动电路

由于要驱动 8 个继电器,而继电器的吸合电流可达 10mA 左右,触点吸合时间(包括抖动)为 1～2ms,所以每个继电器可用一个晶体管来驱动,不再详细计算。由此可得图 2-71

所示的电路结构。

4）控制部分

为了简化硬件电路和增加系统功能的灵活性，可在由一片 89S52 单片机组成的最小应用系统的基础上，配上键盘/显示器接口控制器 8279，以及键盘和数码显示管来完成各种功能控制。键盘应具有 16 个数字键（十六进制数）和若干个功能键，数码显示管应能显示各种功能符号和输入

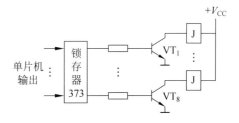

图 2-71　继电器驱动电路

的数字量。增减输出电压的设置，完全可用数字键和功能键来实现。例如，数字 01H 对应 0.1V。若输入数字键 10H，再按"＋"功能键，则输出电压在原来的数值上增加 1.6V（16× 0.1＝1.6），如果输入数字值太大，如 FFH，则输出也只能达到最大电压值 20V。递减可用类似的原理来实现。

5）输出电压显示

可利用 89S52 的串行口，设置 3 个数码管，用一个移位寄存器接收从串行口送出的待显示内存。例如，用 3 片 74LS164 组成所要求的移位寄存器。每片移位寄存器的 4 个输出端控制一个数码管即可。也可用液晶显示器进行显示。

5. 采用开关电源方案简述

如前所述，开关电源的效率可以做得很高，大于 85％，所以目前获得了越来越广泛的应用。由于本任务要求的输出功率小，故在方案论证中首先采用了线性稳压电源。如果改用开关电源的方式，也是可取的。

图 2-72 展示了线性稳压电源与串联型开关电源的比较框图。由图可见，开关电源的主要特点是调整管工作在开关状态。由于调整管是串联在输入输出回路中，所以称为串联型开关电源。在大功率的开关电源中常用并联型的开关电源，即调整管与输入电路和输出电路相并联。开关电源的形式很多，图 2-72（b）中是通过控制调整管的通断脉冲占空比实现稳压作用，所以称其为脉宽调制型（Pulse Width Modulation，PWM）。也有通过调节脉冲周期来实现稳压，称为频率调制型。开关电源的设计工作比线性电源复杂。但由于控制电路（如图 2-72（b）中的振荡器、脉宽调制器、驱动器、比较放大、基准电源等）已集成在一个芯片中（如 MC3420），所以目前设计工作也并不很复杂。对于功率比较小的开关电源，已有把调整管和控制电路全部制作在同一芯片上，形成单片集成开关稳压源，如国产的 CW1524、

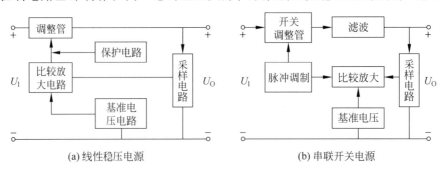

(a)线性稳压电源　　　　　　　　　(b)串联开关电源

图 2-72　线性稳压电源和串联开关电源原理框图

CW2524、CW3524等。

6. 开关电源与线性电源性能比较

直流稳压电源是电子系统最常用的单元,因而合理地选用、设计电源是一个必不可少的环节,为此在这里对开关电源和线性电源两者的主要性能进行比较。

(1)开关电源的体积和重量明显地小于同功率的线性电源。因为它用高频变压器代替了线性电源中笨重的工频变压器。

(2)开关电源的效率高于线性电源。因为它的功率管工作在开关状态,其效率一般高于60%,且随着输出功率的增大而提高,在一定措施下可达80%以上。而线性电源中由于调整管工作在线性状态且流过负载电流,所以功耗很大,当输出电压较低时,其效率小于50%。

(3)开关电源的适应性强。因为线性电源中的调整管损耗将随输入电压和输出电压之差的增大而增大,因而不适应输入电压和输出电压变动大的场合。对于开关电源而言,只要在脉冲宽度调节范围内,开关电源功率管上的功耗不随电网电压和输出电压变动,所以它可工作在负载变动较大的场合。

(4)开关电源的输出端不易出现过压故障。线性电源的输入电压和输出电压的差值较大,一旦调整管击穿,全部输入电压将加到输出端,有可能危及负载。而在并联式开关电源中,当功率管损坏时,主回路停止工作,没有过压现象。

(5)开关电源适宜于低电压、大电流输出。因为它是一种能量转换装置,在转换同样功率时,输出电压越低,则能输出越大的电流。恰好适用于像集成电路那样要求低电压、大电流的场合。

(6)输出端大的纹波电压和产生强的脉冲干扰是开关电源的主要缺点。电源输出端的纹波电压是来自整流电路输出的脉动电压,用电容作滤波可减少整流电路输出端的脉动成分,当选取电容的放电时间常数大于充电时间3～5倍时,一般其纹波电压仍有百分之几。在线性电源中,经稳压电路作用后,可使纹波电压大大降低。一般线性集成稳压芯片可使输出端的纹波电压比输入端纹波电压降低几十倍以上。在开关电源中,从其基本工作原理可知,它只经过对工频和高频(几十千赫)二次滤波来获得要求的直流输出电压,所以其输出纹波电压要大于线性电源。同时,由于开关电源中的功率管工作在高频开关状态,所以会产生脉冲和尖峰噪声,如果电路上采用恰当措施,尖峰噪声可抑制在100mV以内。

(7)开关电源的瞬态响应比线性电源的瞬态响应要差。开关电源约为毫秒级;线性电源在几百微秒以下。

2.4　模拟电子系统设计课题

2.4.1　直流稳压电源

1. 任务和要求

(1)设计并制作一台串联型(连续调整式)直流稳压电源。

(2) 主要技术指标与要求。

① 输出直流电压 $U_O=+12V$。

② 最大输出电流 $I_{LM}=500mA$。

③ 稳压系数 $S_R<0.05$。

④ 具有过流保护功能。

(3) 用三端集成稳压器 W7800 系列构成直流稳压电源。

2. 总体方案设计

(1) 串联型直流稳压电源设计思路。

① 电网供电电压为交流 220V(有效值)、50Hz,要获得低压直流输出,首先须采用电源变压器将电网电压降低,以获得所需要的交流电压。

② 降压后的交流电压,通过整流电路整流变成单向的直流电,但其幅值变化大(即脉动大)。

③ 脉动大的直流电压须经过滤波电路变换成平滑的、脉动小的直流电压,即将交流成分滤掉,保留其直流成分。

④ 滤波后的直流电压再通过稳压电路稳压,便可得到基本上不受外界影响的稳定的直流电压输出,供给负载 R_L。

(2) 串联型直流稳压电源的原理框图如图 2-73 所示。

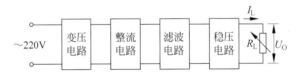

图 2-73　串联型直流稳压电源原理框图

① 采用电源变压器将电网 220V、50Hz 交流电降压后送整流电路,变压器的变比由变压器副边电压确定。

② 整流电路常用单相桥式整流电路,整流桥选用的二极管需要考虑允许承受的反向电压和正向电流值。

③ 滤波器常采用无源元件 R、L、C 构成的不同类型滤波电路。由于本电路为小功率电源,故可用电容输入式滤波电路。

④ 稳压电路采用串联反馈式稳压电路。比较放大单元采用分立三极管组成的差动放大器或者集成运算放大器,可提高电路的稳定性。

⑤ 过流保护电路。串联稳压电路中,调整管与负载串联,当输出电流过大或输出短路时,调整管会因电流过大或电压过高使管耗过大而被损坏,所以须对调整管采取保护措施。

2.4.2　OCL 功率放大器

OCL 功率放大器是一种直接耦合的功率放大器,具有频响宽、保真度高、动态特性好及易于集成化等特点。性能优良的集成功率放大器给电子电路功放级的调试带来了极大的方便。为了培养学生的设计能力,要求主要采用分立元件电路进行设计。

1. 任务与要求

OCL功率放大器应满足以下参数要求。

(1) 采用全部或部分分立元件电路设计一种OCL音频功率放大器。

(2) 额定输出功率 $P_O \geqslant 10\text{W}$。

(3) 负载阻抗 $R_L = 8\Omega$。

(4) 失真度 $\gamma \leqslant 3\%$。

(5) 设计放大器所需的直流稳压电源。

2. 总体方案设计

(1) 设计思路。

功率放大器的作用是给负载 R_L 提供一定的输出功率,当 R_L 一定时,希望输出功率尽可能大,输出信号的非线性失真尽可能小,且效率尽可能高。

由于OCL电路采用直接耦合方式,为了保证电路工作稳定,必须采取有效措施抑制零点漂移。为了获得足够大的输出功率驱动负载工作,故需要有足够高的电压放大倍数。因此,性能良好的OCL功率放大器应由输入级、推动级和输出级等部分组成。

(2) OCL功放各级的作用和电路结构特征。

① 输入级的主要作用是抑制零点漂移,保证电路工作稳定,同时对前级(音调控制级)送来的信号作低失真、低噪声放大。为此,采用带恒流源的、由复合管组成的差动放大电路,且设置的静态偏置电流较小。

② 推动级的作用是获得足够高的电压放大倍数,以及为输出级提供足够大的驱动电流,为此,可采用带集电极有源负载的共射放大电路,其静态偏置电流比输入级要大。

③ 输出级的主要作用是给负载提供足够大的输出信号功率,可采用由复合管构成的甲乙类互补对称功放或准互补功放电路。

此外,还应考虑为稳定静态工作点设置直流负反馈电路,为稳定电压放大倍数和改善电路性能设置交流负反馈电路,以及过流保护电路等。电路设计时,各级应设置合适的静态工作点,在组装完毕后进行静态和动态测试,在波形不失真的情况下,使输出功率最大。动态测试时,要注意消振和接好保险丝,以防损坏元器件。

(3) 采用集成功率放大器构成的实用电路

由于电子技术的迅速发展,目前市场上已有多种性能优良的集成功放产品,采用集成功放将使设计十分简单,只需查阅手册便可得知功放块外围电路的元件值。OCL、OTL和BTL电路均有各种不同输出功率和不同电压增益的集成电路。应当注意,在使用OTL电路时,需外接输出电容。集成OCL应用电路实例如图2-74所示。

TDA1521为2通道OCL电路,可作为立体声扩音机左右两个声道的功放。其内部引入了深度电压串联负反馈,闭环电压增益为30dB,并具有待机、净噪

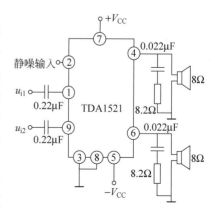

图2-74 TDA1521的基本用法

功能以及短路和过热保护等功能。

查阅手册可知,当 $\pm V_{CC} = \pm 16\mathrm{V}$,$R_L = 8\Omega$ 时,若要求总谐波失真为 0.5%,则 $P_{om} \approx$ 12W。由于最大输出功率的表达式为

$$P_{om} = \frac{U_{om}^2}{R_L} \tag{2-21}$$

可得最大不失真输出电压 $U_{om} \approx 9.8\mathrm{V}$,其峰值约为 $13.9\mathrm{V}$。可见,功放输出电压的最小值约为 $2.1\mathrm{V}$。当输出功率为 P_{om} 时,输入电压有效值为 $U_{in} \approx 327\mathrm{mV}$。

2.4.3　脉冲调宽型伺服放大器

1. 任务和要求

直流电机具有优良的调速性能,故在工业控制系统中得到广泛应用。

(1) 设计一个脉冲调宽型伺服放大器,驱动直流伺服电机工作。

(2) 主要技术指标。

① 伺服电机额定电压为 12V,额定电流为 500mA。

② 可实现电机无级可逆调速,调速范围为零到额定转速。

③ 伺服放大器输出脉冲频率为 1kHz。

2. 总体方案设计

(1) 设计思路。

① 在其他参量一定的条件下,电机的转速与加在其电枢两端的电压成正比。电压越高,转速越大,改变其电压值可实现对转速的调整控制。

② 脉宽调速。采用矩形脉冲信号作用于直流电机的电枢上,当脉冲频率固定时,改变脉冲宽度则可改变电枢两端的直流电压(即平均值),从而改变电机转速,实现脉宽调速。

③ 可逆调速。对于直流电机,除要求对转速能连续可调外,有时还需要使其转向可变,即实现正转和反转的控制调节。改变加在电机电枢上电压的极性,可实现改变电机的转向,这种工作情况称为双极性工作。采用正负双电源供电,即可使电机双极性工作,其工作原理和波形图如图 2-75 所示。

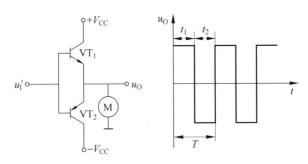

图 2-75　电机双极性工作原理和波形图

图中当 $u_1' > 0$ 时,VT_1 饱和导通,VT_2 截止,加在直流伺服电机 M 上的电压 $u_O \approx +V_{CC}$。当 $u_1' < 0$ 时,VT_1 截止,VT_2 饱和导通,$u_O \approx -V_{CC}$。因 u_O 的 $T(1/f)$ 一定,改变 t_1、t_2 的大

小,可改变加在电机电枢上直流电压(即平均值)。当 $t_1 > t_2$ 时,电机正转,t_1 越大,正转转速越大。当 $t_1 < t_2$ 时,电机反转,t_2 越大,反转转速越大。当 $t_1 = t_2$ 时,直流电压为零,电机停转。因此可实现电机可逆调速。

(2)脉冲调宽型伺服放大器主要由两部分组成,即脉冲调宽电路和脉冲放大电路。其原理框图如图 2-76 所示。

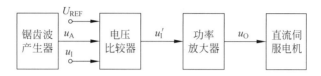

图 2-76 脉冲调宽型伺服放大器原理框图

① 脉冲调宽电路包括锯齿波产生器和电压比较器,其功能是将输入控制直流电压 u_I 变换成矩形脉冲电压,其脉冲宽度与 u_I 的大小成正比。

锯齿波产生器可由集成运算放大器或者分立元件组成。电压比较器可用集成运放组成过零比较器,将基准电压 U_{REF}、锯齿波电压 u_A 和输入直流电压 u_I 叠加于比较器的反相输入端。当 u_I 为零时,u_A 和 U_{REF} 作用,比较器的输出 u'_1 是占空比为 50% 的矩形波信号,其波形如图 2-77 所示。

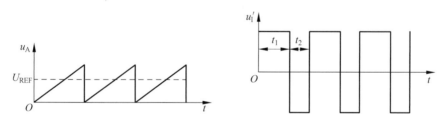

图 2-77 比较器的工作波形

当 $u_I > 0$ 时,$t_1 > t_2$;当 $u_I < 0$ 时,$t_1 < t_2$(u_I 与 U_{REF} 的值应满足 $|u_I| < U_{REF}$)。可见,比较器的输出信号 u'_1 为脉宽可调的矩形脉冲信号。

② 功率放大器可采用集成功率放大器或者由复合管构成的互补对称输出电路。注意为防止电机的自感电势击穿功放管,可采用二极管起续流保护作用。

2.4.4 电压/频率变换器

1. 任务与要求

电压/频率变换电路实质上是一种振荡频率随外加控制电压变化的振荡器。具体要求如下。

(1)设计一种电压/频率变换电路,输入 u_I 为直流电压(控制信号),输出频率为 f_0 的矩形脉冲,且 $f_0 \propto u_I$。

(2)u_I 变化为 $0 \sim 10V$。

(3)f_0 变化为 $0 \sim 10kHz$。

(4)转换精度小于 1%。

2. 总体方案设计

(1)设计思路。

电压/频率变换器的输出信号频率 f_O 与输入电压 u_1 的大小成正比,输入控制电压 u_1 常为直流电压,也可根据要求选用脉冲信号作为控制电压。其输出信号可为正弦波或脉冲波形电压。

利用输入电压的大小改变电容器的充电速度,从而改变振荡电路的振荡频率,故可采用积分器作为输入电路。积分器的输出信号去控制电压比较器或单稳态触发器,可得到矩形脉冲输出,由输出信号电平通过一定反馈方式控制积分电容恒流放电,当电容放电到某一阈值时,电容 C 再次充电。可见,输出脉冲信号的频率决定于电容的充放电速度,即决定 u_1 值的大小,这就实现电压/频率变换。

(2)电压/频率转换器原理框图如图 2-78 所示。

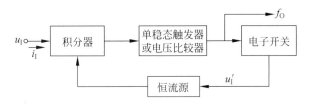

图 2-78 电压/频率变换器原理框图

① 积分器可采用由集成运算放大器和 RC 元件构成的反相输入积分器。

② 单稳态触发器可采用 555 集成定时器和 RC 元件构成。比较器可由集成运放构成。

③ 电子开关可采用开关三极管接成反相器形式,当定时器(或比较器)输出为高电平时,三极管饱和导通,输出 u_1' 近似为零。当定时器输出为低电平时,三极管截止,输出近似等于 $+V_{CC}$。

④ 恒流源电路可采用开关三极管 VT、稳压二极管 VD_Z 等元件构成,参考电路如图 2-79 所示。

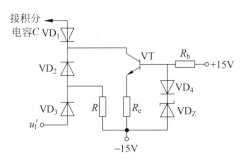

图 2-79 恒流源电路

在图 2-79 中,R_b、VD_4 及 VD_Z 给 VT 提供基极偏置,R_e 提供射极偏置,与 $\pm 15V$ 电源构成恒流源电路,VT 的集电极电流 I_c 为恒定电流。当 u_1' 为 0 时,VD_2 截止,VD_1 导通,所以积分电容 C 通过二极管 VT 放电。当 u_1' 为 1 时,VD_2 导通,VD_1 截止,输入信号 u_I 对 C 充电。在单稳态触发器的输出端得到频率为 f_O 的矩形脉冲信号。

2.4.5 多路防盗报警器

1. 任务和要求

（1）设计一种防盗报警器，适用于仓库、住宅等地防盗报警。

（2）功能要求如下。

① 防盗路数可根据需要任意设定。

② 在同一地点（值班室）可监视多处的安全情况，一旦出现偷盗，用指示灯显示相应的地点，并通过扬声器发出报警声响。

③ 设置不间断电源，当电网停电时，备用直流电源自动转换供电。

④ 本报警器可用于医院住院病人有线"呼叫"。

（3）设计本报警器所需的直流稳压电源。

2. 总体方案设计

（1）设计思路。

① 防盗报警器的关键部分是报警控制电路，由控制电路控制声、光报警信号的产生。控制电路可采用运算放大器、双稳态触发器或逻辑门等部件进行控制。较简单的办法是采用三极管控制，无偷盗情况时，使三极管处在截止状态，则被控制的声、光信号产生电路不工作，一旦有偷盗情况，立即使三极管导通，被控制的声、光产生电路产生声、光报警信号，呼叫值班人员采取相应措施。

② 电网正常供电时，通过电源变压器降压后经整流、滤波及稳压得到报警器所需直流电压，为防止电网停电，在控制器的输入端设置有备用电源，保证报警器在停电时能正常工作。

（2）报警器的原理框图如图 2-80 所示。

① 控制电路由三极管 VT、电阻 R 和稳压二极管 VD_Z 组成，如图 2-81 所示。电源电压 u_1 通过 R、VD_Z 给 VT 提供基极直流偏置，同时在 VD_Z 两端并接设防线使 VT 的基极对地短路，这时 VT 处于截止状态，输出端 u_O 无信号输出。一旦防线被破坏，VD_Z 击穿稳压，VT 迅速导通，u_O 输出信号使报警电路工作，发出声、光报警信号。

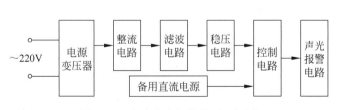

图 2-80 多路防盗报警器原理框图

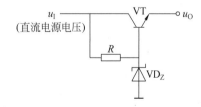

图 2-81 控制电路

② 电网电压通过电源变压器降压后，经二极管整流、电容器滤波、集成稳压器稳压后供给控制电路，同时将备用直流电源通过二极管并入控制电路的输入端。电网电压正常供电时，二极管截止；一旦电网停电，二极管导通，备用电源自动供电。

③ 指示灯可采用发光二极管 LED 显示，控制电路输出信号 u_O 使其发光。显示器可按不同设防地点进行编号。采用 NE555 时基电路和阻容元件组成音调振荡器，控制器输出信

号 u_0 控制其工作,NE555 的③脚输出音频信号使扬声器发声报警。

2.4.6 液体界面位置的实时检测与分离

在化工行业中,有机物、油和水界面的检测与控制等问题,一直困扰着许多生产厂家,大部分化工企业在进行有机物(或油)和水分离时,仍然采用工人凭经验和严密注视,手工进行操作的办法,工作量和劳动强度大,工作效率较低,投入成本高,这大大地影响了分离甲苯等有机物和水的排放指标及其技术要求。因而,开发研制一台能够对有机物(或油)和水界面自动报警和分离的装置非常必要,这样才能真正降低工作人员的劳动强度,提高工作效率。

1. 任务和要求

(1) 能够准确判断不同流动液体界面的分界位置,流速不小于 0.5m/s。

(2) 探测装置应具备安装方便、不破坏原生产装置、有抗腐蚀性等特点。

(3) 具有声、光报警功能。

(4) 具有液体自动分离功能。

2. 总体方案设计

(1) 设计思路。

① 分界位置的判断。利用传感器测定;测量电容值的大小进行测定;利用光电器件,由于发光管发出的光在甲苯等有机物和水中的穿透能力不同,来有效地测定甲苯等有机物和水的分界面,发光二极管可以选用红外光,波长为 $9400\text{Å}(1\text{Å}=0.1\text{nm})$,这样可以有效地抑制外界的干扰。

② 信号的处理。经过分界位置的判断,得到电信号,由此可以判断界面的具体位置,该过程即为信号的处理,处理的具体方法,可以用电压比较器进行直接判断并在输出端得到结果,这种方法只能对液体种类为两种的分界面进行判断;也可以用单片机进行判断,可以对两种以上液体分界面进行判断。

③ 声光报警电路。

④ 液体自动分离电路。可以利用信号处理过程中比较器的输出或单片机的输出控制继电器,并带动电磁阀,从而实现液体的自动分离。

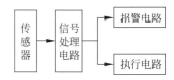

图 2-82 液体界面位置的实时检测与分离原理框图

(2) 总体框图。

液体界面位置的实时检测与分离原理框图如图 2-82 所示。

2.4.7 电子配料秤

1. 设计任务与要求

在工业生产中,经常需要将不同物料按一定重量比例配制进行混合加工,现设计一种加料重量计量装置,用于配料生产的自动控制系统。

具体要求如下。

(1) 配料精度优于 1%。

(2) 配料重量连续可调,料满自动停止加料。

(3) 工作稳定、可靠。

(4) 设计电路所需的直流电源。

2．总体方案设计

(1) 设计思路。

① 该装置主要功能是用电子电路实现对物料重量的计量,故首先应将物料重量(非电量)转换成电量。被称物料可通过支撑料斗的负重传感器,实现将重量信号转换成电信号,电量数值大小与物料的重量成比例。

② 根据预先设定的配料重量,来确定基准电压(类似于天平的砝码),其值大小可以调节。

③ 将表示物料重量的电信号与基准电压进行比较,其比较结果(输出状态)控制执行机构完成预定的动作。

(2) 原理框图(如图 2-83 所示)。

① 传感器:可采用电阻应变式荷重传感器,将多个同型传感器串接使用,可扩大输出电压范围。

② 放大器:将传感器输出的微弱信号电压加以放大,可采用通用型集成运算放大器。

③ 料重指示器。可由电压跟随器和电流表组成。电压放大器的输出信号作其输入信号加于电压跟随器(射极输出器)的输入端,在射极串接一电流表 M 指示电流的数值,重物(所加物料)越重,则 M 的指示读数越大。

④ 比较器。可采用集成运放和反馈元件构成迟滞比较器,电路如图 2-84 所示。

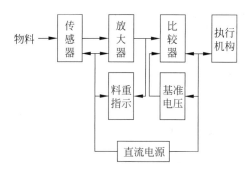

图 2-83　电子配料秤原理框图

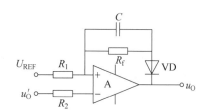

图 2-84　迟滞比较器

放大器的输出电压 u_O' 与基准电压 U_{REF} 进行比较,当 $u_O' < U_P$ 时,则 $u_O = U_{OH}$,由于 $U_{REF} < U_{OH}$ 则 VD 截止。u_O' 由小逐渐增大到 U_{REF},使 $u_O = U_{OH} \rightarrow U_{OL}$,只要 $U_{REF} > U_D + U_{OL}$,VD 导通。当 u_O' 由大下降到 U_P 时,u_O 又由 U_{OL} 变到 U_{OH}。电容 C 起到提高转换速度的作用。为保证转换精度,要求基准电压 U_{REF} 稳定,且 R_1、R_2、R_f 选用精密电阻。U_{REF} 可采用稳压管稳压电路获得。

⑤ 执行机构。可采用复合三极管和继电器 J 等元件组成。三极管工作于开关状态,由比较器的输出状态控制。当 $u_O = U_{OH}$ 时,三极管导通,使继电器吸合;当 $u_O = U_{OL}$ 时,三极

管截止,继电器释放,则相应的控制电路按有关的逻辑程序工作,使之完成预定的动作。

2.4.8　多种波形发生器

1. 任务与要求

波形的产生及变换电路是应用极为广泛的电子电路,现设计并制作能产生方波、正弦波等多种波形信号输出的波形发生器。

要求如下。

(1) 输出的各种波形工作频率范围为 $0.02\mathrm{Hz} \sim 20\mathrm{kHz}$。

(2) 正弦波幅值 $\pm 10\mathrm{V}$,失真度小于 1.5%。

(3) 方波幅值 $\pm 10\mathrm{V}$。

(4) 三角波峰—峰值 $20\mathrm{V}$,各种输出波形幅值均连续可调。

(5) 设计电路所需的直流电源。

2. 总体方案设计

(1) 设计思路。

波形产生电路通常可采用多种不同电路形式和元器件获得所要求的波形信号输出。波形产生电路的关键部分是振荡器,而设计振荡器电路的关键是选择有源器件,确定振荡器电路的形式以及确定元件参数值等。具体设计可参考以下思路。

① 用正弦波振荡器产生正弦波输出,正弦波信号通过变换电路的方波输出(如用施密特触发器),用积分电路将方波变换成三角波或锯齿波输出。

② 利用多谐振荡器产生方波信号输出,用积分电路将方波变换成三角波输出,用折线近似法将三角波变换成正弦波输出。

③ 用多谐振荡器产生方波输出,方波经滤波电路可得正弦波输出,方波经积分电路可得三角波输出。

④ 利用单片函数发生器 5G8038、集成振荡器 E1648 及集成定时器 555/556 等可灵活地组成各种波形产生电路。

(2) 原理框图。

① 方案 1。振荡电路首先产生正弦波,其框图如图 2-85 所示。

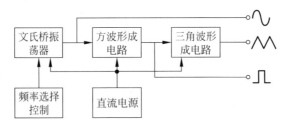

图 2-85　多种波形发生器原理框图 1

文氏桥振荡器(RC 串—并联正弦波振荡器)产生正弦波输出,其主要特点是采用 RC 串—并联网络作为选频和反馈网络,其振荡频率 $f_0 = 1/(2\pi RC)$。改变 RC 的数值,可得到不同频率的正弦波信号输出。为了使输出电压稳定,须采用稳幅措施。用集成运放构成电压比较器,将正弦波信号变换成方波信号输出。用运放构成积分电路,将方波信号变换成三角波或锯齿波信号输出。

② 方案 2。振荡电路首先产生方波,框图如图 2-86 所示。

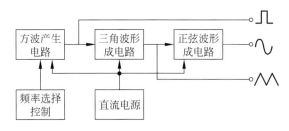

图 2-86　多种波形发生器原理框图 2

利用滞回比较器的开关作用和具有延时作用的 RC 反馈网络构成多谐振荡器,用积分电路将方波变换成三角波信号输出,采用二极管和电阻网络(折线近似法),将三角波的尖顶削圆,得到近似正弦波信号输出。

2.4.9　温度测量与控制器

1. 设计任务与要求

在工农业生产或科学研究中,经常需要对某一系统的温度进行测量,并能自动地控制、调节该系统的温度。则设计并制作对某一系统的温度进行测量与控制的电路。

要求如下。

(1) 被测温度和控制温度均可数字显示。

(2) 测量温度范围为 $0 \sim 120℃$,精度在 $\pm 0.5℃$ 内。

(3) 控制温度连续可调,精度在 $\pm 1℃$ 内。

(4) 温度超过额定值时,产生声、光报警信号。

2. 总体方案设计

(1) 设计思路。

① 对温度进行测量、控制并显示。首先必须将温度的度数(非电量)转换成电量,然后采用电子电路实现课题要求。可采用温度传感器,将温度变化转换成相应的电信号,并通过放大、滤波后送 A/D 转换器变成数字信号,然后进行译码显示。

② 恒温控制。将要控制的温度所对应的电压值作为基准电压 U_{REF},用实际测量值 u_I 与 U_{REF} 进行比较,比较结果(输出状态)自动地控制、调节系统温度。

③ 报警部分。设定被控温度对应的最大允许值 U_{max},当系统实际温度达到此对应值 U_{max} 时,发生报警信号。

④ 温度显示部分。采用转换开关控制,可分别显示系统温度、控制温度对应值 U_{REF} 和报警温度对应值 U_{max}。

（2）原理框图（如图 2-87 所示）。

① 传感器可采用铂电阻、精密电阻和电位器 R_{W1} 组成测量电桥，如图 2-88 所示。电桥的输出电压作为双端输入信号，将信号放大后由低通滤波器将高频信号滤去。

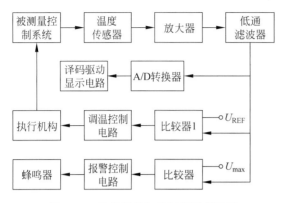

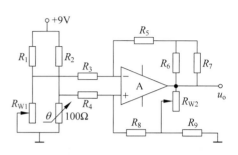

图 2-87　温度测量与控制器原理框图　　　　图 2-88　测量电桥与差动放大器

在 0℃时，调节 R_{W1}，使显示器显示 0℃。在 50℃时，调节放大器的增益（调电位器 R_{W2}），使显示器显示 50℃。注意放大器的输出电压不允许大于 A/D 转换器的最大输入电压值。

② 被测温度信号电压加于比较器 A 与控制温度电压 U_{REF} 进行比较，比较结果通过调温控制电路控制执行机构的相应动作，使被控系统升温或降温。

③ 当控制电路出现故障使温度失控时，使被控系统温度达到允许最高温度对应值 U_{max}，用声、光报警电路发出警报，值班人员将采取相应的紧急措施。

④ 开关 S_1 可分别键合系统温度、控制温度电压 U_{REF} 和报警温度电压 U_{max}，通过 A/D 转换器将模拟量转换成数字量，显示器显示出相应的温度数值。

2.4.10　流量测量电路

1. 任务与要求

（1）设计一流量测量电路，测量结果送数字面板表显示，或送计算机做进一步处理。

（2）仪器的主要技术指标。

① 输入信号幅度不小于 200mV（峰—峰值）。

② 输出电压不大于 ±10V。

③ 频率为 0～20kHz。

④ 线性度（非线性误差）在 0.2% 内。

2. 总体方案设计

（1）设计思路。

流体的流量是经常需要测量的非电量，通常可以通过传感器将流量变换成电脉冲信号，脉冲信号的频率 f 与流量体积 Q 和流量传感器的转换灵敏度 K 有关，可用关系式表示为 $f=KQ$。传感器的输出信号经过检测、整形得到占空比为 1：1 的方波输出。根据其信号频率的高低,可分别采用分频、倍频或直通方式将方波变换成一系列幅度恒定、宽度恒定,而频率与输入信号频率相同的正脉冲输出,再经滤波电路取出其平均分量加以放大后输出,u_o。可以送数字面板显示或送计算机做进一步处理。

（2）流量测量仪原理框图如图 2-89 所示。

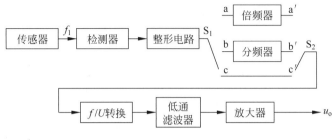

图 2-89　流量测量仪原理框图

① 检测器和整形电路。

采用运算放大器 LM324 构成过零比较器,用与非门构成整形电路。将传感器输出有一定频率的电信号 f_1 加于比较器的反相输入端,用电位器 R_W 微调同相输入端的基准电压,使比较器的输出信号为对称方波,其占空比为 $1:1$。f_1 越高,则方波的频率也越高。比较器的输出信号经与非门整形后送入后一级处理。

② 频率变换电路（可选。整形电路输出频率适合 f/U 输入要求时可以不选这级电路）。

频率变换电路由倍频器、分频器和联动开关 S_1、S_2 组成。因为流量计的输入脉冲信号频率范围很宽,而后一级频率—电压变换电路对输入信号频率有一定要求,故需将 f_1 频率进行分频或倍频处理。当满度频率太高时,采用分频信号,当满度频率太低时,采用倍频信号,通常情况下采用直通工作方式。分频器可采用 D 触发器 CD4013B 组成二分频电路（翻转型触发器）。倍频器采用阻容元件和与非门组成,参考电路可见图 3-45 中的电路。

③ 频率/电压变换电路。

频率/电压变换电路是该测量仪的关键部分,决定了整个系统的线性度,故采用性能良好的 f/U 集成变换器 LM2907。LM2907 有两种封装形式,即 DIP8 和 DIP14。这里以 DIP8 为例,有关 DIP14 的使用方法可参阅相关资料。LM2907 的典型应用电路如图 2-90 所示,在应用中需注意电阻 R_1 和电容 C_1 的选取。定时电容 C_1 可为充电泵提供内部补偿,为了获得准确的转换结果其值应大于 500pF,太小的电容值会在 R_1 上产生误差电流,特别在低温应用时更是如此。LM2907 引脚 3 的输出电流是内部固定的,因此 U_o/R_1 值必须小于或等于此固定值。如果 R_1 太大,将会影响引脚的输出阻抗,频率-电压转换的线性度也会变差。此外,还要考虑输出纹波电压以及 R_1 对 C_2 值的影响,引脚 3 的纹波（U_{RIPPLE}）可用式（2-22）计算,即

$$U_{RIPPLE} = \frac{V_{CC}}{2} \times \frac{C_1}{C_2} \times \left(1 - \frac{V_{CC} f_{IN} C_1}{I_2}\right) \tag{2-22}$$

R_1 的选择与纹波无关,但响应时间,即输出 U_{OVT} 稳定在一个新值上需要的时间会随着纹波值的增加而增加,因此必须在纹波、响应时间和线性度之间仔细地进行权衡。另外,器件所允许的输入信号的最大频率由 V_{CC}、C_1 和 I_2 决定,即

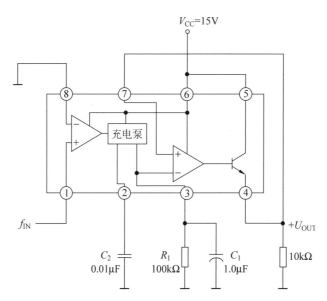

图 2-90   LM2907 频率/电压转换电路

$$f_{max} = \frac{I_2}{C_1 V_{CC}}$$
   (2-23)

④ 低通滤波、放大和反相电路。

该部分电路均由集成运算放大器 LM324 和阻容元件组成。由 LM324 组成低通滤波器,将 f-U 变换器输出的幅度、宽度恒定的矩形脉冲信号的交流分量滤掉,得到恒定的直流量(平均值)输出。输出量较小时,可以增加一级由运放构成的放大电路,以满足数字面板表显示或送计算机处理的要求。面板显示的结果根据联动开关 S_1、S_2 的不同位置,分别为直读或除以 2 或乘以 2。

第 **3** 章

数字电子系统设计

3.1 概述

什么是数字电子系统？它的基本组成如何？设计数字电子系统的方法有哪些？如何应用这些方法进行设计？这些就是本章要讨论的问题。应该指出的是，在第 1 章电子系统设计导论中对数字电子系统的设计方法已作了全面介绍，本章不再重复，作为基础内容，本章将主要讨论手工设计数字电子系统的方法。

数字电子系统是一个能完成一系列复杂操作的逻辑单元。它可以是一台数字计算机、一个自动控制系统、一个数据采集系统，或是日常生活中用的电子秤，也可以是一个更大系统中的一个子系统。例如，一个三相变压器的温度监控系统就是一个典型的数字电子系统。它的工作过程是，由传感器测得浸在油内的变压器的温度，用模数转换器或电压频率变换器将此模拟温度值转换为数字信号，再将此数字温度值与设定的各极限温度值相比较后，决定应采取的控制措施，如显示、开关风机、报警、跳闸等。还可以对它提出测量精度的要求、测量可靠性的要求、测量灵敏度的要求、存储信息的要求以及系统故障自诊断能力的要求等，这就构成了一个比较复杂的、温度监控任务的数字电子系统。

谈到数字电子系统设计，首先要找到描述数字电子系统的方法，在数字电路课程中已学会了用逻辑表达式、真值表、卡诺图、状态图等描述并设计数字电路。本章将进一步介绍两种描述数字电子系统操作功能的方法，即用流程图和描述语言描述数字电子系统功能，然后将这些描述转变为 MDS 图（或 ASM 图）设计数字电子系统。

用逻辑图、状态图、流程图等描述数字电子系统的方法称为系统模型描述法，这种方法适用于相对简单的系统，这种系统的输入输出变量以及系统的状态都比较少，所需的寄存器也比较少。但是当系统的输入输出变量增多、状态很多时，就很难用系统模型法描述。这时多采用描述语言法，并称该描述语言表达的算法为系统的算法模型。

有了描述数字电子系统的工具，就可以讨论数字电子系统的设计方法了。设计一个大系统，必须从高层次的系统级入手，先进行总体方案框图的设计与分析论证、功能描述，再进行任务和指标分配，然后逐步细化得出详细设计方案，最终得出完整的电路。这就是自上而下的设计方法，这种设计方法将主要的精力放在系统级的设计上，并尽可能采用各种 EDA 软件，对系统进行综合、优化、验证及测试，以保证在整个系统的电路制作完成之前对系统的全貌有一个预见，在设计阶段就可以把握住系统的最终外部特性及性能指标，从而大大节约了人力和物力。

1. 数字电子系统的基本组成

数字电子系统一般只限于同步时序系统、所执行的操作是由时钟控制分组按序进行的，一般的数字电子系统可划分为受控器与控制器两大部分。受控器又称为数据子系统或信息处理单元，控制器又称为控制子系统。数字电子系统的方框图如图 3-1 所示。

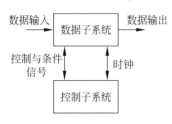

图 3-1　数字电子系统方框图

数据子系统主要完成数据的采集、存储、运算处理和传输，主要由存储器、运算器、数据选择器等部件组成，与外界进行数据交换。而它所有的存取、运算等操作都是在控制子系统发出的控制信号下进行的。它与控制子系统之间的联系是，接收由控制子系统传来的控制信号，同时将自己的操作进程作为条件信号输出给控制子系统。数据子系统是根据待完成的系统功能的算法得出的。

控制子系统是执行算法的核心，它必须具有记忆能力，因此是一个时序系统。它由一些组合逻辑电路和触发器等元件组成。它与数据子系统共享一个时钟。它的输入是外部的控制信号和由数据子系统发来的条件信号，按照设计方案中既定的算法程序，按序地进行状态转换，而与每个状态以及有关条件对应的输出作为控制信号去控制数据子系统的操作顺序。控制子系统是根据系统功能及数据子系统的要求设计出来的。

2. 设计数字电子系统的基本步骤

自上而下地设计数字电子系统的基本步骤可以归纳为以下几点。

（1）明确设计要求。

具体做设计之前，首先要对课题要求、性能指标及应用环境进行仔细分析。将设计要求罗列成条，每一条都应是无异议的。这一步是明确待设计系统的逻辑功能及性能指标。在明确了设计要求之后应能画出系统的简单示意方框图，标明输入输出信号及必要的指标。

（2）确定系统方案。

明确了设计要求之后，就要确定实现系统功能的原则和方法。这一步是最具创造性的工作。同一功能可能有不同的实现方案，方案的优劣直接关系到系统的质量及性能价格比，因此要反复比较与权衡。常用方框图、流程图或描述语言描述系统方案。系统方案确定后要求画出系统方框图、详细的流程图或用描述语言写出的算法，如有需要还应画出必要的时序波形图。

（3）受控器的设计。

根据系统方案，选择合适的器件构成受控器的电路原理图，根据设计要求可能还要对此电路原理图进行时序设计，最后得到实用的受控器电路原理图。

（4）控制器的设计。

根据描述系统方案的模型导出 MDS 图或 ASM 图，按照规则及受控器的要求选择电路构成控制器，必要时也要进行时序设计，最后得到实用的控制器电原理图。然后再将控制器和受控器电路合在一起，从而得到整个系统的电原理图。

（5）在整个设计过程中应尽可能多地利用 EDA 软件，及时地进行逻辑仿真、优化设计工作，优质快速地完成设计任务。

（6）安装调试，反复修改，直到完善。

（7）完成总结设计报告。

数字电路按照功能可分为组合逻辑电路和时序逻辑电路，它们不仅功能上有差异，而且在电路结构上也存在不同，因而设计方法也不完全相同。下面分别对这两种电路的设计方法加以说明。

3.2 组合逻辑电路设计

任何时刻电路的输出值仅仅取决于该时刻各输入变量取值的某种组合，这种电路称为组合逻辑电路。在设计组合逻辑电路时，由于所用器件的不同，电路最简的含义也不同。用小规模数字集成电路（Small Scale Integration，SSI）设计，最简的标准是所用门电路的个数最少、输入端数最少；用中规模数字集成电路（Medium Scale Integration，MSI）设计，最简的标准则是所用集成块的个数最少、品种最少、连线也最少。因而，设计方法也不完全一致。

3.2.1 用 SSI 器件设计组合逻辑电路

用 SSI 器件设计组合逻辑电路的步骤如下。

（1）根据对电路逻辑功能的要求，列出真值表。

（2）由真值表写出标准逻辑表达式。

（3）化简和变换逻辑表达式，从而画出逻辑图。

3.2.2 用 MSI 器件设计组合逻辑电路

用 MSI 器件设计组合逻辑电路的步骤如下。

（1）根据对电路逻辑功能的要求，列出真值表。

（2）由真值表写出标准逻辑表达式。

（3）变换表达式。把待生成逻辑函数表达式变换成与所用 MSI 器件输出函数式类似的形式。

（4）对照表达式。确定 MSI 器件所接的变量或常量。

组合逻辑电路的设计，通常以电路简单、所用器件最少为目标。一般用代数法和卡诺图法来化简逻辑函数，获得最简的形式，以便能用最少的门电路组成逻辑电路。但是，由于在设计中普遍采用中、小规模集成电路（一片包括数个门至数十个门）产品，因此应根据具体情况，尽可能减少所用的器件数目和种类，这样可以使组装好的电路结构紧凑，达到工作可靠且经济的目的。

3.3 时序逻辑电路设计

时序逻辑电路设计又称为时序电路综合，它是时序逻辑电路分析的逆过程，即根据给定的逻辑功能要求，选择适当的逻辑器件，设计出符合要求的时序逻辑电路。对时序电路的设计除了设计方法的问题，还应注意时序配合的问题。时序逻辑电路可用触发器及门电路设计,也可用时序的中规模的集成器件构成。下面分别介绍它们的设计步骤。

3.3.1 用 SSI 器件设计时序逻辑电路

用触发器及门电路设计时序逻辑电路的一般步骤如下。

1. 由给定的逻辑功能求出原始状态图

由于时序电路在某一时刻的输出信号,不仅与当时的输入信号有关,而且还与电路原来的状态有关。因此设计时序电路时,首先必须分析给定的逻辑功能,从而求出对应的状态转换图。这种直接由要求实现的逻辑功能求得的状态转换图称为原始状态图。正确画出原始状态图是设计时序电路最关键的一步。具体做法:首先分析给定的逻辑功能,确定输入变量、输出变量及该电路包含的状态,并用 S_0、S_1、…表示这些状态。然后分别以上述状态为现态,考察在每一个可能的输入组合作用下应转入哪个状态及相应的输出,便可求得符合题意的状态图。

2. 状态化简

根据给定要求得到的原始状态图不一定是最简的,很可能包含多余的状态,即可以合并的状态,因此需要进行状态化简或状态合并。状态化简是建立在状态等价这个概念的基础上的。状态等价是指在原始状态图中,如果有两个或两个以上的状态,在输入相同的条件下,不仅有相同的输出,而且向同一个次态转换,则称这些状态是等价的。凡是等价状态都可以合并。

3. 将状态编码并画出编码形式的状态图及状态表

在得到简化的状态图后,要对每一个状态指定一个二进制代码,这就是状态编码(或称状态分配)。编码的方案不同,设计的电路结构也就不同。编码方案选择得当,设计结果可以很简单。因此,选取的编码方案应该有利于所选触发器的驱动方程及电路输出方程的简化。为便于记忆和识别,一般选用的状态编码都遵循一定的规律,如用自然二进制码。编码方案确定后,根据简化的状态图,画出编码形式的状态图及状态表。

4. 选择触发器的类型及个数

按照式(3-1)选择触发器的个数 n,即

$$2^{n-1} < M \leqslant 2^n \tag{3-1}$$

式中　M——电路包含的状态个数。

5. 求电路的输出方程及各触发器的驱动方程

根据编码后的状态表及触发器的驱动表,可求得电路的输出方程和驱动方程。

6. 画逻辑电路并检查自启动能力

如果能够自启动,则用 SSI 器件设计时序逻辑电路的设计过程结束。如果不能自启动,则需要重新编码,即从第 3 步重新设计。

3.3.2 用中规模(MSI)时序逻辑器件构成时序逻辑电路

用中规模时序逻辑器件构成的时序逻辑电路主要是指用集成计数器构成任意进制计数器。构成任意进制计数器的方法有两种:一种是置(复)零法;另一种是置数法。其原理示意图如图 3-2 所示。

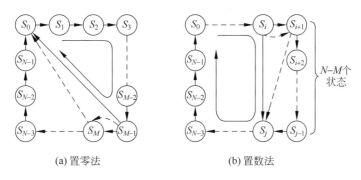

(a) 置零法　　　　　　　　(b) 置数法

图 3-2　任意进制计数器的两种方法

置零法的原理:设原有的计数器为 N 进制,当它从起始状态 S_0 开始计数,并接收了 M 个脉冲以后,电路进入 S_M 状态,如果这时利用 S_M 状态产生一个复位脉冲将计数器置成 S_0 状态,这样就可以跳越 $N-M$ 个状态,而得到 M 进制计数器了,如图 3-2(a)所示。由于电路一进入 S_M 状态后立即又被置成 S_0 状态,所以 S_M 状态仅在极短的瞬间出现,在稳定的状态循环中不包括 S_M 状态,换句话说,S_M 状态是一个暂态。

构成方法:一般是在 M 个脉冲作用下,把计数到 M 时所有触发器输出状态为 1 的输出端连接到一个"与非"门的输入端,再用这个与非门的输出去控制计数器的复位端,从而在第 M 个脉冲作用时计数器回到 0 状态。

置数法与置零法有所不同,它利用给计数器重复置入某个数值的方法跳越 $N-M$ 个状态,从而得到 M 进制计数器,如图 3-2(b)所示。方法:把计数到 $M-1$ 时的 $Q=1$ 的触发器输出连接到一个与非门的输入端,再用这个与非门的输出连接到所有触发器的置位端。

其实,置零法可以看作置数法的特殊情况。置数法适用于有预置数功能的计数器电路。置数法对于同步预置数和异步预置数情况不一样。对于同步预置数计数器,如 74160,$LD'=0$ 的信号从 S_i 状态译出,待下一个 CP 到来时,才将要置的数据置入计数器中,稳定的状态包含有 S_i 状态;对于异步预置式计数器,如 74LS190,只要 $LD'=0$ 的信号一出现,立即会将数据置入计数器中,而不受 CP 信号的影响,因此 $LD'=0$ 信号应从 S_{i+1} 状态译出,S_{i+1} 状态只在极短的时间出现,稳定状态循环中不包含这个状态。例如,用 74160、74LS190 和置数法构成六进制计数器,如图 3-3 所示。

3.3.3 用存储器(LSI)构成时序逻辑电路

存储器是计算机和某些数字电子系统中的重要组件之一。冯·诺依曼计算机程序存储原理就是利用存储器的记忆功能把程序和资料存放起来,使计算机可以脱离人的干预自动地工作。正是由于存储器在数字电子系统,特别是在计算机技术中的重要作用,因此存储器

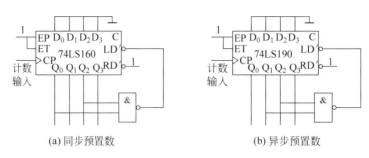

(a) 同步预置数　　　　　　　　　　(b) 异步预置数

图 3-3　利用置数法构成六进制计数器

技术随着微电子技术的发展获得了迅速的发展,半导体存储器的集成度以每 3 年翻两番的速度在提高,而存储器的容量越来越高,存取速度越来越快,相同容量的存储器在计算机中的体积和成本所占的比例已越来越小。

存储器一般由地址译码器、存储矩阵和读写控制电路三部分组成,如图 3-4 所示。

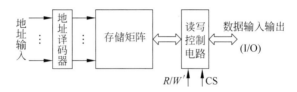

图 3-4　半导体存储器的结构框图

地址译码器的输出包含了输入变量的全部最小项,即是一个完全译码器,根据 $A+A'=1$,任何一个逻辑函数都可以写成最小项之和的形式,而存储器每一位数据输出又都是若干个最小项之和,因而任何形式的组合逻辑函数均能通过向 ROM 中写入相应的数据来实现。用具有 n 位输入地址、m 位数据输出的 ROM 可以获得一组(最多为 m 个)任何形式的 n 个变量的组合逻辑函数。

用存储器既可构成组合逻辑电路,又可实现时序逻辑电路。用于构成组合逻辑电路的例子在许多教材中都已列举,因而这里列举一个时序电路的例子。

例 3-1　用 EPROM 集成芯片 2716 构成一个三角波发生器。

解　2716(2K×8 位)、2732(4K×8 位)、…、27 512(64K×8 位)等 EPROM 集成芯片除了存储容量和编程高电压等参数不同,它们的其他参数基本相同。因此下面只以 2716 型 EPROM 为例加以介绍。ETC 2716 的主要参数为,电源电压 $U_{CC} = +5V$;编程高电压 $U_{PP} = 25V$;工作电流最大值 $I_m = 105mA$;维持电流最大值 $I_s = 27mA$;读取时间 $T_{rm} = 350ns$、存储容量为 2K×8 位。2716 的引脚有地址线 $A_{10} \sim A_0$、数据线 $D_7 \sim D_0$、控制端 CS、OE 及电源 V_{CC}、V_{PP} 和地 GND 等。

2716 的工作方式有以下 5 种。

① 读方式。当片选 CS 和输出允许 OE 都有效,并输入地址码时,从 $D_7 \sim D_0$ 读出该地址单元的数据。

② 维持方式。CS 无效时,$D_7 \sim D_0$ 呈高阻浮置态,芯片进入维持状态,电源电流下降到维持电流 27mA 以下。

③ 编程方式。使 $V_{PP} = 25V$、OE=1,在地址码和需要存入该地址单元的数据稳定送入

后,在 CS 端送入 50ms 宽的正脉冲,数据即被编程固化到此单元之中。

④ 编程禁止方式。当对多片 2716 同时编程时,除 CS 端外,各片其他同名端子都接在一起。对某一片编程时,可使该片的 CS 端加编程正脉冲,其他各片因 CS＝0 而禁止数据进入,即这些片处于编程禁止状态。

⑤ 编程检验方式。使 $V_{PP}＝25V$,再按"读方式"操作,即可读出已编程固化好的内容以便校核。以上 5 种工作方式如表 3-1 所示。

三角波如图 3-5 所示,其中共取 256 个值代表这个三角波的变化情况。按水平方向的顺序取值,将二进制码送入 2716 的地址端 $A_7 \sim A_0$;垂直方向的取值也转换成二进制数,以用户编程的方法,写入对应的存储单元中,如表 3-2 所示。表中 $A_{10}＝A_9＝A_8＝0$,占用存储器的地址空间为 00000000000～00011111111,共占用 256 个存储单元。

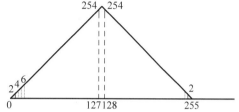

图 3-5 三角波波形图及采样值

表 3-1 EPROM 2716 工作方式

工作方式	引 脚 名			
	CS′	OE′	V_{PP}/V	输出
读	0	0	＋5	数据输出
维持	1	0	＋5	高阻浮置
编程	⊓	1	＋25	数据输入
编程禁止	0	1	＋25	高阻浮置
编程校验	0	0	＋25	数据输出

表 3-2 存储器中地址和对应存储的数据表

十进制数	二进制数 $A_{10} \cdots A_1 A_0$	存储单元内容 $D_7 \cdots D_1 D_0$
0	000 0000 0000	0000 0000
1	000 0000 0001	0000 0010
2	000 0000 0010	0000 0100
⋮	⋮	⋮
127	000 0111 1111	1111 1110
128	000 1000 0000	1111 1110
⋮	⋮	⋮
254	000 1111 1110	0000 0010
255	000 1111 1111	0000 0000
0	000 0000 0000	0000 0000

用 8 位二进制加法计数器的输出推动 $A_7 \sim A_0$,输入地址码则按 0→255 顺序加 1,加到 255 再从 0 开始,不断循环。对应的三角波取值也就按顺序从 $D_7 \sim D_0$ 输出,并不断循环。再经将数字量转换成模拟量的数模转换器,即可在输出端获得周期性重复的三角波。整个波形发生器的连接图如图 3-6 所示。在输出端增加一级低通滤波器效果会更好些。图 3-6

中 A_{10}、A_9、A_8 分别通过开关 K_2、K_1、K_0 接地。改变开关的通断,可以得到 8 个不同的地址空间。若在这 8 个空间分别写入 8 种波形的数据,则可显示 8 种不同的波形,如表 3-3 所示。利用这种方法可以构成任意波形发生电路。

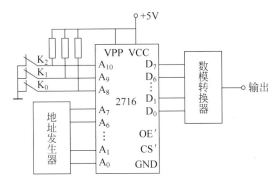

图 3-6   波形发生器

表 3-3   波形发生器的数据表

开关通断			地址空间 $A_{10}\cdots A_1 A_0$	波 形
K_2	K_1	K_0		
1	1	1	000 0000 0000～000 1111 1111	三角波
1	1	0	001 0000 0000～001 1111 1111	正弦波
⋮			⋮	⋮
0	0	0	111 0000 0000～111 1111 1111	任意波

在构成较为复杂的数字电子系统时,也常常用到存储器,构成控制器的微程序设计。控制器的微程序设计,简单地说,就是把控制子系统中每一个状态要输出的控制信号以及该状态的转移去向按一定的格式编制成条,称为微指令。将微指令保存在存储器中,如 ROM、EPROM 等,外部再配以一定的硬件。运行时,按预定的要求逐条取出这些指令,从而实现控制过程。由于 ROM 的容量可以做得很大,因此系统可以做得很复杂,与用硬件方法实现控制器相比,微程序法设计起来比较规范,可以模块化,便于二次移植使用,而且适用于任何算法,非常灵活。但它最大的缺点是速度慢且还受到 ROM 的约束。

3.4   常用设计参考单元电路

3.4.1   脉冲波形产生电路

1. 用 CMOS 门电路构成振荡器

用 CMOS 门电路构成振荡器电路如图 3-7 所示。

在图 3-7(a)中,若取阈值电平 $U_{th}=\dfrac{U_{DD}}{2}$,则周期 $T=t_1+t_2=RC\ln4\approx1.4RC$,输出对称方波。在图 3-7(b)中增加了补偿电阻 R_s,从而减少了电源变化对振荡频率的影响,一般取 $R_s=10R$,则振荡周期 $T\approx(1.4\sim2.2)RC$。由 CMOS 门构成的振荡器适合于低频段工作,

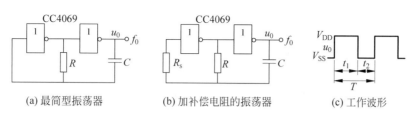

(a) 最简型振荡器　　　　(b) 加补偿电阻的振荡器　　　　(c) 工作波形

图 3-7　用 CMOS 门构成的振荡器

若元件选择合适,下限频率可达到 1Hz。

2．用 TTL 门电路构成振荡器

用 TTL 门电路构成振荡器电路如图 3-8 所示。

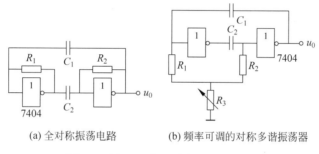

(a) 全对称振荡电路　　　　(b) 频率可调的对称多谐振荡器

图 3-8　用 TTL 门电路构成的振荡器

由 TTL 门构成的振荡器的工作频率可比由 CMOS 门电路构成的振荡器提高一个数量级。在图 3-8(a)中,R_1、R_2 一般为 1kΩ 左右,C_1、C_2 取 100pF～100μF,输出频率为几赫至几十兆赫。在图 3-8(b)中增加了调频电位器 R_3;R_1、R_2 为 300～800Ω,R_3 为 0～600Ω。若 C_1、C_2 为 0.22μF,R_1、R_2 为 300Ω,则输出为几赫至几十千赫,用 R_3 进行调节。由 TTL 门构成的振荡器适合于在几兆赫到几十兆赫的中频段工作。由于 TTL 门功耗大于 CMOS 门,并且最低频率因受输入阻抗的影响,很难做到几赫,一般不适合在低频段工作。

3．频率可调的环形多谐振荡器

频率可调的环形多谐振荡器电路如图 3-9 所示。

TTL 环形振荡器由奇数个门构成,振荡频率主要取决于 RC 的大小。在图 3-9 中,$R_1 = 200Ω$,$R_2 = 50Ω～2kΩ$,$C = 100pF～47μF$,输出频率为几千赫至几兆赫。

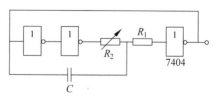

图 3-9　频率可调的环形多谐振荡器

4．用施密特触发器构成的振荡器

用施密特触发器构成的振荡器电路如图 3-10 所示。

用施密特触发器和 RC 元件可构成振荡器,RC 元件的取值范围：$R = 50kΩ～10MΩ$,$C = 100pF～1μF$,产生 1Hz～1MHz 的矩形波信号。

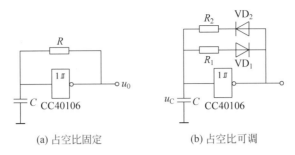

(a) 占空比固定　　　　　　(b) 占空比可调

图 3-10　用施密特触发器构成的振荡器

图 3-10(a)的振荡周期为

$$T = t_1 + t_2 = RC\ln\frac{U_{DD} - U_{T-}}{U_{DD} - U_{T+}} + RC\ln\frac{U_{T+}}{U_{T-}} \tag{3-2}$$

图 3-10(b)的振荡周期为

$$T = t_1 + t_2 = R_1 C\ln\frac{U_{DD} - U_{T-}}{U_{DD} - U_{T+}} + R_2 C\ln\frac{U_{T+}}{U_{T-}} \tag{3-3}$$

可以用二极管改变 R_1 和 R_2 调节占空比。式中的 U_{T+} 和 U_{T-} 为电路的正、负向阈值电压。

5. 用 555 定时器构成的振荡器

用 555 定时器构成的振荡器电路如图 3-11 所示。

用 555 定时器加 RC 元件构成的振荡器可产生几赫至几兆赫的矩形波信号。在图 3-11(a)中,周期 $T = (R_1 + R_2)C\ln2 + R_2 C\ln2$,$f \approx \dfrac{1.43}{(R_1 + 2R_2)C}$。在图 3-11(b)中,周期 $T = R_A C\ln2 + R_B C\ln2$,$f \approx \dfrac{1.43}{(R_A + 2R_B)C}$,占空比可调,$q = \dfrac{t_1}{t_1 + t_2} = \dfrac{R_A}{R_A + R_B}$($t_1$ 及 t_2 见图 3-7(c))。

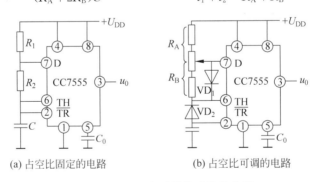

(a) 占空比固定的电路　　　　　　(b) 占空比可调的电路

图 3-11　用 555 定时器构成的振荡器

6. 用 CMOS 门构成的石英晶体振荡器

用 CMOS 门构成的石英晶体振荡器如图 3-12 所示。该振荡器具有极高的频率稳定性,在低频段工作也很稳定。在图 3-12(a)中,$R_f = 10M\Omega$,提供偏置,使门电路工作在线性区,$R_s = 2k\Omega$,C_a、C_b 作频率微调,输出频率主要取决于石英晶体。在图 3-12(b)中,用 C_L 代替了 R_s,可使频率得到提高。在图 3-12(c)中增加了一个微调电容 C_s,能减少分布电容的影响,使频率稳定性进一步提高,$R_s = 1k\Omega$。

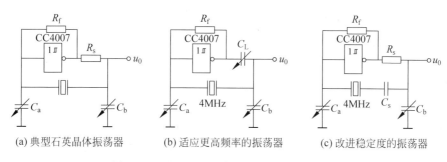

图 3-12 用 CMOS 门构成的石英晶体振荡器

7. 由 TTL 门构成的石英晶体振荡器

由 TTL 门和石英晶体构成的振荡器输出频率为几千赫至几十兆赫,且只取决于石英晶体,电路如图 3-13 所示。图中接在门两端的电阻用来调整工作点。图 3-13(a)中的电路将石英晶体与对称多谐振荡器中的耦合电容串联起来构成石英晶体振荡器,$R=800\Omega\sim1k\Omega$,$C=0.05\mu F$。在图 3-13(b)中,用耦合电阻代替图 3-13(a)中的耦合电容,使下限频率可选得更低,$R_1=560\Omega$,$R_2=1.8k\Omega$,$R_3=R_4=220\Omega$。图 3-13(c)和图 3-13(d)是图 3-13(a)和图 3-13(b)的变型电路,其中图 3-13(c)的工作频率可选在几千赫至几兆赫之间,图 3-13(d)的上、下限频率范围均可拉宽。

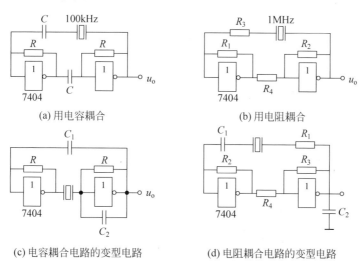

图 3-13 用 TTL 门构成的石英晶体振荡器

8. 用石英晶体振荡器构成的秒脉冲电路

用石英晶体振荡器构成的秒脉冲电路如图 3-14 所示。

电路是由 14 级二进制串行计数器、CC4060、晶体、电阻及电容构成。CC4060 内部所含的门电路和外接元件构成振荡频率为 32.768kHz 的振荡器。经计数器作 14 分频后在 Q_A 端得到 0.5s 的脉冲。$R_1=20M\Omega$,$R_2=150k\Omega$。

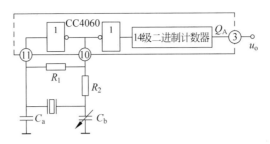

图 3-14　石英秒脉冲电路

9. 多相脉冲发生器

两相互补脉冲发生器如图 3-15 所示。由石英晶体振荡器产生矩形脉冲,经 JK 触发器作二分频,并由两与门作变换后得到两相互补时钟脉冲 u_{o1} 和 u_{o2},其工作波形见图 3-15(b)。

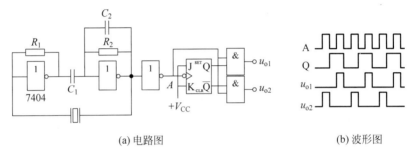

(a) 电路图　　　　　　　　　　　　　　(b) 波形图

图 3-15　两相互补脉冲发生器

3.4.2　信号变换电路

1. 电压/脉宽变换电路

电压/脉宽变换电路如图 3-16 所示。

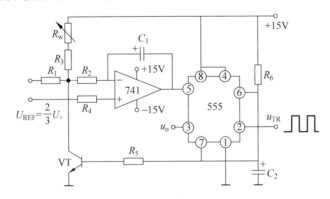

图 3-16　电压/脉宽变换电路

运放 F741 对调制信号 u_1 进行积分,积分值的大小决定 555 定时器 5 端的电压,从而使单稳态触发器的定时时间改变,使输出信号 u_o 的脉宽随 u_1 的大小而变化。

2. 光亮度/频率变换电路

光亮度/频率变换电路如图 3-17 所示。

光敏管将光信号变换成电信号加到电压/频率变换器 LM331,得到的输出信号 u_o 的频率与光信号亮度成正比,满量程为 100kHz。

3. 用光电二极管实现的光/脉冲变换电路

用光电二极管实现光/脉冲变换电路如图 3-18 所示。

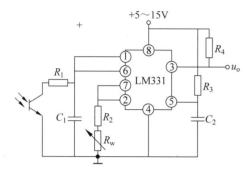

图 3-17　光亮度/频率变换电路

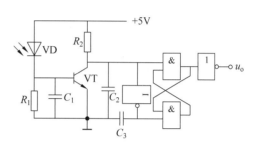

图 3-18　用光电二极管实现的光/脉冲变换

电路由光电二极管和 RS 触发器构成。不受光照时,2DU1A、三极管 VT 均截止,u_o 输出高电平。受光照时,2DU1A 导通、三极管 VT 导通,触发器输出状态翻转为 1,u_o 输出低电平。光照结束后,u_o 又恢复为高电平。图中的电容 $C_1 \sim C_3$ 为消除毛刺所设。

4. 用光电三极管实现的光/脉冲变换电路

在图 3-19 中,电路由光电三极管 3DU2A 和施密特触发器 CT7413 组成。在图 3-19(a) 中,不受光照时 3DU2A 截止,u_o 输出 0,而受光照时 3DU2A 导通,使输出变为 1,光照结束后又回到 0,即受光照一次输出一个正脉冲。而图 3-19(b) 受光照一次,u_o 输出一个负脉冲。光电三极管实现光到电的变换,施密特触发器起信号整形作用。

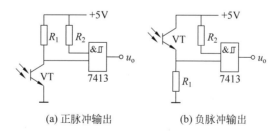

(a) 正脉冲输出　　　　　　(b) 负脉冲输出

图 3-19　用光电三极管实现的光/脉冲变换

5. 用红外发光管实现的光/脉冲变换电路

用红外发光管实现的光/脉冲变换电路,如图 3-20 所示。

电路由红外发光管 HG411 作发光管,硅光电三极管 3DU5C 作受光管,输入光遮挡一

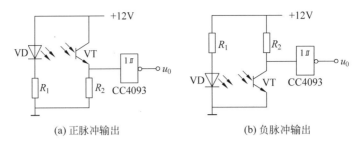

(a) 正脉冲输出　　　　　　　　　(b) 负脉冲输出

图 3-20　红外发光管实现的光/脉冲变换电路

次,则电路输出一个脉冲。在图 3-20(a)中,3DU5C 平时因受光照而导通,施密特反相器输入为高电平,输出低电平,若遮光一次,则各点状态发生一次翻转,输出一个正脉冲,而图 3-20(b)中输出负脉冲。

6. 矩形波/锯齿波变换电路

实现矩形波到锯齿波变换的电路可分成两类:一类是积分变换;另一类是数/模变换。

积分变换的电路由 RC 积分电路和逻辑门或定时器构成。电路简单,可连续调节,但线性度和精度较差。

图 3-21(a)所示的电路由 RC 和门电路组成。输入矩形信号 u_1 经二极管 VD、门电路 G_1、G_2 对电容 C_1 的充、放电进行控制,当 C_1 通过 G_2 放电到 G_3 的阈值电平时,G_3 的输出变为高电平,G_1、G_2 的状态随之改变,引起 u_O 对 C_2 的充电,u_O 下降。改变充电的时间常数可以调节锯齿波的斜率。图 3-21(b)所示的电路由定时器和 RC 元件组成。当 u_1 的负跳变到来时,定时器输出端③变为高电平,C_2 被充电,使 u_{O2} 线性上升,当此值达到上限阈值电压时,定时器的状态翻转,C_2 放电而使 u_{O2} 快速下降。

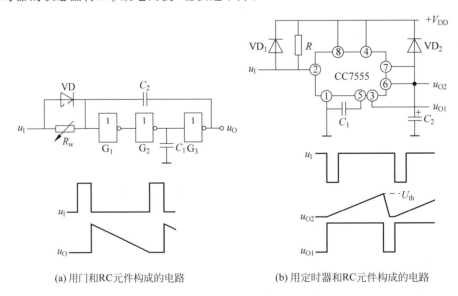

(a) 用门和RC元件构成的电路　　　　　　(b) 用定时器和RC元件构成的电路

图 3-21　矩形波/锯齿波变换电路及波形

3.4.3 音响与报警电路

在电子设备中,音响与报警电路是常用的单元电路。根据使用场合的不同。发出的声音也不完全相同。常用的有以下几种电路。

1. 用 555 定时器构成的双态笛音电路

如图 3-22 所示,由 555 定时器构成两级多谐振荡器,第一级的工作频率由 R_1、R_2 和 C_1 决定,$f_1 \approx \dfrac{1.43}{[(R_1+2R_2)C_1]}$,第二级的振荡频率由 R_3、R_4 和 C_2 决定,并受 u_{O1} 控制,f_2 的计算公式与 f_1 相同,只是要把对应的电阻、电容换一下,f_2 的频率可调,由 R_4 调节。u_{O2} 的输出推动扬声器发出断续笛音。

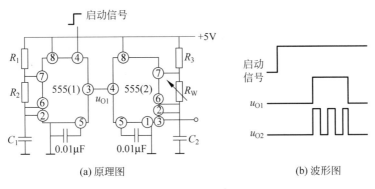

(a) 原理图 (b) 波形图

图 3-22 用 555 定时器构成的双态笛音电路

2. 定时双音笛声电路

如图 3-23 所示,电路用 3 片 555 定时器构成,其中定时器 555(2)、555(3) 构成双音笛声电路,即产生两种频率交替变化的音频信号。定时器 555(1) 接成单稳定时器,用来控制 555(2)、555(3) 能否起振。当 u_1 输入负脉冲时开始定时,定时时间 $t \approx 1.1 R_W C_0$。

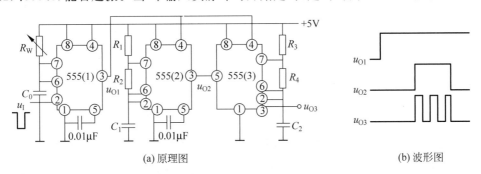

(a) 原理图 (b) 波形图

图 3-23 由 555 定时器构成的定时双音笛声电路

3. 颤音电路

用门电路构成的颤音电路如图 3-24 所示。

由门电路和 RC 元件构成两级多谐振荡器,第一级产生约 6Hz 的音频信号经 R_3、发光

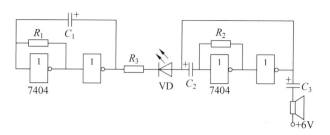

图 3-24　用门电路构成的颤音电路

二极管 VD 去调制第二级的信号,改变 R_2、C_2 的大小,可改变振荡频率,从而调节声音。

4. 变音警笛电路

图 3-25 所示的变音警笛电路,用两个 555 定时器组成多谐振荡器,$f_1 = 0.167\mathrm{Hz}$,C_1 上形成缓慢变化的三角波经 PNP 管射极跟随器输出,加到第二级的电压控制端(⑤脚),调制第二级的频率,f_2 的中心频率为 800Hz,当 C_1 充电时,f_2 由高到低变化;当 C_1 放电时,f_2 由低到高变化。每次变化约 3s,形成在低频和高频之间变化的变音警笛声。

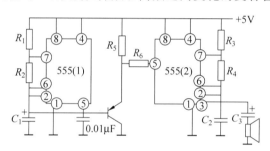

图 3-25　变音警笛电路

3.4.4　驱动显示电路

数字电子系统中显示电路主要采用单个发光二极管或七段数码管进行显示。由于发光二极管正常工作时需要一定的电压和电流,因此,显示电路一般需加驱动电路。驱动电路的形式有以下几种。

1. 发光二极管驱动显示电路

图 3-26 所示为电压源驱动发光二极管的显示电路。图 3-26(a)所示为直流电压源驱动,$R_1 = \dfrac{U - U_F}{I_F}$,其中 I_F 和 U_F 为发光二极管中的电流和端电压。一般情况下,发光二极管两端的电压为 1.1V,流过的电流为 10mA 时才能发光,当然现在有低功耗的发光二极管,电压和电流值不需要这么大,具体的可以根据 LED 的型号查相关参数。图 3-26(b)和图 3-26(c)所示为交流电压源驱动,二极管 VD 的作用是防止 LED 损坏。$R_2 = \dfrac{U_m - (U_F + U_D)}{I_F}$,其中 U_m 为交流峰值。$R_3 = \dfrac{U_m - U_F}{I_F}$,$R_4 = \dfrac{U_{CC} - U_F}{I_F}$。图 3-26(d)所示为用三极管驱动 LED 电

路。图 3-26(e)所示为用门电路的灌电流驱动 LED 电路，$R = \dfrac{U_{CC} - U_F - U_{OL}}{I_F}$。

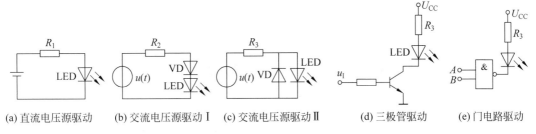

(a) 直流电压源驱动　　(b) 交流电压源驱动 I　　(c) 交流电压源驱动 II　　　(d) 三极管驱动　　(e) 门电路驱动

图 3-26　电压源驱动的电路

2. 数码管静态驱动显示电路

数码管静态驱动显示电路如图 3-27 所示。

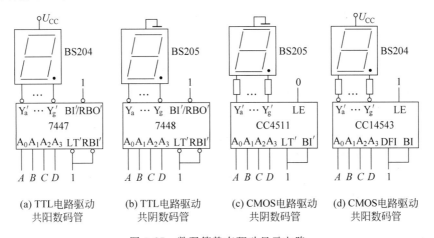

(a) TTL电路驱动　　　(b) TTL电路驱动　　　(c) CMOS电路驱动　　　(d) CMOS电路驱动
　　共阳数码管　　　　　共阴数码管　　　　　共阴数码管　　　　　共阳数码管

图 3-27　数码管静态驱动显示电路

在图 3-27(a)中，BCD 码七段译码/驱动器 7447 以低电平输出驱动共阳极数码管 BS204。在图 3-27(b)中，BCD 码七段译码/驱动器 7448 以高电平输出驱动共阴极数码管 BS205。在图 3-27(c)中，BCD 码七段锁存译码/驱动器 CC4511 以输出的高电平驱动数码管 BS205，其中 $R = \dfrac{U_{OH} - U_F}{I_F}$。在图 3-27(d)中，用 CC14543 或 CC14544 作译码/驱动器，用低电平驱动数码管 BS204，$R = \dfrac{U_{DD} - U_F - U_{OL}}{I_F}$，$R$ 调节亮度。

3.5　现代数字电子系统设计

3.5.1　现代数字电子系统设计概述

随着计算机技术的迅猛发展，计算机辅助设计(CAD)技术深入人类经济生活的各个领域,CAD 就是应用计算机辅助设计技术来进行电子产品的设计、开发制造。根据采用计算机辅助技术的介入程度,电子系统的设计可以分为以下 3 类。

(1) 人工设计方法。这是一种传统的设计方法,从方案的提出到验证和修改均采用人工手段完成,尤其是系统的验证需要经过实际搭试电路完成。因此,这种方法花费大、效率低、制造周期长。

(2) 人和计算机共同完成电子系统的设计,这就是早期的电子 CAD 方法。借助计算机来完成数据处理、模拟评价、设计验证等部分工作,即借助计算机,人们可以设计规模稍大的电子系统,设计阶段中的许多工作尚需人工来完成。

(3) 电子设计自动化(Electronic Design Automation,EDA)。EDA 技术是以大规模可编程逻辑器件为设计载体,以硬件描述语言为系统逻辑描述的主要表达方式,通过有关的开发软件,自动完成用软件方式设计的电子系统到硬件系统的一门新技术。电子系统的整个设计过程或大部分设计均由计算机来完成。因此,EDA 是电子 CAD 发展的必然趋势,是电子 CAD 的高级阶段。本节将简单地介绍采用 EDA 技术进行数字电子系统设计的基本知识,主要包括常用设计方法、设计和仿真软件、描述语言等,因为这一领域的软硬件方面的技术已比较成熟,应用的普及程度也比较大。而模拟电子系统的 EDA 技术正在进入实用,其使用的范围还很有限。此外,由于电子信息领域的全面数字化,基于 EDA 的数字电子系统的设计技术具有更大的应用市场和更紧迫的需求性。

现代电子系统设计领域中的 EDA 是随着计算机辅助设计技术的提高和可编程逻辑器件应运而生并不断完善。可编程逻辑器件,特别是目前 CPLD(Complex Programmable Logic Device)/FPGA(Field Programmable Gate Array)的广泛应用,为数字电子系统的设计带来极大的灵活性。由于开发和应用可编程逻辑器件方法灵活多样,可以通过软件编程而对其硬件的结构和工作方式进行重构,使得硬件的设计可以像软件设计那样方便快捷。这一切极大地改变了传统的数字电子系统设计方法、设计过程甚至设计观念。

用户不仅可通过直接对芯片结构的设计实现多种数字逻辑系统功能,而且由于管脚定义的灵活性,大大减轻了电路图设计和电路板设计的工作量和难度;同时,这种基于可编程逻辑器件芯片的设计大大减少了系统芯片的数量,缩小了系统的体积,提高了系统的可靠性。如今只需一台 PC、一套 EDA 软件和一片 PLD 芯片,就能完成大规模集成电路和数字电子系统的设计。

目前大规模 PLD 系统正朝着为设计者提供在系统编程(In System Programmable,ISP)的能力方向发展,即只要把器件插在系统电路板上,就可以对其进行编程或再编程,这就为设计者进行电子系统设计和开发提供了可实现的最新手段。采用 ISP 技术,使得系统内硬件的功能可以像软件一样编程配置,从而可以使电子系统的设计和产品性能的改进及扩充变得十分简单。采用这种技术,对系统的设计、制造、测试和维护也产生了重大的影响,给样机设计、电路板调试、系统制造和系统升级带来革命性的变化。

传统的设计方法都是自底向上的,即首先确定可用的元器件,然后根据这些器件进行逻辑设计,完成各模块后进行连接,最后形成系统。而后经调试、测量观察整个系统是否达到规定的性能指标。

基于 EDA 技术的自顶向下的设计方法,正好相反,它从系统设计入手,在顶层进行功能划分和结构设计,并在系统级采用仿真手段验证设计的正确性。然后再逐级设计低层的结构,实现从设计、仿真到测试一体化。其方案的验证与设计、电路与 PCB 设计、专用集成电路(Application Specific Integrated Circuit,ASIC)设计等都由电子系统设计师借助 EDA 工具完成。自顶向下设计方法的特点在第 1 章已作了介绍。

　　EDA 软件平台的另一特点是日益强大的仿真测试技术。仿真(simulate)就是设计的输入与输出(或中间变量)之间的信号关系,由计算机根据设计提供的设计方案,从各种不同层次的系统性能特点,完成一系列准确逻辑和时序验证。测试技术是在完成实际系统的安装后,只需通过计算机就能对系统上的目标器件进行边界扫描测试(Joint Test Action Group,JTAG)。EDA 仿真测试技术极大地提高了大规模系统电子设计自动化程度。

　　现代数字电子系统设计内容非常广泛,系统功能日趋完善和智能化。基于网上设计的 EDA 技术,具有标准化的设计方法和设计语言,已经成为信息产业界的共同平台,成为数字电子系统设计的必然选择。

3.5.2　现代数字电子系统设计的方法

　　优秀 EDA 软件平台集成了多种设计入口(如图形、HDL、波形、状态机),而且还提供了不同设计平台之间的信息交流接口和一定数量的功能模块库(IP core)供设计人员直接选用。设计者可以根据功能模块具体情况灵活选用。下简介几种常用的较为成熟的设计方法。

1. 原理图设计

　　原理图设计是 EDA 工具软件提供的基本设计方法。该方法选用 EDA 软件提供的器件库资源,并利用电路作图的方法,进行相关的电气连接而构成相应的系统或满足某些特定功能的系统或新元件。这种方式大多用在对系统及各部分电路很熟悉的情况,或在系统对时间特性要求较高的场合。它的主要优点是容易实现仿真,便于信号的观察和电路的调整。原理图设计方法直观、易学。但当系统功能较复杂时,原理图输入方式效率低,适应不太复杂的小系统和复杂系统的综合设计(与其他设计方法进行联合设计)。原理图设计的编辑窗口示意如图 3-28 所示。

2. 程序设计方法

　　程序设计是使用硬件描述语言(Hardware Description Language,HDL),在 EDA 软件提供的设计向导或语言助手的支持下进行设计。HDL 设计是目前工程设计最主要的设计方法。程序设计的语言种类较多,近年来广泛使用的有 ABEL、AHDL、VHDL 和 Verilog HDL。VHDL 和 Verilog HDL 是两种最常用的硬件描述语言。关于语言的组成和编程规则,相关的参考书有很多,由于篇幅的限制,这里不作介绍。下面仅对这两种硬件描述语言进行简单介绍。

　　1) VHDL

　　超高速集成电路硬件描述语言(Very High Speed Integrated Circuit HDL,VHDL)是随着集成电路系统化和高集成化发展起来的,是一种用于数字电子系统的设计和测试方法的描述语言。它是由美国国防部发起、开发并标准化,1987 年公布为 IEEE 标准(IEEE

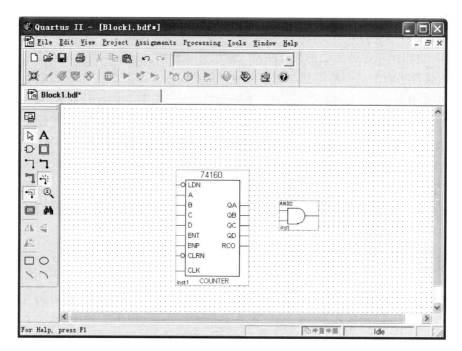

图 3-28   原理图设计的编辑窗口示意图

STD1076—1987[LRM87]),1993 年 VHDL 重新修订,形成新的标准,即 IEEE STD1076—1993[LRM93]。1996 年,IEEE—1076.3 成为 VHDL 的综合标准。

VHDL 语言设计技术齐全、方法灵活、可与制作工艺无关、编程易于共享,所以成为硬件描述语言的主流。1995 年我国国家技术监督局制定《CAD 通用技术规范》(GB/T 17304—1998)推荐将 VHDL 作为我国电子设计自动化硬件描述语言的国家标准。掌握 VHDL,利用 VHDL 设计电子电路,是当前进行技术竞争的一项技能和强有力的工具。

VHDL 是语法非常严格的语言,同时,对于同一功能的模块,描述方法也可以有各种形式,因此,VHDL 对于初学者有一定的难度,但对高级用户来说,却是强有力的编程语言。

2) Verilog HDL

Verilog HDL 是在应用最广泛的 C 语言的基础上发展起来的一种硬件描述语言,是由美国 GDA(Gateway Design Automation)公司的 Philmoorby 在 1983 年末首创的,最初只设计了一个仿真与验证工具,之后又陆续开发了相关的故障模拟与时序分析工具。1989 年 Cadence 公司收购 GDA 公司,并于 1990 年公开发表了 Verilog HDL,成立了 OVI(Open Verilog International)组织来负责该语言的发展,由于该语言的优越性,各大半导体器件公司纷纷采用它作为开发本公司产品的工具,IEEE 也于 1995 年将它定为协会的标准(即 IEEE 1364—1995),且现正在制定关于模拟电路的 Verilog HDL 标准。

Verilog HDL 虽然是硬件描述语言,但其风格与 C 语言非常相近,对已具有 C 语言编程基础的读者,掌握这种语言是很容易的。与之相比,VHDL 语言的学习要困难一些,但 Verilog HDL 较自由的语法也容易使初学者犯一些错误,这一点要特别注意。

举例：用 VHDL 语言描述一个四选一的数据选择器。

```
library ieee;
use ieee.std_logic_1164.all;
entity mux4 is
    port(Input:std_logic_vector(3 downto 0);
        A,B:in std_logic;
        Y:out std_logic);
end mux4;
architecture rtl of mux4 is
    signal sel:std_logic_vector(1 downto 0);
begin
    sel < = B&A;
    process(Input,sel)
        begin
        case sel is
        when"00" = > Y < = Input(0);
        when"01" = > Y < = Input(1);
        when"10" = > Y < = Input(2);
        when others = > Y < = Input(3);
        end case;
    end process;
end rtl;
```

3. 状态机设计

一些 EDA 软件提供了可视化图形状态机输入法，可以像绘画似的创建一个状态机，其界面如图 3-29 所示。

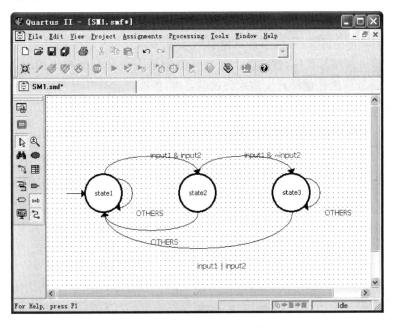

图 3-29　状态机设计界面

这种图形状态机设计方法中,设计者不必关心 PLD 内部结构和布尔表达式,只需要考虑状态转移条件及各状态之间关系,使用作图方法构成状态转移图,由计算机自动生成 VHDL 或其他形式的语言描述的功能模块。

4. 波形输入法

对于那些只关心输入与输出信号之间的关系,而不需要对中间变量进行干预的系统可使用波形输入法。该方法只需给出输入信号与输出信号的波形,主要用建立和编辑波形设计文件及仿真向量和功能测试向量。波形设计输入系统可以根据用户定义的输入输出波形自动生成逻辑关系。EDA 软件会自动生成相应功能模块,其语言可由设计者选择。波形输入法是一种简明的设计方法并且容易查错。该方法编译软件复杂,不适合复杂系统设计,只有在少数 EDA 软件中有集成。

3.5.3　设计与仿真工具

设计与仿真工具又称为开发软件,是随着 PLD 一同发展的。最初的开发软件在 20 世纪 70 年代末出现,一般由器件生产厂家研制,主要支持他们自己的产品,大多要手工编程。到 80 年代中期,出现了更为完善的开发工具,主要特征是支持原理图输入及多种方式兼容和综合,可采用 HDL,进行与目标器件无关的设计等。具有代表性的软件或公司有 Viewlogic、Synopsys、Mentel Graphics、Vftlid、ORCAD 等。

用于数字电子系统设计的 EDA 设计与仿真软件较多。现在有多种支持 CPLD 和 FPGA 的设计软件。有的设计软件是由芯片制造商提供的,如 Altera 开发的 Maxplus Ⅱ/Quartus Ⅱ 软件和 Xilinx 开发的 Foundation 软件。有的是由专业 EDA 软件商提供的,称为第三方设计软件,如目前比较著名的 EDA 综合器有 Synopsys 公司的 FPGA Compiler、FPGA Express;Synplicity 公司的 Synplify;Mentor Graphics 公司的 Autologic Ⅱ;Data I/O 公司的 Synario。目前,器件生产厂家往往委托专业 EDA 软件商开发或共同开发设计输入、模拟验证和编程等软件,器件生产厂家只研制适合自身器件要求的编译或转换程序,所以第三方设计软件往往能够开发多家公司的器件,但在设计具体型号的器件时,需要器件制造商提供器件库和适配器(fitter)软件。表 3-4 所示为目前应用较为广泛的几种 EDA 软件。

表 3-4　几种应用较为广泛的 EDA 软件

公 司 名 称	软 件 名 称	网　址
Altera	Maxplus Ⅱ/Quartus Ⅱ	http://www.altera.com
Xilinx	Foundation	http://www.xilinx.xom
Data I/O	Synario	http://www.dataio.com
Mentor Graphics	Autologic Ⅱ	http://www.mentor.com
Cadence Design	FPGA Station	http://www.cadence.com
Synopsys	FPGA Express	http://www.Synopsys.com
Viewlogic	Powerview Tools	http://www.viewlogic.com
Lattice	Isp Expert System/Synario	http://www.latticeemi.com

如何选用这些工具,对于电子系统设计师来说是十分重要的。一般而言,各类 EDA 软件各有其特点和使用范围,不能一概而论。但是,作为一个优秀的 EDA 设计软件至少应具备以下品质。

(1) 良好的人机界面,便于使用。

(2) 集成多种设计方法,尤其重要的是原理图设计、语言设计,并易于与其他 EDA 软件交换数据。

(3) 提供较为充分的元件库和模块,且元件库容易扩充。

(4) 集成项目管理和各种设计编辑工具,设计、仿真、优化各项功能可无缝连接。

(5) 快速编译和重新编译一种设计。

(6) 使用者不受内部器件体系结构细节的影响。

(7) 几乎不需要人工干预就能获得很好的性能。

(8) 能获得网上在线支持。

本小节对 Altera 公司的开发系统 Quartus Ⅱ 作一简单的介绍。

美国 Altera 公司的 Quartus Ⅱ 是业内领先的 FPGA 设计软件,具有最全面的开发环境,可实现无与伦比的性能表现。也是 Altera 公司继 MAX＋plus Ⅱ 后开发的一种针对其公司的系列 CPLD/FPGA 器件的设计、仿真、编程的工具软件。该软件界面友好、使用便捷、功能强大,是一个完全集成化的可编程逻辑设计环境。该软件具有开放性、与结构无关、多平台、完全集成化、丰富的设计库、模块化工具、支持各种 HDL、有多种高级编程语言接口等特点,可以很方便地与以往的 MAX＋plus Ⅱ 设计环境相切换。该软件方便易用,功能齐全,是非常先进的 EDA 工具软件,适合教学、科研开发等多种场合的使用。

Quartus Ⅱ 的特点如下。

1. 最易使用的 CPLD 设计软件

Altera 公司的 Quartus Ⅱ 软件以及免费的 Quartus Ⅱ 网络版软件所支持的 MAX Ⅱ 器件和其他 MAX CPLD 系列,提供易用和全面的设计环境,能够从开始到结束完成整个 CPLD 设计项目。Quartus Ⅱ 和 Quartus Ⅱ 网络版软件还提供了业界领先的第三方综合和仿真工具的无缝集成。

2. Quartus Ⅱ 给 MAX＋plus Ⅱ 用户带来的优势

Quartus Ⅱ 软件是性能最高,最易使用的 CPLD 设计软件。它提供了一个内置的 MAX＋plus Ⅱ 外观选项,用户无须学习一个新的用户界面,就能够获得所有 Quartus Ⅱ 软件的性能和高级功能所带来的优势。提供比 MAX＋plus Ⅱ 软件 10.2 版本更好的性能,设计性能平均快 15%,对于给定设计平均减少 5% 的器件资源。快速重新编译新特性使 Quartus Ⅱ 软件能够进一步缩短设计编译时间。运行全编译之后,进行小的工程变更(ECO)设计修改时,快速重新编译特性大大提高了设计人员的效能,与再次运行设计全编译相比,编译时间平均缩短了 50%。

3. 器件支持

Quartus Ⅱ 软件的核心编辑器除支持 Altera 公司的 MAX3000A、MAX7000、

MAX9000、ACEX1K、APEX20K、APEX Ⅱ、FLEX6000、FLEX10K 等系列之外,还支持 MAX Ⅱ CPLD、Cyclone、Cyclone Ⅱ、Stratix、Stratix Ⅱ、Stratix GX、Excalibur、Hardcopy 和 Cyclone Ⅳ 等最新的 FPGA 系列器件。

4. FPGA 设计流程

Altera 公司的 Quartus Ⅱ软件设计流程具有以下特点。

(1) 预先 I/O 分配和确认。Quartus Ⅱ软件采用了预先 I/O 分配和确认技术(甚至在设计模块前),提高了设计效率,缩短了产品上市的时间,并且非常易于使用,这样在设计的早期阶段,就可以进行印制电路板(PCB)布局。

(2) Quartus Ⅱ软件集成综合以及对第三方综合的支持。Quartus Ⅱ软件包括了全面的集成综合方案,以及对来自 Leonardo Spectrum、Mentor Graphics、Synopsys 和 FPGA Compiler Ⅱ的主要第三方综合软件的高级集成。

(3) LogicLock 基于模块的设计。Quartus Ⅱ软件采用 LogicLock 基于模块的设计流程,缩短并简化了设计和验证过程,该流程是构建和集成模块化系统最简单灵活的方法。LogicLock 方法非常适合团队设计。

(4) 存储器编译器。Quartus Ⅱ软件用户可以在容易使用的图形用户界面选择并配置存储器,或者从 VHDL 或 Verilog HDL 源代码中直接得出存储器。存储器编译器动态生成基于用户参数的存储器结构运行的波形显示,支持"假设"分析。

(5) 脚本支持。Quartus Ⅱ软件同时支持基于 GUI 和基于脚本的设计技术。Quartus Ⅱ软件是第一个来自可编程逻辑器件(PLD)供应商的 FPGA 和结构化 ASIC 规划工具,支持业内标准的工具命令语言脚本界面。

5. 系统设计技术

Altera 公司的 Quartus Ⅱ软件是第一个支持基于知识产权(Intellectual Property,IP)系统设计的软件,它包括完整、自动的系统定义和实施,不需要底层的硬件描述语言(Hardware Description Language,HDL)或原理图。设计人员可以利用这种特性在几分钟内将他们的构想变成正常运行的系统。Quartus Ⅱ包括的系统设计工具有 SOPC Builder、DSP Builder 和现成的 IP 核。

6. 时序逼近方法

Quartus Ⅱ软件采用了业内领先的时序逼近方法,使设计人员能够快速实现设计的时序要求。Altera 是第一个开发并实现了全套时序逼近方法的可编程逻辑供应商,该方法集成在其现有工具包中,无须额外费用。在时序逼近过程中,快速重新编译保留上次设计改动期间的关键时序,明显提高了设计人员的效率。

(1) 设计空间管理器脚本。设计空间管理器方法组合 Quartus Ⅱ软件设置,自动寻找最优性能架构,从而提高了性能表现,节省了工程时间。它还支持多个计算机采用不同优化设置,而同时运行编译的分布式工作环境。

(2) 时序逼近平面布置编辑器。时序逼近平面布置编辑器方法提高了平面布置中时序数据的分析能力。

（3）芯片编辑器。芯片编辑器使得小的、后面布局布线设计更改在几分钟内完成,缩短了验证的时间。

（4）寄存器传输级(Register Transfer Level,RTL)和工艺映射查看器。RTL查看器在进一步的仿真、综合和布局布线之前,提供用于分析设计结构的设计原理图。这样,在Quartus Ⅱ中,可以在全面的综合和布局布线之后,查看设计规划映射到Altera器件基元的逻辑图表征以及详细的时序信息。

7. 验证方案

Quartus Ⅱ不仅集成了主要的第三方EDA验证工具和方法,还提供以下功能。

（1）高级多时钟时序分析能力。

高级多时钟时序分析能力允许用户决定设计中的速率关键和性能受限路径,从而优化关键的时序路径。

（2）PowerPlay功率分析和优化技术。

采用PowerPlay技术,从设计的概念产生到实施阶段,用户可以准确地分析、优化动态和静态的功耗。

（3）芯片编辑器。

芯片编辑器在几分钟内,实现系统内的渐近式设计更改。

（4）系统内验证工具包。

系统内验证工具包包含SignaProbe布线、SignalTap Ⅱ嵌入式逻辑分析仪、系统内存储器和常量升级。

8. Quartus Ⅱ软件简化了HardCopy设计

Quartus Ⅱ软件既可以对结构化ASIC器件进行设计,也可以轻松地对FPGA进行设计。当设计HardCopy Stratix器件时,设计人员可以利用所有的Quartus Ⅱ软件的FPGA设计流程功能,在FPGA中建立设计原型,测试其功能的正确性,很容易产生HardCopy设计产生中心所需要的文件,生成HardCopy设计规划。

9. 强大的软件开发工具Quartus Ⅱ Software Builder

Quartus Ⅱ Software Builder是集成编辑工具,可以将软件源文件转换为用于配置Excalibur器件的闪存(flash)编程文件或被动(passive)编程文件,或包含Excalibur器件的嵌入式处理器带区的存储器初始化数据的文件。可以使用Software Builder处理Excalibur设计的软件源文件,包括使用SOPC Builder和DSP Builder系统级设计工具建立的设计。Software Builder使用ADS Stardard ToolsA或GNUPro for ARM软件工具集,处理Quartus Ⅱ文本编辑器或其他汇编,或C/C++语言开发工具建立的软件源文件。可以使用Software Builder处理汇编文件(. s、asm)、C/C++包含文件(. h)、C源文件(. c)、C++源文件(. cpp)、库文件(. a)源文件。

Software Builder可以在极少的帮助下,在软件文件上进行软件构建,并允许自定义对特定设计的处理。一旦指定软件构建设置,就可以使用Start Software Build命令(processing菜单)运行Software Builder。

10. 综合

除了支持 Altera 硬件描述语言(Altera Hardware Description Language,AHDL)之外,集成支持最新 VHDL 和 Verilog HDL 语言标准的寄存器传输级(RTL)综合,在综合及设计实现之前,RTL 查看器提供 VHDL 或 Verilog HDL 设计的图形化描述(只在 Quartus Ⅱ软件中提供),支持所有领先的第三方综合流程,用以支持 CPLD 和 FPGA 系列的高级特性。

Quartus Ⅱ 软件包括了全面的集成综合方案,以及对来自 Mentor Graphics、Synopsys 和 FPGA Compiler Ⅱ的主要第三方综合软件的高级集成。Altera 及其 EDA 合作伙伴一起实现了 Quartus Ⅱ软件和第三方 EDA 软件在综合、功能和时序仿真、静态时序分析、板级仿真、信号完整性分析、形式验证上的无缝集成。

3.5.4　器件简介

目前,全球生产可编程逻辑器件的著名公司及其产品有 Lattice 公司的 CPLD 器件系列、Altera 公司的 CPLD/FPGA 器件系列、Xilinx 公司的 FPGA 和 CPLD 器件系列以及 Actel 公司的 FPGA 器件系列等。下面主要介绍两大公司的器件系列。

1. Altera 公司的 CPLD/FPGA 器件系列

作为最大可编程逻辑器件供应商之一,Altera 公司提供的主要可编程逻辑器件系列有 Classic 系列、MAX(Multiple Array Matrix)系列、FLEX(Flexible Logic Element Matrix) 系列、APEX(Advanced Logic Array Matrix) 系列、ACEX 系列、APEX Ⅱ系列、Cyclone 系列、Stratix 系列、MAX Ⅱ系列、Cyclone Ⅱ系列以及 Stratix Ⅱ系列等。Altera 公司的 PLD 具有高性能、高集成度和高性价比的特点。此外,还提供了功能全面的开发工具和丰富的 IP 核、宏功能库等,因此 Altera 的产品获得了广泛的应用。

1) Stratix Ⅱ系列 FPGA

Stratix Ⅱ器件系列作为业内最大、最快的 FPGA,将 FPGA 密度和性能推向了新高度。构建在新的创新逻辑结构上,Stratix Ⅱ器件比第一代 Stratix FPGA 性能平均提高 50%,逻辑容量多出两倍。Stratix Ⅱ FPGA 采用 TSMC90nm 低绝缘工业技术的 300mm 晶圆制造,等价逻辑单元(Logic Element,LE)高达 180K,嵌入式存储器达到 9Mb。Stratix Ⅱ器件支持高达 500MHz 的内部时钟频率,典型设计性能超过 250MHz。在实现高性能和高密度的同时,Stratix Ⅱ器件还针对器件整体能力进行了优化,Altera 独到的专利冗余技术极大地提高了产量,使设计人员能够将更多的功能封装在更小的区域中,进一步降低了产品成本。

Stratix Ⅱ器件的特点如下。

(1) 新的逻辑结构。

基于自适应逻辑模块(ALM)的创新逻辑结构,将更多的逻辑封装进更小的区域中,实现更高的性能、专用算术功能、高效加法树和其他含有大量的计算函数。

(2) 设计安全性。

采用可编程逻辑功能,使用新的应用功能需要设计安全性,128 位高级加密技术(AES)设计安全采用配置比特流加密技术,密码安全地存储在 FPGA 中,不需要电池支持,不占用逻辑资源。

(3) 高速 I/O 信号和接口。

1Gb/s 源同步 I/O 信号用于专用串行/解串(SERDES)电路;动态相位对齐(DPA)电路,通过动态分解外部电路板和内部器件的偏移,加速最大性能表现;支持差分 I/O 信号电平,包括 Hyper Transport 技术、LVDS、LVPECL 以及差分 SSTL 和 HSTL。

(4) 外部存储器接口。

支持专用电路中最新的外部存储器接口,如 DDR2、SDRAM、RLDRAM Ⅱ 和 QDRII SRAM 器件,充足的带宽和 I/O 引脚,支持多个标准 64 位或者 72 位、168/144 引脚 DIMM 的接口。

(5) TriMatrix 存储器。

3 类模块中,高达 9Mb 的存储器:M-RAM、M4K 和 M512 模块,含有误码校验的奇偶位,性能高达 550MHz,混合宽度数据和混合时钟模式。

(6) 数字信号处理(DSP)模块。

更多的 DSP 模块,比 Stratix 器件多出 4 倍 DSP 带宽,专用乘法器、流水线和累加电路。每个 DSP 模块中支持 Q1.15 格式的舍入和取整,最佳性能达到 450MHz。

(7) 时钟管理电路。

为器件提供高达 12 个片内锁相环(PLL)和电路板时钟管理,动态 PLL 重新配置较方便,实现 PLL 参数修改,备份时钟切换用于误码恢复和多时钟系统。

(8) 片内匹配。

片内、差分和串行匹配降低了电路板设计的复杂度和成本。

(9) 远程系统升级。

远端系统升级实现可靠、安全,在系统升级和故障修复中,专用看门狗电路确保升级后的正常工作。

2) Stratix GX 系列 FPGA

Altera 公司推出的 Stratix GX 器件,首次将集成收发器技术的概念带入 FPGA 市场。Stratix GX 器件包括多达 20 个全双工收发器通道,每个通道都能以最小的功率在高达 3.125Gb/s 下工作。建立在 Stratix 架构的基础上,Stratix GX 器件提供同样的特性,包括 TriMatrix 存储器、DSP 块以及为加强数据通道处理功能设立的时钟管理电路。Stratix GX 器件是实现接口协议,如 Serial Lite、10Gb 以太网附加单元接口(XAUI)或速率高达 3.125Gb/s 专用功能的理想选择。

Stratix GX 器件具有多个 G 位收发器功能块,每个有 4 个全双工通道。每个通道具有实现不同等级数据恢复和传输、译码和编码以及操作过程的专用电路,和可编程逻辑的无缝接口确保了可靠的数据传输,最大化数据吞吐量并简化了时序分析。

Stratix GX 器件基于新的高性能 Stratix 器件体系,其特点如下。

(1) 丰富的 TriMatrix 存储器作为片内存储。

(2) 健全的时钟管理和频率合成,使用嵌入锁相环(PLL)管理片内和片外时序。

(3) 与 DRAM 和 SRAM 器件相同的专用接口电路,允许快速地访问外部存储器。

(4) 具有嵌入处理器的能力,能够将 Nios Ⅱ 嵌入式处理器系列嵌入到芯片之中。

(5) 差分片内匹配用于一般性能信号。

（6）远程系统升级功能确保了可靠和安全地进行系列升级和差错修复。

（7）高宽带 DSP 块用于大运算量的应用。

需要低风险、低成本、大批量成品方案的系统设计,能够将 Stratix GX 器件无缝地移植到掩膜编程管脚兼容的 Hard Copy Stratix GX 器件上。因为 Hard Copy Stratix GX 器件保留了 Stratix GX FPGA 的容量和高性能体系,包括 3.125Gb/s 高性能收发器,当从 Stratix GX FPGA 移植到 Hard Copy Stratix GX 器件时,无须重新进行板级设计。

Quartus II 软件和所有主要的第三方综合和仿真工具都支持 Stratix GX 器件,能够实现数吉位的设计。板级仿真工具和为 Stratix GX 器件优化的 IP 使器件设计更加完善。设计者能够以最低的风险,在数小时内完成设计、测试和优化复杂的高速设计。

3）Stratix 系列 FPGA

Altera Stratix 系列产品是最新一代 SRAM 工艺的大规模 FPGA,集成硬件乘加器,芯片内部结构和 Altera 以前的产品相比有很大变化,是目前 Altera 的主流产品。该系列产品采用 1.5V 内核,0.13μm 全铜工艺,芯片由 Quartus II 软件支持,其特点如下。

（1）内嵌三级存储单元,可配置为移位寄存器的 512b 小容量 RAM,4Kb 容量的超标准 RAM,512Kb 大容量 RAM,并自带奇偶校验。

（2）内嵌乘加结构的 DSP 块,适用于高速数字信号处理和各类算法的实现。

（3）全新的布线结构,分为 3 种长度的行列布线,在保证延时、可预测的同时,提高资源利用率和系统速度。

（4）增强时钟和锁相环能力,最多可有 40 个独立的系统时钟管理区和 12 组锁相环 PLL,实现 $K \cdot M/N$ 的任意倍频/分频,且参数可动态配置。

（5）增加片内中断匹配电阻,提高信号完整性,简化 PCB 布线。

（6）增强远程升级能力,增加配置错误纠正电路,提高系统可靠性,方便远程维护升级。

4）Cyclone 系列 FPGA（低成本）

Altera Cyclone FPGA 是目前市场上性能最优且价格最低的 FPGA,是 Altera 最新一代 SRAM 工艺的中等规模的 FPGA,与 Stratix 结构类似,是一种低成本的 FPGA 系列,是目前的主流产品。Cyclone 器件具有在批量应用、价格敏感优化的功能,这些应用市场包括消费类、工业类、汽车业、计算机和通信类。

Cyclone FPGA 具有以下特性。

（1）成本优化的架构。

Cyclone FPGA 具有多达 20060 个逻辑单元,容量是以往低成本 FPGA 的 4 倍。Cyclone FPGA 器件的逻辑资源可用来实现复杂的应用。Cyclone FPGA 器件支持诸如 PCI 等串行总线和网络接口,可访问外部存储器和多种通信协议,如以太网协议。

（2）嵌入式存储器。

Cyclone 器件中 M4K 存储模块提供 288Kb 存储容量,能够被配置来支持多种操作模式,包括 RAM、ROM、FIFO 及单口和双口模式。

（3）外部存储器接口。

Cyclone 器件具有高级外部存储器接口,允许设计者将外部单数据率（SDR）SDRAM、双数据率（DDR）SDRAM 和 DDR FCRAM 器件集成到复杂系统设计中,而不会降低数据访问的性能。

（4）支持 I/O 和单端 I/O。

支持差分 I/O 技术，支持高达 311Mb/s 的 LVDS 信号，Cyclone 器件具有多达 129 个兼容 LVDS 的通道，每个通道数据传输率高达 640Mb/s。

（5）时钟管理电路。

Cyclone 器件具有两个可编程锁相环和 8 个全局时钟线，提供健全的时钟管理和频率合成功能，实现最大的系统性能。Cyclone PLL 具有多种高级功能，如频率合成、可编程相移、可编程延迟和外部时钟输出。这些功能允许设计者管理内部和外部系统时序。

（6）热插拔和顺序上电。

Cyclone 器件具有健全的片内热插拔和顺序上电支持，确保和上电顺序无关的正常工作。这一特性在上电前和上电期间起到了保护器件的作用，并使 I/O 缓冲保持三态，让 Cyclone 器件成为多电压系及需高可用性和冗余性应用的理想选择。

（7）DSP 实现。

嵌入式存储资源支持各种存储应用和数字信号处理（DSP）实现，Cyclone 器件为在 FPGA 上实现低成本数字信号处理系统提供了理想的平台。

（8）串行配置器件。

Cyclone 器件能用 Altera 新的串行配置器件进行配置。

（9）Nios Ⅱ 系列嵌入式处理器。

Cyclone 器件的 Nios Ⅱ 系列嵌入式处理器能够降低成本，增加灵活性，非常适合于替代低成本的分立微处理器。

（10）支持工业级温度。

部分 Cyclone 器件提供工业级温度 $-40\sim100℃$（节点）的产品，支持各种工业应用。

5）Cyclone Ⅱ 系列 FPGA

Altera 推出的 Cyclone Ⅱ 系列 FPGA 是 Cyclone 系列低成本 FPGA 中的最新产品。Altera 公司于 2002 年推出的 Cyclone 器件系列改变了整个 FPGA 行业，带给市场第一个也是唯一的以最低成本为基础而设计的 FPGA 系列产品。Cyclone Ⅱ 器件扩展了低成本 FPGA 的密度，最多达 68416 个逻辑单元（LE）和 1.1Mb 的嵌入式存储器。其主要性能及特性如下。

（1）多达 68416LE，便于高密度应用。

（2）多达 Mb 的嵌入式处理器，便于通用存储。

（3）多达 150 个 18×18 嵌入式处理器，便于低成本数字信号处理应用，最多 4 个嵌入式 PLL。用于片内和片外系统时钟管理。

（4）专用外部存储器接口电路用以连接 DDR2、DDR 和 SDR SDRAM 以及 SRAM 存储器件。

（5）支持单端 I/O 标准用于 64b/66MHz PCI 和 64b/100MHz PCI-X（模式 1）协议，具有差分 I/O 信号，支持 mini-LVDS、LVPECL 和 LVDS，接收端数据速率最高达到 805Mb/s，发送端最高达 622 Mb/s。

（6）对安全敏感的应用进行自动 CRC 检测。

（7）采用串行配置器件的低成本配置方案。

（8）具有支持完全定制 Nios Ⅱ 的嵌入式处理器。

(9) 可通过 Quartus Ⅱ 软件的 OpenCore Plus 评估功能,进行免费的 IP 功能评估,Quartus Ⅱ 网络版软件提供免费软件支持。

6) APEX 系列的 FPGA

该系列是采用多核(MultiCore)结构,着眼于系统级的设计而推出的一种芯片。APEX 器件包含 APEX20K 和 APEX20KE 两个系列,器件的典型门数为 30000～1500000 门,并采用了先进的制作工艺。2001 年,Altera 推出了 APEXII 系列器件,该器件采用先进的 0.15μm 全铜工艺制造,其总体性能提高 30%～40%,I/O 功能强大,可用于调整数据通信。

7) ACEX 系列 FPGA

ACEX 是 Altera 公司专门为通信(如调制解调器、路由器、交换机)、音频处理及其他一些场合的应用而推出的芯片。ACEX 器件的工作电压为 2.5V,芯片功耗低,集成度在 3000 门到几十万门之间,基于查找表结构。在工艺上采用先进的 1.8V/0.18μm、6 层金属连线的 SRAM 工艺制成,封装形式有 BGA、QFP 等。

8) FLEX 系列 FPGA

FLEX 系列 FPGA 器件是 Altera 为 DSP 设计应用的,最早推出的可编程 PLD,包含 FLEX10K、FLEX10KE、FLEX6000 和 FLEX8000 等系列器件。器件采用连续式互连的 SRAM 工艺,可用门数为 1 万～25 万门。FLEX 10K 器件由于灵活的逻辑结构和嵌入式的存储块,能够实现各种复杂的逻辑功能,是应用较广泛的一个系列。

9) MAX 系列的 CPLD

MAX 系列包含 MAX9000、MAX7000A、MAX7000B、MAX7000S、MAX7000、MAX5000、MAX300A 和 Classic 等器件。这些器件的基本单元是乘积项,在工艺上采用 EEPROM 和 EPROM 技术。器件的编程数据可以永久保存,可加密。MAX 系列的集成度在数百到 2 万门之间,MAX9000 和 MAX7000 系列的器件都具有在系统编程(ISP)功能,支持 JTAG 边界扫描测试技术。其多样的封装形式给各种应用场合带来了方便。

Altera 公司不断推出自己新的产品,有关信息可登录 Altera 公司的官方网站(www.Altera.com)查阅。

2. Xilinx 公司的 FPGA 和 CPLD 器件系列

Xilinx 公司在 1985 年首次推出了 FPGA,随后不断推出新的集成度更高、速度更快、价格更低、功耗更小的 FPGA 器件系列。Xilinx 以 CoolRunner、XC9500 系列为代表的 CPLD,以及以 XC4000、Spartan、Virtex 系列为代表的 FPGA 器件,如 C2000、XC4000、Spartan 和 Virtex、Virtex Ⅱ pro、Virtex-4、Virtex-6、Spartan-6 等系列,其性能不断提高。

1) Virtex_4 系列 FPGA

采用已验证的 90nm 工艺制造,可提供密度达 20 万逻辑单元和 500MHz 的性能。整个系列分为 3 种面向特定应用领域而优化的 FPGA 平台架构,分别如下。

(1) 面向逻辑密集的设计:Virtex_4 LX。

(2) 面向高性能信号处理应用:Virtex_4 SX。

(3) 面向高速串行连接和嵌入式处理应用:Virtex_4 FX。

这 3 种 FPGA 平台都内含数字时钟管理器 DCM、相位匹配时钟分频器 PMCD、片上差分时钟网络、带有集成 FIFO 控制的 500MHz SmartRAM 技术、每个 I/O 都有集成

ChipSync 源同步技术的 1Gb/s I/O 以及 Xtreme DSP 逻辑模块。

Virtex_4 LX 提供了所有共同特性,密度高达 20 万逻辑单元。

Virtex_4 SX 和 LX 器件一样都包括了基本的特性集,但 SX 还集成了更多的 SmartRAM 存储器块和多达 512 个 Xtreme DSP 逻辑模块。在最高 500MHz 时钟频率下,这些硬件算术资源可提供高达 256GigaMACs/s 的惊人 DSP 总带宽,功耗却仅为 57μW/MHz。

Virtex_4 FX 器件嵌入多达两个 32 位 RISC PowerPC 处理器,提供超过 1300Dhrystone MIPS,以及最多 4 个集成 10M/100M/1000M Ethernet MAC 内核,以用于高性能嵌入式处理应用。新的辅助处理器单元(APU)控制器在处理器和 FPGA 硬件资源间提供了通畅的连接通道,从而能够为一类灵活且具有极高性能的集成软件/硬件设计提供支持。FX 平台器件还包括多达 4 个 RocketIO 高速串行收发器,其性能范围(600Mb/s～11.1Gb/s)是业界最宽的,因此可提供业界领先的高速串行性能。FX 平台器件集成的 RocketIO 收发器支持所有主要的高速串行传输数据速率,包括 10Gb/s、6.25Gb/s、4Gb/s、3.125Gb/s、2.5Gb/s、1.25Gb/s 和 0.6 Gb/s。

2) Spartan Ⅱ 器件系列

Spartan Ⅱ 器件是以 Virtex 器件的结构为基础发展起来的第二代高容量的 FPGA。Spartan Ⅱ 器件的集成度可以达到 15 万门,系统速度可达 200MHz,能达到 ASIC 的性价比。Spartan Ⅱ器件的工作电压为 2.5V,采用 0.22μm/0.18μm CMOS 工艺,6 层金属连线制造。

3) XC9500 系列 CPLD

XC9500 系列被广泛应用于通信、网络和计算机等产品中。该系列器件采用快闪存储技术(FastFlash),比 EECMOS 工艺的速度更快、功耗更低。其宏单元数达到 288 个,系统时钟可达到 200MHz。XC9500 系列器件支持 PCI 总线和 JTAG 边界扫描测试功能,具有在系统可编程能力。该系列有 XC9500、XC9500XV、XC9500XL 等 3 种类型,内核电压分别是 5V、2.5V 和 3.3V。

Xilinx 公司不断推出自己新的产品,有关信息可登录 Xilinx 公司的官方网站(www.xilinx.com)查阅。

3.5.5 器件的编程和配置

在大规模可编程逻辑器件出现以前,人们在设计数字电子系统时,把器件焊接在电路板上是设计的最后一个步骤。当设计存在问题时,只有通过修改线路板,甚至重新设计线路板,设计周期无谓地延长了,设计效率低,成本加大。CPLD、FPGA 的出现改变了这一切。现在,人们在逻辑设计时可以在未设计具体电路时,就把 CPLD、FPGA 焊接在电路板上,然后在设计调试时可以一次又一次随心所欲地改变整个电路的硬件逻辑关系,而不必改变电路板的结构。这一切都有赖于 CPLD、FPGA 的在系统下载或重新配置功能。

可编程逻辑器件的编程或配置是非常简单、方便的。对于 CPLD 如 MAX7000 的编程,由于它是掉电不丢失的,无论是调试还是最终产品,一般都是通过 JTAG 口进行编程(除非对于管脚非常少的器件,如 PLCC44),有时还需要专门的编程器(MPU)进行编程;对于 FPGA 如 FLEX10K 器件,由于每次上电都需要重新加载设计文件,配置的方式有多种,可以通过 JTAG 口配置(一般用在调试过程),可以通过专用的 PROM 配置,也可以通过 CPU 或 CPLD 进行配置。后两种方式可以用在最终的产品中。CPLD 的编程比较简单,而

FPGA 的配置在实际运用中比较灵活。下面主要讨论 FPGA 的配置方式,如 FPGA 器件(包括 FLEX10K、ACEX1K 系列)的配置。

FPGA 器件配置分为两大类,即主动配置方式和被动配置方式。主动配置由 FLEX 器件引导配置操作过程,控制着外部存储器和初始化过程;被动配置由外部计算机或控制器控制配置过程。根据数据线的多少将器件配置分为并行配置和串行配置两类。

可用于编程、配置文件主要有下面几种。

(1) SOF(SRAM Object File)。用于 PS 模式的配置文件,其他所有的配置文件全都来自此文件。

(2) POF(Programming iq Object File)。用于编程 EPC1 等 PROM 器件。注意,MAX 器件产生的编程文件也是 POF 文件,但和这里的意义不同。

(3) HEX(Hexadecimal (Intel Format)File)文件。用于第三方的编程器编程 ERC1 等 PROM 器件。

(4) TTF(Tabular Text File)。它包含了 PPA、PPS 和 PS 配置数据的 ASCII 文件。有时,存储配置数据的 PROM 并不直接和 FLEX 器件相连或者不仅仅被 FLEX 器件使用,如 PROM 可能包含可执行的代码。这时,使用 TTF 文件可以通过被微处理器包含到可执行文件中。

(5) RBF(Raw Binary File)。它包含配置数据的纯二进制文件,通常用于微处理器配置模式。

1. 并口配置方式

使用并口电缆即 ByteBlaster MV,不但可以用来对 FPGA 系列器件进行配置重构,而且可以用来对 MAX 系列的 CPLD 器件进行编程。利用 ByteBlaster MV 将 PC 上的配置信息传送到 PCB 板上的 PLD 器件。这给 PLD 的调试带来了极大的方便。并口下载线示意图如图 3-30 所示。

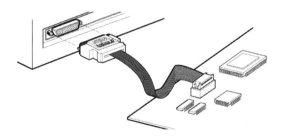

图 3-30　并口下载线示意图

ByteBlaster MV 有两种配置模式,即 JTAG 模式和 PS 模式(被动串行 Passive Serial)。

并行配置是利用 ByteBlaster MV 并行下载电缆,连接 PC 的并行打印口(可使用 USB 接口的 USB Blaster)和需要编程或配置的器件,并与 Quartus Ⅱ 配合可以对 Altera 公司的多种 CPLD、FPGA 进行配置或编程。ByteBlaster MV(或 ByteBlaster Ⅱ、USB Blaster)下载电缆与 Altera 器件的接口一般是 10 芯的接口,电路如图 3-31 所示,连接信号如表 3-5 所示。

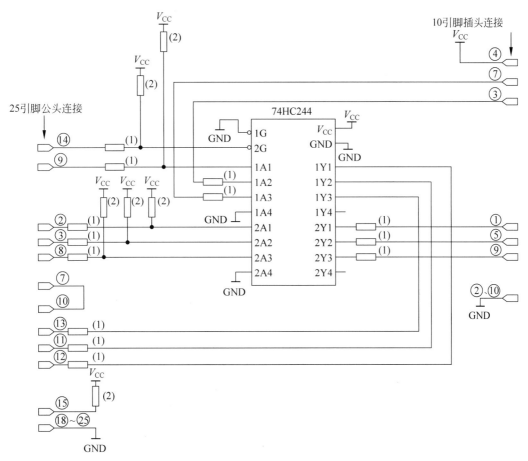

图 3-31 ByteBlaster MV 变换电路

注：(1)所有电阻取值为 100Ω，(2)所有上拉电阻取值为 2.2kΩ。

表 3-5 各引脚信号名称

引脚	①	②	③	④	⑤	⑥	⑦	⑧	⑨	⑩
PS 模式	DCK	GND	CONF_DONE	V_{CC}	nCONFIG	—	nSTATUS	—	DATA0	GND
JTAG 模式	TCK	GND	TDO	V_{CC}	TMS	—	—	—	TDI	GND

1）JTAG 方式的在系统编程

在系统编程就是当系统上电工作时，计算机通过系统中的 CPLD 拥有 ISP 接口直接对其进行编程，器件在编程后立即进入正常工作状态。这种 CPLD 编程方式的出现，改变了传统的使用专用编程器编程方法的诸多不便。图 3-32 所示是 Altera 公司的 MAX 系列的 CPLD 器件的 ISP 编程连接图，其中 ByteBlaster MV 与计算机并口相连，MV 即混合电压的意思。

必须指出，Altera 公司的 MAX 系列的 CPLD 是采用 IEEE 1149.1 JTAG 接口方式对器件进行在系统编程的，JTAG 接口本来是用作边界扫描测试（BST）的，把它用作编程接口则可以省去专用的编程接口，减少系统的引出线，有利于各可编程逻辑器件编程接口统一。据此，便产生了 IEEE 编程标准 IEEE 1532，以便对 JTAG 编程方式进行标准化。JTAG 配置 MAX 器件是将 POF 文件下载到编程器中。JTAG 方式支持对多器件进行 ISP 在系统编程。

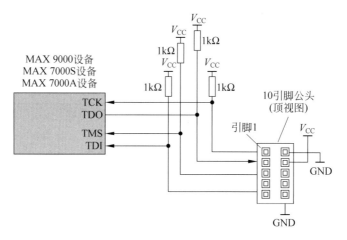

图 3-32　MAX 系列的 CPLD 器件的 ISP 编程连接

2）PS 模式

被动串行(Passive Serial,PS)模式用来配置单个或多个可编程器件。在 PS 配置模式中,数据通过数据源串行送到被配置的器件中。在并口配置中,数据源是 PC(微处理器或 CPLD)。

在被动串行配置(PS)方式中,由下载电缆或微处理器产生一个由低到高的跳变送到 nCONFIG 引脚,然后微处理器或编程硬件将配置数据送至 DATA0 引脚,CONF-DONE 变成高电平后,DCLK 必须多等 10 个时钟周期来初始化该器件,器件的初始化是下载电缆自动执行并完成的。在 PS 方式中没有握手信号,所以,配置时钟的工作频率必须低于 10MHz。PS 模式的 FPGA 配置时序图如图 3-33 所示。

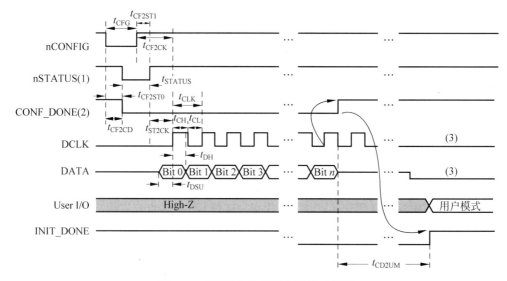

图 3-33　PS 模式的 FPGA 配置时序图

当设计的数字电子系统比较大时,需要不止一个 FPGA 器件时,若为每个 FPGA 器件都设置一个下载口显然是一种浪费。Altera 器件的 PS 模式支持多个器件进行配置。对于

PC 而言,除了在软件上要加以设置支持多器件外,再通过下载电缆即可对多个 FPGA 器件进行配置。

2. 主动串行配置

通过 PC 对 FPGA 进行在系统配置,虽然在调试时非常方便,但当数字电子系统设计完成后需要正式投入使用时,在应用现场不可能在每次使用时,用一台 PC 手动进行配置。因此,自动加载配置对于 FPGA 应用来说是必需的。这里介绍使用专用配置器件实现对 FPGA 进行串行配置。

如图 3-34 所示。主动串行(Active Serial,AS)配置是由 Altera 提供的 EPC1 等 PROM 器件为 FPGA 器件输入串行位流的配置数据。

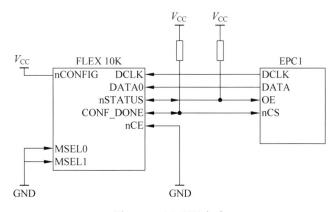

图 3-34　AS 配置方式

主动串行配置方式,由 FPGA 控制着配置过程。如图 3-35 所示,nCONFIG 引脚为 V_{CC}。在加电过程中,FPGA 检测到 nCONFIG 由低到高的跳变时,就开始准备配置。FPGA 将 CONF_DONE 拉低,驱动 EPC1 的 nCS 为低,而 nSTATUS 引脚释放并由上拉电阻至高电平以使能 EPC1。因此,EPC1 就用其内部振荡器的时钟将数据串行地从 EPC1 (DATA)输送到 FPGA(DATA0)。

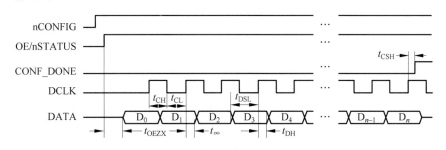

图 3-35　AS 方式的时序波形

3. 微处理器配置

微处理器配置可以完成 PS、PPS 和 PPA 配置方式。用微处理器来配置 FPGA 不仅可以解决设计的保密和升级的问题,而且还可以取代昂贵的专用 OTP 配置 ROM 器件。

微处理器的 PS 配置方式和 ByteBlaster MV 的方式是类似的,只是这里的数据源是微处理器而已。配置时序图如图 3-35 所示。具体的时间参数根据不同的器件可能略有差异。

图 3-36 所示是微处理器的配置方式的一个典型应用示例。

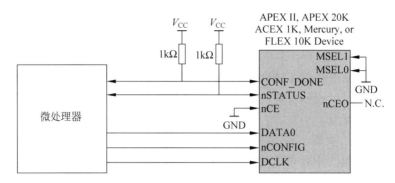

图 3-36 微处理器的 PS 方式

4. CPLD 配置

利用微处理器配置 FPGA 存在的不足如下。

(1) 速度慢,不适用于大规模 FPGA 和高可靠的应用。

(2) 容量小,单片机引脚少,不适合接大的 ROM 以存储较大的配置文件。

(3) 体积大,成本和功耗都不利于相关的设计。

实际上,配置 FPGA 就是产生根据特定的时序将数据流写入即可。因此,对于实际的系统设计,用 CPLD 直接取代单片机,原来单片机中的配置控制程序可以用状态机来实现,这些时序用一片 CPLD(如 MAX7000)就可以产生了。从而有效地克服了以上的不足。

3.6 课程设计举例

3.6.1 脉搏计的设计

设计要求:实现在 15s 内测量 1min 的脉搏数,并且显示其数字。正常人脉搏数为 60~80 次/mim,婴儿为 90~100 次/min,老人为 100~150 次/min。误差在 ±5 次/min 内。

1. 总体方案

(1) 分析设计题目要求。脉搏计是用来测量一个人心脏跳动次数的电子仪器,也是心电图的主要组成部分。由给出的设计技术指标可知,脉搏计是用来测量频率较低的小信号(传感器输出电压一般为几个毫伏),它的基本功能应该是:用传感器将脉搏的跳动转换为电压信号,并加以放大整形和滤波;在短时间内(15s 内)测出每分钟的脉搏数。

(2) 方案 I 如图 3-37 所示,各部分的作用如下。

① 传感器。将脉搏跳动信号转换为与此相对应的电脉冲信号。

② 放大与整形电路。将传感器的微弱信号放大,整形除去杂散信号。

③ 倍频器。将整形后所得到的脉冲信号的频率提高。如将 15s 内传感器所获得的信号频率的 4 倍频,即可得到对应 1min 脉冲数,从而缩短测量时间。

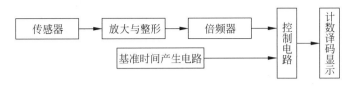

图 3-37 脉搏计方案 I 框图

④ 基准时间产生电路。产生短时间的控制信号,以控制测量时间。

⑤ 控制电路。用以保证在基准时间控制下,使 4 倍频后的脉冲信号送到计数、显示电路中。

⑥ 计数、译码、显示电路。用来读出脉搏数,并以十进制数的形式由数码管显示出来。

⑦ 电源电路。按电路要求提供符合要求的直流电源。

上述测量过程中,由于对脉冲进行 4 倍频,计数时间也相应地缩短了 3/4(15s),而数码管显示的数却是 1min 的脉搏跳动次数。用这种方案测量的误差为 ±4 次/min,测量时间越短,误差也越大。

(3) 方案 II 如图 3-38 所示。

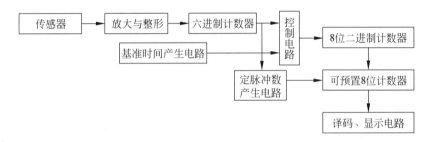

图 3-38 脉搏计方案 II 框图

该方案是首先测出脉搏跳动 5 次所需的时间,然后再换算为每分钟脉搏跳动的次数。这种测量方法的误差小,可达 ±1 次/min。此方案的传感器、放大与整形、计数、译码、显示电路等部分与方案 I 完全相同。现将其余部分的功能叙述如下。

① 六进制计数器。用来检测 6 个脉搏信号,产生 5 个脉冲周期的门控信号。

② 基准脉冲(时间)发生器。产生周期为 0.1s 的基准脉冲信号。

③ 门控电路。控制基准脉冲信号进入 8 位二进制计数器。

④ 8 位二进制计数器。对通过门控电路的基准脉冲进行计数,如 5 个脉搏周期为 5s,即门打开 5s 的时间,让 0.1s 周期的基准脉冲信号进入 8 位二进制计数器,显然计数值为 50;反之,由它可相应求出 5 个脉冲周期的时间。

⑤ 定脉冲数产生电路。产生定脉冲数信号,如 3000 个脉冲送入可预置 8 位计数器输入端。

⑥ 可预置 8 位计数器。以 8 位二进制计数器输出值(如 50)作为预置数,对 3000 脉冲进行分频,所得的脉冲数(如得到 60 个脉冲信号),即心率,从而完成计数值换算成每分钟的脉搏次数。现在所得的结果即为每分钟 60 次的脉搏数。

（4）方案比较。方案Ⅰ结构简单，易于实现，但测量精度偏低；方案Ⅱ电路结构复杂，成本高，测量精度较高。根据设计要求，精度为±4次/min，在满足设计要求的前提下，应尽量简化电路，降低成本，故选择方案Ⅰ。

2. 单元电路的设计

（1）放大与整形电路。如上所述，此部分电路的功能是由传感器将脉搏信号转换为电信号，一般为几十毫伏，必须加以放大，以达到整形电路所需的电压，一般为几伏。放大后的信号波形是不规则的脉冲信号，因此必须加以滤波整形，整形电路的输出电压应满足计数器的要求。所选放大整形方案电路框图如图 3-39 所示。

① 传感器。传感器采用了红外光电转换器，作用是通过红外光照射人的手指的血脉流动情况，把脉搏跳动转换为电信号，其原理电路如图 3-40 所示。图中，红外线发光管 VD_1 采用 TLN104，接收三极管 VT 采用 TLP104。用 +12V 电源供电，R_1 采用 500Ω，R_2 采用 10kΩ。

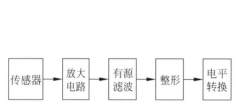

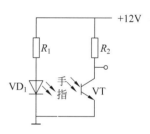

图 3-39　放大与整形方案电路框图　　　　图 3-40　传感器信号调节原理电路

② 放大电路。由于传感器输出电阻比较高，故放大电路采用了同相放大器，如图 3-41 所示，运放采用了 LM324，放大电路的电压放大倍数为 10 倍左右，电路参数如下：$R_4 = 100\text{k}\Omega$，$R_5 = 9.1\text{k}\Omega$，R_3 为 10kΩ 的电位器，$C_1 = 100\mu\text{F}$。

③ 有源滤波电路。采用了二阶压控有源低通滤波电路，如图 3-42 所示，作用是把脉搏信号中的高频干扰信号去掉，同时把脉搏信号加以放大。考虑到去掉脉搏信号中的干扰尖脉冲，所以有源滤波电路的截止频率为 1kHz 左右。为了使脉搏信号放大到整形电路所需的电压值，通常电压放大倍数选用 1.6 倍左右。集成运放采用 LM324。

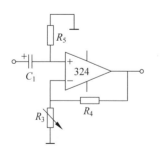

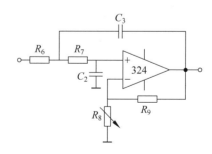

图 3-41　同相放大电路　　　　　　图 3-42　二阶有源滤波电路

电容 C 的容量宜在微法数量级以下，电阻的值一般应在几百千欧以内。取二阶压控滤波电路的电阻、电容相等，先选择 $C_2 = C_3 = 0.1\mu\text{F}$，则根据 $R = \dfrac{1}{2\pi f_0 C} = 1.59\text{k}\Omega$，取 1.6kΩ。

如表 3-6 所示,二阶压控滤波电路的增益为 1.586,增益表达式为 $A_V = 1 + R_9/R_8$,取 $R_8 = 100k\Omega$ 可调电位器,则计算得 $R_9 = 58.6k\Omega$,取 $R_9 = 59k\Omega$。

表 3-6 巴特沃思低通、高通电路阶数 n 与增益 G 的关系

阶数 n		2	4	6	8
增益 G	一级	1.586	1.152	1.068	1.038
	二级		2.235	1.586	1.337
	三级			2.483	1.889
	四级				2.610

④ 整形电路。经过放大滤波后的脉搏信号仍是不规则的脉冲信号,且有低频干扰,仍不满足计数器的要求,必须采用整形电路,这里选用了滞回电压比较器,如图 3-43 所示,其目的是为了提高抗干扰能力,集成运放采用了 LM339,其电路参数如下:$R_{10} = 5.1k\Omega$,$R_{11} = 100k\Omega$,$R_{12} = 5.1k\Omega$。

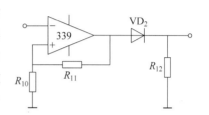

图 3-43 施密特整形电路和电平转换电路

⑤ 电平转换电路。由比较器输出的脉冲信号是一个正负脉冲信号,不满足计数器要求的脉冲信号,故采用电平转换电路。

放大与整形部分电路如图 3-44 所示。

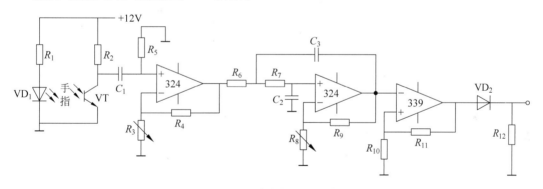

图 3-44 放大与整形电路

(2) 倍频电路。该电路的作用是对放大整形后的脉搏信号进行四倍频,以便在 15s 内测出 1min 内的人体脉搏跳动次数,从而缩短测量时间,以提高诊断效率。

倍频电路的形式很多,如锁相倍频器、异或门倍频器等,由于锁相倍频器电路比较复杂,成本比较高,所以这里采用了能满足设计要求的异或门组成的四倍频电路,如图 3-45 所示。

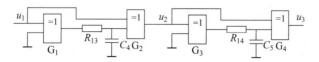

图 3-45 四倍频电路

G_1 和 G_2 构成二倍频电路,利用第一个异或门的延迟时间对第二个异或门产生作用,当输入由 0 变成 1,或由 1 变成 0 时,都会产生脉冲输出,输入输出波形如图 3-46 所示。

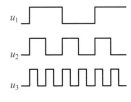

图 3-46 倍频电路的输入输出波形

电容器 C 的作用是为了增加延迟时间,从而加大输出脉冲宽度。根据实验结果选用 $C_4 = C_5 = 0.047\text{pF}$,$R_{13} = R_{14} = 16\text{k}\Omega$。由两个二倍频电路就构成了四倍频电路。其中异或门选用了 CC4070。

(3)基准时间产生电路。基准时间产生电路的功能是产生一个周期为 30s(即脉冲宽度为 15s)的脉冲信号,以控制在 15s 内完成 1min 的测量任务。实现这一功能的方案很多,这里采用图 3-47 所示的方案。

图 3-47 基准时间产生的框图

由框图可知,该电路由秒脉冲发生器、十五分频电路和二分频电路组成。

① 秒脉冲发生器。为了保证基准时间的准确,采用了石英晶体振荡电路,石英晶体的主频为 32.768kHz,反相器采用 CMOS 器件,R_{15} 可在 5~30MΩ 范围内选择,R_{16} 可在 10~150kΩ 范围内选择,振荡频率基本等于石英晶体的谐振频率,改变 C_7 的大小对振荡频率有微调的作用。这里选用 $R_{15} = 5.1\text{M}\Omega$,$R_{16} = 51\text{k}\Omega$,$C_6 = 56\text{pF}$,$C_7 = 3 \sim 56\text{pF}$,反相器利用了 CC4060 中的反相器,如图 3-48 所示。

选用 CC4060 14 位二进制计数器对 32.768kHz 进行 14 次二分频,产生一个频率为 2Hz 的脉冲信号,然后用 CC4013 进行二分频得到周期为 1s 的脉冲信号。

② 十五分频和二分频器。其电路如图 3-49 所示,由 SN74161 组成十五进制计数器,进行十五分频,然后用 CC4013 组成二分频电路,产生一个周期为 30s 的方波,即一个脉宽为 15s 的脉冲信号。

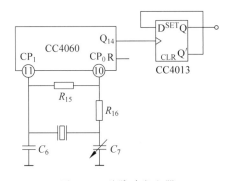

图 3-48 秒脉冲发生器

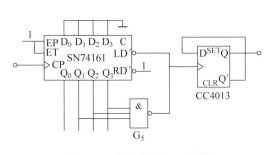

图 3-49 十五分频和二分频

③ 基准时间产生部分的电路如图 3-50 所示。

(4)计数、译码、显示电路。该电路的功能是读出脉搏数,以十进制数形式用数码管显示出来,如图 3-51 所示。

因为人的脉搏数最高是 150 次/min,所以采用 3 位十进制计数器即可。该电路用双 BLD 同步十进制计数器 CC4518 构成 3 位十进制加法计数器,用 CC4511BCD——七段译码

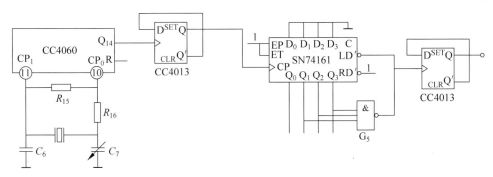

图 3-50 基准时间产生电路

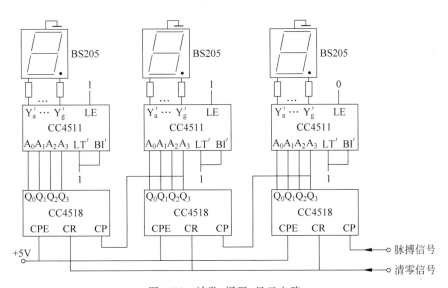

图 3-51 计数、译码、显示电路

器译码,用七段数码管 LT547R 完成七段显示。

(5) 控制电路。控制电路的作用主要是控制脉搏信号经放大、整形、倍频后进入计数器的时间。另外,还应具有为各部分电路清零等功能,如图 3-52 所示。

3. 画总电路图

根据以上设计的单元电路和图 3-37 中的框图,可画出本题的总体电路如图 3-53 所示。

3.6.2 数字钟的 EDA 设计

1. 设计要求

在 Quartus Ⅱ 开发系统中用可编程逻辑器件实现数字钟的 EDA 设计,具体要求如下。

(1) 数字钟功能。数字钟的时间为 1h 一个周期;

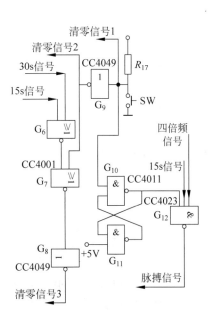

图 3-52 控制电路

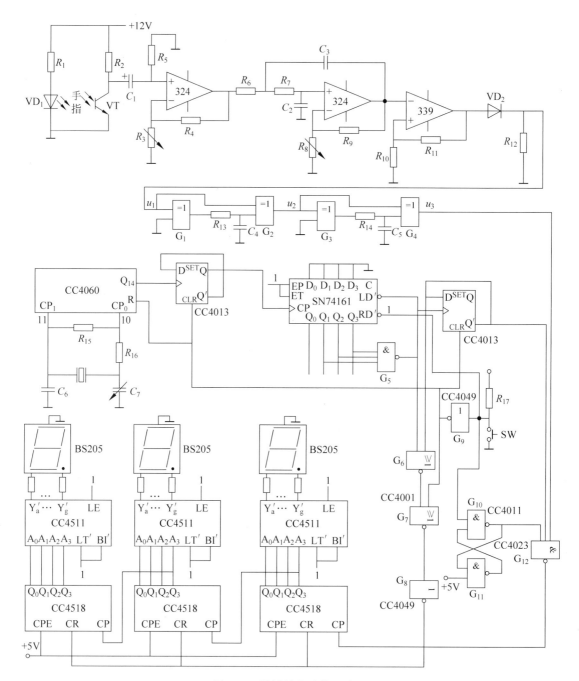

图 3-53 脉搏计的总体电路图

数字钟能够显示时、分、秒。

(2)校时功能。可以分别对时、分、秒进行单独校时,使其调整到标准时间。

(3)扩展功能。整点报时系统。设计报时电路,当数字钟计时 59 分 50 秒时开始报时,并发出呼叫声,到达整点时呼叫结束,呼叫频率为 1kHz。

2．功能描述

数字电子钟实际上是一个对标准 1Hz 进行计数的计数电路,秒计数器满 60 后向分计数器进位,分计数器满 60 后向时计数器进位,当计数达到 23h 59min 59s 时,下一个时钟脉冲到达时,系统显示 00h 00min 00s,计数输出经译码电路送 LED 显示。附加功能电路有:当显示时间和北京时间不一致时,可以通过校时电路进行快速调整;具有整点报时功能。

根据上面所列设计要求,可以得到数字钟框图如图 3-54 所示。

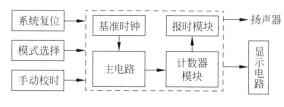

图 3-54　数字钟结构框图

框图中每一部分电路的功能分别如下。

(1) 输入。

① set:模式选择键,第 1 次按 set 按钮时为校秒状态,按第 2 次为校分状态,按第 3 次为校时状态,按第 4 次为计时状态,系初始状态为计时状态。

② en:手动校时调整键,当按住该键不放时,表示调整时间直至校准的数值,松开该键则停止调整。

③ clk_1kHz:1000Hz 的基准时钟输入,该信号 10 分频后作为校时输入脉冲,100 分频后作为整点报时所需的音频信号的输入时钟,1000 分频后作为数字钟输入时钟。

(2) 输出。

hh[3..0]、hl[3..0] 为 BCD 码小时输出显示;mh[3..0]、ml[3..0] 为 BCD 码分钟输出显示;sh[3..0]、sl[3..0] 为 BCD 码秒输出显示;alarm 为报时输出。

3．各单元电路的实现

1) 时钟信号产生电路设计

时钟信号产生的方法很多,如用 555 定时器构成多谐振荡器、石英晶体构成的振荡器、门电路构成的多谐振荡器等,这 3 种电路在 3.4 节中都作了介绍,本设计选用 555 定时器构成的多谐振荡器电路,输出的 1kHz 信号作为数字电子钟的基准时钟输入,该信号经 3 级 10 分频,分别产生 100Hz、10Hz、1Hz 这 3 种时钟信号,100Hz 信号用于校时电路,10Hz 信号用于整点报时所需的音频信号,1Hz 信号用于秒计数器的时钟信号输入。

前面已经介绍,在 Quartus Ⅱ 环境中设计方法较多,如原理图输入法、文本(程序)输入法等,这两种设计方法也是常用的两种方法,为了对该软件作进一步的了解,本例准备采用这两种输入法对不同的电路进行设计。3 级 10 分频电路是由 3 个十进制计数器 74160 级联而成,这里采用原理图输入法,电路如图 3-55 所示,级联方法很简单,其仿真波形如图 3-56 所示。在仿真结果正确无误后,可以将以上设计的时钟电路子模块 fengpin 设置成可调用的元件。

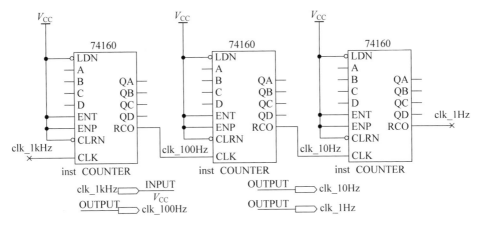

图 3-55　时钟信号产生电路

在 3 级 10 分频电路的仿真波形中,clk_1kHz 为多谐振荡器电路的输出信号,clk_100Hz 为 1 级 10 分频后的输出,clk_10Hz 为 2 级 10 分频后的输出,clk_1Hz 为 3 级 10 分频后的输出,由仿真波形图可以看出,前一级 10 个脉冲后下一级便产生一个输出脉冲。

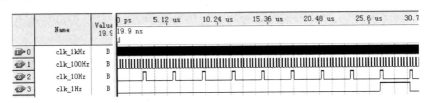

图 3-56　时钟信号产生电路仿真波形

2) 时分秒计数器电路模块设计

本设计中的计数器模块有两种不同的模,即六十进制和二十四进制,分别用于对秒分计数和时计数,根据数字钟的要求,这两种不同的计数器的个位和十位都应该是 BCD 码的形式出现,不能用十六进制等其他进制形式;否则会出现计数器计到 60 时,十位和个位不是 5 和 9,而是 3 和 C,因为 $(60)_{10} = (3C)_{16}$ 。这里采用 VHDL 语言完成这两种计数器电路的设计。六十进制计数器的 VHDL 程序如下。

```
library ieee;
use ieee. std_logic_1164. all;
use ieee. std_logic_unsigned. all;
entity cntm60v IS
    port
(    clear: in std_logic;
     clk : in std_logic;
     cout : out std_logic;
     qh : buffer std_logic_vector(3 downto 0);
     ql : buffer std_logic_vector(3 downto 0)
    );
end cntm60v;
architecture behave of cntm60v is
signal cout1: std_logic;
begin
```

```
cout1 <= '1'when(qh = "0101"and ql = "1001")else '0';
    process(clk,clear)
    begin
        if(clear = '0')then
            qh <= "0000";
            ql <= "0000";
            elsif(clk'event and clk = '1')then
                if(ql = 9 ) then
                    ql <= "0000";
                    if(qh = 5)then
                        qh <= "0000";
                    else
                    qh <= qh + 1;
                    end if;
                else
                    ql <= ql + 1;
                end if;
        end if;
    end process;
    process(cout1,clk)
        begin
            if clk'event and clk = '1' then
                cout <= cout1;
            end if;
    end process;
end behave;
```

经编译后仿真波形如图 3-57 所示。

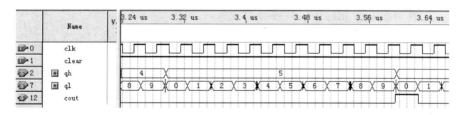

图 3-57　60 进制计数器仿真波形

图 3-57 中 clk 端是时钟信号输入端,如果实现的是 60 秒计数,则输入为 1Hz 信号,其进位 cout 信号是用于分计数器的时钟信号输入或使能输入,clear 是清零(复位)端,用于对计数器的初始状态进行清零,qh、ql 为计数器的高 4 位和低 4 位输出端。由仿真波形可以看出,当计数器计到 59 时,下一个脉冲到时,进位端 cout 便产生一个进位信号,再来一个时钟脉冲后,计数器的个位和十位都变为 0,从而可实现 00~59 计数。

二十四进制计数器的设计方法和六十进制类似,只是在实现进位时有差别,其 VHDL 程序如下。

```
library ieee;
use ieee.std_logic_1164.all;
use ieee.std_logic_unsigned.all;
entity cntm24v IS
    port
(    clear:in std_logic;
```

```
        clk :in std_logic;
        cout :out std_logic;
        qh :buffer std_logic_vector(3 downto 0);
        ql :buffer std_logic_vector(3 downto 0)
     );
end cntm24v;
architecture behave of cntm24v is
signal cout1:std_logic;begin
cout1 <= '1'when(qh = "0010"and ql = "0011")else '0';
    process(clk,clear)
    begin
        if(clear = '0')then
            qh <= "0000";
            ql <= "0000";
            elsif(clk'event and clk = '1')then
                if(ql = 9 or (ql = 3 and qh = 2)) then
                        ql <= "0000";
                        if(qh = 2)then
                            qh <= "0000";
                        else
                        qh <= qh + 1;
                        end if;
                    else
                        ql <= ql + 1;
                    end if;

        end if;
end process;
process(cout1,clk)
        begin
            if clk'event and clk = '1' then
                cout <= cout1;
                end if;
        end process;
end behave;
```

经编译后仿真波形如图 3-58 所示。

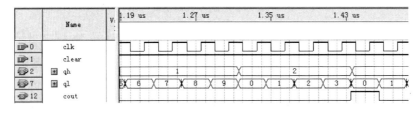

图 3-58　24 进制计数器仿真波形

图中实现的是二十四进制计数,clk 端是时钟信号输入端,clear 是清零(复位)端,用于对计数器的初始状态进行清零,qh、ql 为计数器的高 4 位和低 4 位输出端。由仿真波形可以看出,当计数器计到 23 时,下一个时钟脉冲到达时,进位端 cout 便产生一个进位信号,再来一个时钟脉冲后,计数器的个位和十位都变为 0,从而可实现 00~23 计数。

3) 校时电路设计

当刚接通电源或走时出现误差时都需要对时间进行调整,对时间的校正是通过截断正常的计数通路,而用频率较高的方波信号加到需要校正的计数单元的输入端,这样可以很快使校正的时间调整到标准时间的数值,这时再将正常计数通路接通就可以恢复计时了。由于需要校正的模块有秒、分、时 3 个模块,电子钟有正常计时和校时两种工作状态,如果每个动作就用一个开关来实现,则会用到 6 个开关,这不仅增加了硬件而且使得数字钟的体积变大,因此,这里采用多功能按钮来实现。set 端用于模式设置,当按 1 次时进行秒校时,按 2 次时进行分校时,按 3 次时进行时校时,按 4 次或不按时进行正常计时;en 为使能端,是和 set 配合使用实现校时的,当按动 set 键后,只有在 en 为 1 时才能实现相应功能,为 0 时不能实现校时功能。该校时电路的 VHDL 语言程序如下。

```
library ieee;
use ieee.std_logic_1164.all;
use ieee.std_logic_unsigned.all;
entity set IS
    port
(   set :in std_logic;
    clk_1,clk_100:in std_logic;
    en :in std_logic;
    Ts,Tm :in std_logic;
    outs,outm,outh :out std_logic
    );
end set;
architecture behave of set is
signal state:std_logic_vector(1 downto 0):= "00";
begin
    process(set)
    begin
        if (set'event and set = '1')then
                state <= state + '1';
        end if;
    end process;
    process(state,en)
    variable temp1,temp2,temp3:std_logic;
    begin
    if en = '0' then temp1:= clk_1;temp2:= Ts;temp3:= Tm;
        else
        case state is
            when "01" => if en = '1' then
                            temp1:= clk_100;temp2:= '0';temp3:= '0';
                            else
                            temp1:= clk_1;temp2:= Ts;temp3:= Tm;
                            end if;
            when "10" => if en = '1' then
                            temp1:= '0';temp2:= clk_100;temp3:= '0';
                            else
                            temp1:= clk_1;temp2:= Ts;temp3:= Tm;
                            end if;
            when "11" => if en = '1' then
                            temp1:= '0';temp2:= '0';temp3:= clk_100;
                            else
                            temp1:= clk_1;temp2:= Ts;temp3:= Tm;
                            end if;
            when others => temp1:= clk_1;temp2:= Ts;temp3:= Tm;
        end case;
```

```
        end if;
        outs < = temp1;outm < = temp2;outh < = temp3;
        end process;
    end behave;
```

该程序经编译后，其仿真波形如图 3-59 所示。

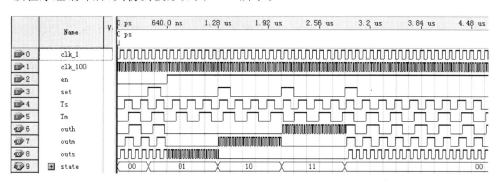

图 3-59　校时电路仿真波形

由仿真波形可以看出，在 en＝0 时，校时功能无效，当 set 键按一下时，state 状态由 00 变为 01，校秒功能没有立即生效，只有当 en＝1（图中为 640ns）时，outs 端的输出信号频率为 100Hz，可以实现秒计数器快速计数，从而实现校正功能；当 set 键按两下时，state 状态由 01 变为 10，校分功能没有立即生效，类似地，当 set 键按三下时，state 状态由 10 变为 11，校秒功能没有立即生效，当 set 键按四下时，state 状态由 11 变为 00，计数器开始正常计数。

4）整点报时电路的设计

报时电路就是当在整点前 10s 时，整点报时电路输出 10Hz 的方波信号，驱动蜂鸣电路工作，当时间到整点时蜂鸣电路停止工作。当时间为 59min 50s 到 59min 59s 期间，分钟的十位和个位中有 m_6、m_4、m_3、m_0 和秒钟的十位 s_6、s_4 都是高电平，因此可以用这 6 个端进行"与"作为闸门的控制端，闸门的另一端接 10Hz 的信号，这样就可以实现整点报时功能。具体电路可见数字钟顶层电路原理图。

4. 数字钟的顶层电路设计

经过对上述各模块的设计和仿真，证明其工作过程是正确的，并通过 Quartus Ⅱ 创建了相应模块的可调用模块符号，分别为 fengpin、set、cntm60、cntm24。下面利用 Quartus Ⅱ 的原理图输入法，按照图 3-54 所示数字钟的结构框图，把各个模块连接起来，设计数字钟的顶层文件，完成最终设计，如图 3-60 所示。

clk_1kHz 为系统的时钟输入端，接 1kHz 的方波信号（由多谐振荡器产生），set 为校时设置端，en 为校时端，clear 为计数器的清零端，hh、hl、mh、ml、sh、sl 分别为时分秒输出的十位和个位，alarm 为整点报时的输出端。为了能够看到合适的仿真结果，所设计的输入信号的频率和实际的信号频率是不完全相同的，正常计时和校时功能没有放在同一个仿真图中，正常计时功能时，本设计中的秒脉冲的频率选为 10ns，结束时间为 5ms，仿真结果如图 3-61 所示。校时功能时，clk_1kHz 的频率选为 10ns，结束时间为 5ms，仿真结果如图 3-62 所示，时、分、秒的调整过程是一样的，这里只选取了对小时的调整，从图中可以看出，当 set 键按 3

次后,outh 端输出 100Hz 的信号(这是和 clk_1kHz 相对应的,这是一个中间信号,可以不作为输出引出,只是为了验证分频和校时功能时的输入信号),小时计数器开始计数,hh、hl 的输出立即发生变化。

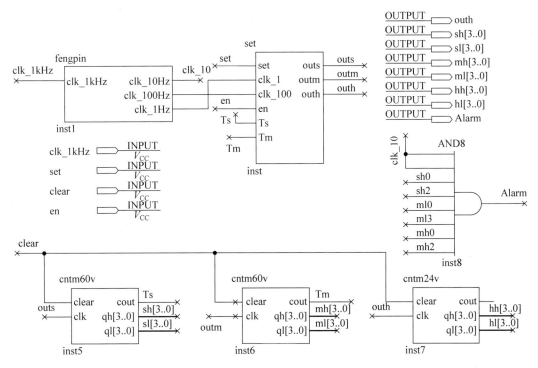

图 3-60　数字钟的顶层原理图

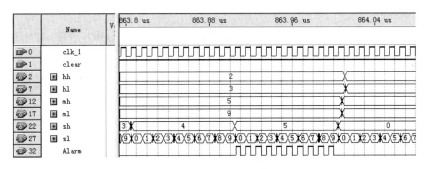

图 3-61　数字钟计时状态仿真波形

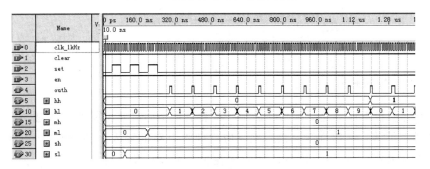

图 3-62　数字钟校时状态仿真波形

3.7　数字电子系统设计课题

3.7.1　数字式竞赛抢答器

智力竞赛是一种生动、活泼的教育形式和方法，通过抢答和必答两种方式能引起参赛者和观众的极大兴趣，并且能在极短时间内，使人们增加一些科学知识和生活常识。实际进行智力竞赛时，一般分为若干组，各组对主持人提出的问题，分必答和抢答两种。必答有时间限制，到时要告警。回答问题正确与否，由主持人判别是加分还是减分，成绩评定结果要用电子装置显示。

1．任务与要求

在许多比赛中，为了准确、公正、直观地判断出第一抢答者，通常设置一台抢答器，通过数显、灯光及音响等多种手段指示出第一抢答者。同时，还可以设置记分、犯规及奖惩记录等多种功能。本题要求如下。

（1）设计一个可容纳 6 组参赛的数字式抢答器，每组设置一个抢答按钮供抢答者使用。

（2）电路具有第一抢答信号的鉴别和锁存功能。在主持人将系统复位并发出抢答指令后，若参赛者按抢答开关，则该组指示灯亮并用组别显示电路显示出抢答者的组别，同时扬声器发出"嘀-嘟"的双音音响持续 2～3s。此时，电路应具备自锁功能，使别组的抢答开关不起作用。

（3）设置计分电路。每组在开始时预置成 100 分，抢答后由主持人记分，答对一次加 10 分；否则减 10 分。

（4）设置犯规电路。对提前抢答和超时抢时抢答的组别鸣喇叭示警，并由组别电路显示出犯规组别。

2．原理框图

数字式竞赛抢答器原理框图如图 3-63 所示。

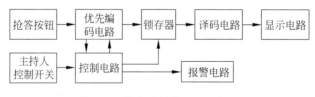

图 3-63　数字式抢答器原理框图

3．总体方案设计

（1）本题的根本任务是准确判断出第一抢答者的信号并将其锁存。实现这一功能可用触发器或锁存器等。在得到第一信号之后应立即将电路的输入封锁，使其他组的抢答信号无效。同时还必须注意，第一抢答信号应该在主持人发出抢答命令之后才有效；否则应视为提前抢答而犯规。

（2）当电路形成第一抢答信号后，用编码、译码及数码显示电路显示出抢答者的组别，也可以用发光二极管直接指示出组别。还可用鉴别出的第一抢答信号控制一个具有两种工作频率交替变化的音频振荡器工作，使其推动扬声器发出两态笛音音响，表示该题抢答有效。

（3）计分电路可采用两位七段数码管显示，由于每次都是加或减10分，故个位总保持为串，只要10位和100位作加减计数即可，可采用两级十进制加减计数器完成。

3.7.2　路灯控制器

路灯是现代城市亮化工程的一个重要组成部分，路灯的数量成倍地增长，路灯的开启和关断不能再用人工控制的方法来实现控制，因此安装在公共场所或道路两旁的路灯通常希望随着日照光亮度的变化而自动开启和关断，避免出现冬天漆黑一团，路灯没有开启，夏天阳光直射，路灯已经开启的现象，以实现既满足行车、行人的需求，又能节约电能。

1. 设计任务与要求

（1）设计一个路灯自动照明的控制电路。当日照光亮达到一定程度时使灯自动熄灭，而日照光暗到一定程度时又能自动点亮。开启和关断的日照光照度根据用户能进行自动调节。

（2）设计计时电路，用数码管显示路灯当前一次的连续开启时间。

（3）设计计数显示电路，统计路灯的开启次数。

2. 原理框图

路灯控制器原理框图如图 3-64 所示。

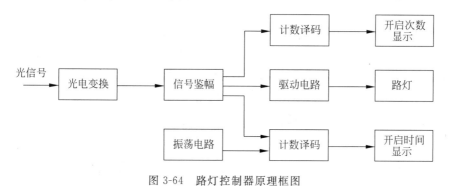

图 3-64　路灯控制器原理框图

3. 总体方案设计

（1）要用日照光的亮度来控制灯的开启和关断，首先必须检测出日照光的亮度。可采用光敏器件（如光敏三极管、光敏二极管或光敏电阻等）作传感器得到信号，再通过信号鉴幅，取得上限和下限阈值，用以实现对路灯的开启和关断控制。

（2）若将路灯开启的启动脉冲信号作计时起点，控制一个计数器对标准时基信号作计数，则可计算出路灯的开启时间，使计数器中总是保留着最后一次的开启时间。

（3）路灯的驱动电路可用继电器或晶闸管电路实现。

3.7.3　步进电机控制器

1. 任务与要求

步进电机是一种用电脉冲进行控制,将电脉冲信号转换成相应角位移的电机。步进电机输入一个电脉冲就前进一步,其输出的角位移与输入的脉冲数成正比,转速与脉冲频率成正比。可以带动机械装置实现精密的角位移和直线移位,被广泛用于各种自动控制系统中,当脉冲频率 f 增高,其周期比转子振荡的过渡过程时间还短时,虽然仍是一个脉冲前进一步,步矩角也不变,但转子连续转动不停,可作连续运行状态。步进电机的工作方式主要取决于输出步进脉冲的控制器电路。

(1) 用边沿 D 触发器或 JK 触发器设计一个兼有三相六拍、三相三拍两种方式的脉冲分配器。

(2) 能控制步进电机做正向和反向运转。

(3) 设计驱动步进电机工作的脉冲放大电路,使之驱动一个相电压为 24V、相电流为 0.2A 的步进电机工作。

(4) 设计步数显示的步数控制电路,能控制电机运转到预置的步数时即停止转动,或运转到预定圈数时停转。

(5) 设计电路工作的时钟信号,频率为 10Hz～10kHz 且连续可调。

2. 原理框图

步进电机控制器原理框图如图 3-65 所示。

3. 总体方案设计

(1) 如图 3-66 所示,步进电机由转子和定子组成,定子上绕制了 A、B、C 三相线圈,而转子上没有绕组。当三相定子绕组轮流接通驱动脉冲时,产生磁场吸引转子转动,每次转动的角度称为步距。根据三相绕组所加脉冲的方式不同而产生不同的步距,其中三相三拍方式的步距为 3°,三相六拍方式的步距为 1.5°。根据不同的信号频率形成不同的转速。由三相脉冲加入的不同相序形成正转或反转。

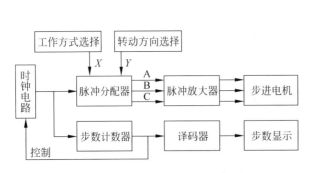

图 3-65　步进电机控制器原理框图

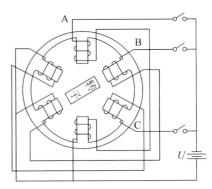

图 3-66　三相步进电机结构示意图

下面是两种工作方式的脉冲加入次序。

① 三相三拍(步距为3°)。

* 正转 $\boxed{\text{AB} \rightarrow \text{BC} \rightarrow \text{CA}}$

* 反转 $\boxed{\text{AB} \leftarrow \text{BC} \leftarrow \text{CA}}$

② 三相六拍(步距为1.5°)。

* 正转 $\boxed{\text{A} \rightarrow \text{AB} \rightarrow \text{B} \rightarrow \text{BC} \rightarrow \text{C} \rightarrow \text{CA}}$

* 反转 $\boxed{\text{A} \leftarrow \text{AB} \leftarrow \text{B} \leftarrow \text{BC} \leftarrow \text{C} \leftarrow \text{CA}}$

(2)脉冲分配器是整个控制器电路的核心,它将连续脉冲分配给A、B、C三相绕组,其分配方式因工作方式 X、转动方向 Y 的不同而不同。由于脉冲分配器将输入时钟信号变为三相脉冲输出,并受 X 和 Y 的控制,实质上是一个具有5个变量的可控计数器电路。应按计数器的设计方法设计,同时还必须考虑自启动;否则可能出现死循环。

(3)步进电机的功放电路应该根据所选电机的电压、电流参数设计,可选用分立元件,也可以用集成功放电路,如MC1413等。还必须考虑输出电路的续流。

(4)由于步进电机是每输入一个脉冲走一步,步数显示与控制可以通过对输入脉冲的计数来完成,先将需要转动的步数预置到计数器中,每转一步减去1,直至减到零为止。在计数的同时,对步数进行译码和显示。当然,也可以对电机转动的圈数计数,使之转到预定圈数即停止工作。

3.7.4 转速测量显示逻辑电路设计

转速的测量,在工业控制领域和人们日常生活中经常遇到。例如,工厂里测量电机每分钟的转速,自行车里程测速计、心率计,以及汽车时速的测量等都属于这一范畴。

要准确地测量转轴每分钟的转速,可采用在转轴上固定一个地方涂上一圈黑带,并留出一块白色标记。当白色标记出现时,光电管能感受到输入的光信号,并产生脉冲电信号。这样,每转一周就产生一个脉冲信号。用计数器累计所产生的脉冲数,并且使计数器每分钟作一次清零,这样就可记下每分钟的转数。在每次周期性的清零前一时刻,将计数器记下的数值传送到寄存器存储,寄存器中寄存的数在以后的1min内始终保持不变,并进行显示,这就是测量的转速。

1. 设计任务和要求

设计转速测量显示逻辑控制线路,具体要求如下。

(1)测速显示为0~9999r/min。

(2)单位时间选为1min,且有数字显示。

(3)转速显示是前1min转速测量的结果,或者数字连续显示计数过程,并将每分钟最后时刻的数字保持显示一个给定时间,如5s或10s,而后再重复前面的过程。

2. 原理框图

转速测量控制系统原理框图如图 3-67 所示。

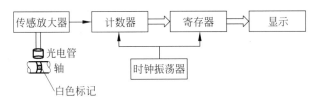

图 3-67　转速测量控制系统原理框图

3. 设计方案提示

根据设计任务和要求,要完成自动计数和显示过程,要求如下。

(1) 将一个正在转动着的轴,通过一定的装置,如轴上装一转盘,转盘上开一个小孔,然后通过光、电转换对管及其转换电路而产生光电脉冲信号。

(2) 转速测量并显示的逻辑电路是,将连续输入的光、电脉冲信号转变为按单位时间计数的转速显示。

由于测速为 0～9999,所以需要 4 位二-十进制计数器组成计数电路。寄存和显示电路也为 4 位。显示器有共阴或共阳的七段字形显示器两大类,这里可选用单显示器,也可选用三合一、四合一系列组合器件。

计时电路需要一个秒脉冲作为时标电路的脉冲输入。它由两位计数器组成 60 进制,即秒“个位”和秒“十位”,这一电路和数字钟 60 进制计数器一样,个位为十进制,十位为六进制。当时钟电路计数到 1min 时,应发出一个控制信号给光电脉冲计数器,使累计的数值存入寄存器而显示。与此同时,对计数器进行清零,准备下一周期的计数。因此测速显示的数值为前 1min 的转速,这一点在设计电路时要注意。

3.7.5　多种波形发生器电路设计

波形发生器是用来产生一种或多种特定波形的装置。这些波形通常有正弦波、方波、三角波、锯齿波、无规则波形(如声波)等。以前,人们常用模拟电路来产生这些波形,其缺点是电路结构复杂、所产生的波形种类有限。随着数字电子技术的发展,采用数字集或电路来产生各种波形的方法已变得越来越普遍。虽然用数字量产生的波形会呈微小的阶梯状,但是只要提高数字量的位数即提高波形的分辨率,增加一级滤波电路,所产生的波形就会变得非常平滑。用数字方式的优点是电路简单,改变输出的波形极为容易。下面将说明以波形数据存储器为核心来实现波形发生器的原理。

用波形数据存储器记录所要产生的波形,并将其在地址发生器作用下所产生的波形的数字量经过数/模转换装置转换成相应的模拟量,以达到波形输出的目的。

1. 设计任务和要求

设计一个多种波形发生器,其具体要求如下。

(1) 实现多种波形的输出。这些波形包括正弦波、三角波、锯齿波、反锯齿波、梯形波、台形阶梯波、方波、阶梯波、不规则波(如声波)等。

（2）要求输出的波形具有 8 位数字量的分辨率。

（3）能调整输出波形的周期和幅值。

（4）能用开关方便地选择某一种波形的输出。

2．原理框图

多种波形发生器原理框图如图 3-68 所示。

图 3-68　多种波形发生器原理框图

3．设计方案提示

1）地址发生器的组成

地址发生器所输出的地址位数决定了每一种波形所能拥有的数据存储量。但在同一地址发生频率下，波形存储量越大输出的频率越低。考虑到要求输出波形具有 8 位数字量的分辨率，因而可将地址发生器设计成 8 位以获得较好的输出效果。如果地址发生器高于 8 位，那么输出波形的分辨率将会受到影响。

选用两片 4 位二进制计数器 74LS161 组成 8 位地址发生器，其最高工作频率可达到 32MHz。

2）波形数据存储器

8 位地址发生器决定了每种波形的数据存储量为 256B。因为总共要输出 8 种波形，故存储总量为 2KB。可选用 2716EPROM 作为波形数据存储器。不同种类的波形在存储器中的地址分配可以由设计者自行决定。

存储在 EPROM 中的波形数据是通过将一个周期内电压变化的幅值按 8 位 D/A 分辨率分成 256 个数值而得到的。例如，正弦波的数据可按式（3-4）计算，即

$$D = 128\left(1 + \sin\frac{360}{255}x\right) \tag{3-4}$$

其中 $x = 0 \sim 255$。

锯齿波的计算公式：$D = x$，其中 $x = 0 \sim 255$。

3）数据转换器

可采用具有 8 位分辨率的 D/A 转换集成芯片 DAC0832 作为多种波形发生器中的数模转换器。由于多种波形发生器只使用一路 D/A 转换，因而 DAC0832 可连接成单缓冲器方式。另外，因 DAC0832 是一种电流输出型 D/A 转换器，要获得模拟电压输出时，需外接运放来实现电流转换为电压。

3.7.6　交通信号灯控制器

1．设计任务与要求

由一条主干道和一条支干道的汇合点形成一个十字交叉路口，为了确保车辆安全、迅速地通行，在交叉口的每个入口处设置了红、绿、黄 3 种信号灯，红灯亮时禁止通行，绿灯亮时

允许通行,黄灯亮时则给行驶中的车辆有时间停靠到禁行线之外。

(1)用红、绿、黄三色发光二极管作信号灯,用逻辑开关作车辆是否到来的模拟信号,设计制作一个交通信号灯控制器。

(2)由于主干道车辆较多而支干道车辆较少,所以主干道处于常允许通行的状态,而支干道有车来才允许通行。当主干道允许通行亮绿灯时,支干道亮红灯;而支干道允许通行绿灯亮时,主干道红灯亮。

(3)当主、次干道均有车时,两者交替允许通行,主干道每次放行45s,支干道每次放行25s。设置25s和45s的计时显示电路。

(4)在每次由绿灯变为红灯的转换过程中,要亮5s的黄灯作为过渡,以便行驶中的车辆有时间停到禁止线以外。设置5s计时显示电路。

2. 原理框图

交通信号灯控制器原理框图如图3-69所示。

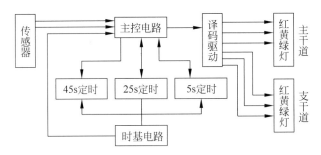

图3-69　交通信号灯控制器原理框图

3. 总体方案设计

(1)在主干道和支干道的入口处设立传感器检测电路以检测车辆进出情况,并及时向主控电路提供信号,调试时可用数字开关代替。

(2)系统中要求有45s、25s和5s等3种定时信号,需要设计3种相应的计时显示电路。计时方法可以用顺计时,也可以用倒计时。定时的起始信号由主控电路给出,定时时间结束的信号也输入到主控电路,并通过主控电路去启、闭三色交通灯或启动另一种计时电路。

(3)主控制电路自然是课题的核心,它的输入信号一方面来自车辆检测信号;另一方面来自45s、25s和5s这3个定时信号。主控电路的输出,一方面经译码后分别控制主干道和支干道的3个信号灯;另一方面控制定时电路的启动。主控电路属于时序逻辑电路,应该按照时序逻辑电路的设计方法进行设计。也可以采用存储器电路实现,即将传感信号和定时信号经过编码所得的代码作为存储器的地址信号,由存储器数据信号去控制交通灯。当然,如果采用微处理器就会显得十分简单。

3.7.7　可编程彩灯控制器

1. 任务与要求

用彩灯(LED发光二极管)构成一个发光矩阵,也可以连接成其他各种形状图案或字符。本题要求能产生 4 种以上的图案或字符。

（1）使用 LED 发光二极管设计安装一块 8×8 或 16×16 的发光矩阵板及其驱动功放电路。

（2）用 RAM 或 EPROM 存储器存放待显示的图案或字符信号。

（3）设计循环显示字符或图案的控制电路，控制字符或图案按要求显示。

2．原理框图

可编程彩灯控制器原理框图如图 3-70 所示。

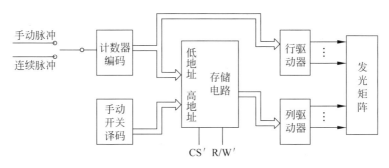

图 3-70　可编程彩灯控制器原理框图

3．总体方案设计

（1）由发光二极管矩阵组成的彩灯显示屏，当行、列信号有效时，其交叉点的发光器件被点亮，多个被点亮的发光器件即可形成一定的图案或字符。如果被点亮的发光器件按某种方式流动，如自上而下或自左而右就形成某种流水方式的图案。

（2）待显示的字符图案、流水方式图案的信号需要编成代码写入存储器电路中。显示时这些信号以一定方式读出，经功率放大后推动若干发光二极管显示出字符或图案。

（3）字符编码。

表 3-7 所示为一个 8×8 发光矩阵显示"中"字的编码，占用 8 个 8 位存储单元。如果地址信号以一定的频率进行循环，即以扫描方式将 8 个单元的内容读出来送到显示电路，则稳定地显示一个"中"字。存储器数据的写入可通过开关设定地址和数据码，控制芯片的片选、读/写信号以实现写入，也可以利用编程器写入。

表 3-7　"中"字在存储器 RAM 6264 中的存储代码

高 位 地 址	低 位 地 址			数 据 代 码							
$A_{12}A_{11}\cdots A_4A_3$	A_2	A_1	A_0	D_7	D_6	D_5	D_4	D_3	D_2	D_1	D_0
全 0	0	0	0	0	0	0	1	0	0	0	0
全 0	0	0	1	0	0	0	1	0	0	0	0
全 0	0	1	0	1	1	1	1	1	1	1	1
全 0	0	1	1	1	0	0	1	0	0	1	0
全 0	1	0	0	1	0	0	1	0	0	1	0
全 0	1	0	1	1	1	1	1	1	1	1	1
全 0	1	1	0	0	0	0	1	0	0	0	0
全 0	1	1	1	0	0	0	1	0	0	0	0

3.7.8 数字频率计

1. 任务与要求

数字频率计是用来测量正弦信号、矩形信号等波形工作频率的仪器,其测量结果直接用十进制数字显示。本题要求采用中、小规模集成电路设计一个具有下述功能的数字频率测量仪。

(1) 被测信号的频率为 1Hz~100kHz,分成两个频段,即 1~999Hz、1~100kHz,用 3 位数码管显示测量数据,并用发光二极管表示单位,如绿灯亮表示 Hz、红灯亮表示 kHz。

(2) 具有自校和测量功能,可用仪器内部的标准脉冲校准测量精度。

(3) 具有超量程报警功能,在超出目前量程挡的测量范围时,发出灯光和音响信号。

(4) 测量误差小于 5%。

2. 原理框图

数字频率计原理框图如图 3-71 所示。

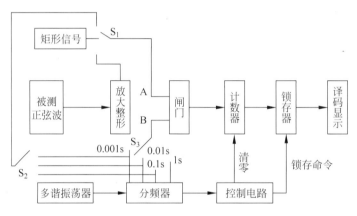

图 3-71   数字频率计原理框图

3. 总体方案设计

(1) 频率的概念是单位时间里的脉冲个数,如果用一个定时时间 T 控制一个闸门电路,在时间 T 内闸门打开,让被测信号通过而进入计数译码电路,即可得到被测信号的频率 f_x,即 $f_x = N/T$,若取定时时间 T 为 1s,则 $f_x = N$。

(2) 定时时间信号是准确测量的基础,这个信号可采用多谐振荡器产生,经多级十进制分频后,分别得到 1s、0.1s、0.01s、0.001s 等多种时基信号作为开启闸门的定时信号。

(3) 计数器的输出信号在送到显示器之前,还应送入数据锁存器。为使显示器数据清晰、稳定,仅当定时时间结束时,才将计数器的结果送入锁存器,并通过显示器显示出来。同时,将计数器清零、以备下次定时时间到达时再锁存取样信号。

3.7.9 信号峰值检测仪

1. 任务与要求

在科研、生产的许多领域都需要用到峰值检测设备,如检测建筑物中梁的最大承受力,检测一根钢丝绳的最大拉力等,这就需要有相应的检测设备。本题要求设计一台达到下述要求的峰值检测仪。

(1) 由传感器测得某建筑物的承受力信号。例如,信号范围为 0～5mV,每毫伏等效为 400kg 的承受力,实验时,可直接用 0～5mV 的信号源模拟传感信号。

(2) 测量结果用 4 位数字显示,显示为 0000～1999kg。

(3) 要求检测仪能稳定地保持输入信号峰值。

2. 原理框图

峰值检测系统方案框图如图 3-72 所示。

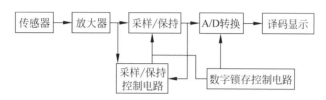

图 3-72　峰值检测系统方案框图

3. 总体方案设计

(1) 当输入信号的大小在某一范围内波动时,检测系统的关键是要保持住峰值信号,即当输入信号小于原峰值时,能够保持住原峰值不变,而当输入信号大于原峰值时,能锁存新的峰值代替原峰值。完成这种功能可以使用"采样/保持"电路及其相应的控制电路。传感器把被测信号转换成电压量,经放大器放大到满足模/数转换的幅值。采样保持电路在其控制电路的作用下筛选出输入信号的峰值并予以保持,这个峰值量经 A/D 转换变为数字量送入译码显示电路进行译码显示。数字锁存控制电路对峰值数字量进行锁存。

"采样/保持"电路可以是保持峰值的模拟量,也可以保持峰值的数字量。这里介绍一种保持模拟量信号的采样保持器 LF398,该芯片能实现对模拟量的稳定保持。电路如图 3-73 所示。

LF398 的第⑧脚为采样/保持器的控制脚,输入高电平时,芯片工作在采样状态;输入低电平时,芯片工作在保持状态。由于回路阻抗很大,所以保持功能很强。电路的保持功能是依靠 u_I 对 C_H 的充电实现的,因而,对 C_H 要求很高,一般选用有机薄膜介质电容,如聚苯乙烯或聚丙烯电容,它的绝缘电阻大、漏电小。可取 $C_H=0.1\mu F$。

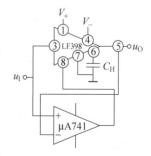

图 3-73　采样/保持电路

在图 3-73 中,$\mu A741$ 构成比较器电路,将被测信号 u_I 和保持信号 u_O 进行比较,若 $u_I > u_O$,比较器输出高电平,开启 LF398 进入采样工作状态,若 $u_I < u_O$,比较器输出低电平,使 LF398 保持原有信号值。

(2) 由于采用的 $3\frac{1}{2}$ 位数字表头所显示的数据为 0000～1999,而被测信号为 0～5mV,对应 0～2000kg。而 A/D 转换器 MC14433 的输入模拟量为 0～2V,因此需要设计放大倍数为 400 倍的小信号精密放大器。将 0～5mV 的信号放大为 0～2V。

(3) 为了保证将采样/保持电路存储的峰值信号锁存到数字表头的 $3\frac{1}{2}$ 位 A/D 电路，必须设置相应的数据锁存控制电路。

这里，有必要回顾一下 $3\frac{1}{2}$ A/D 转换芯片 MC14433 的 EOC 与 DU 两管脚的功能。管脚 EOC 的功能是输出转换周期结束信号，每个 A/D 转换周期结束时 EOC 输出一个正脉冲。DU 是决定 A/D 转换的结果是否送到输出锁存器，当 DU＝1 时，A/D 的结果送到输出锁存器，而 DU＝0 时，输出锁存器维持原来的数据。如果像往常一样，将 EOC 与 DU 直接相连，则每次 A/D 转换的结果都被输出。而峰值检测电路只要求输出峰值结果，所以，要求电路只有在转换峰值时，才能使 EOC 的信号送到 DU 端。数据锁存控制电路的任务就是保证 EOC 只有在峰值时才与 DU 连通。

3.7.10　数字温度计

1. 任务与要求

测温是生产和生活中的一项基本工作，在许多情况下都须测定当时的环境温度，使用的温度测量器具的种类也很多。本题要求设计安装一支数字温度计。

(1) 被测温度范围为 0～200℃。

(2) 用 $3\frac{1}{2}$ 位数字表头直接显示温度值，即能直接读出 0～199.9℃，也可采用 4 位数码管进行显示。

2. 原理框图

数字温度计方案框图如图 3-74 所示。

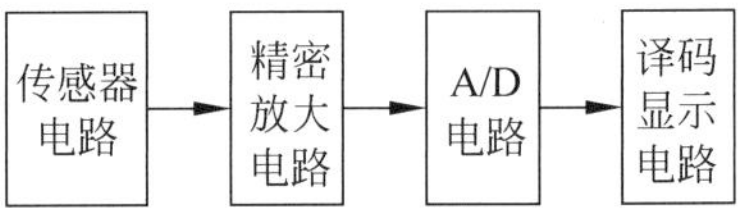

图 3-74　数字温度计方案框图

3. 总体方案设计

(1) 温度是一种典型的模拟信号，用数字电路来进行检测就需要将这一非电量先变换成电量(电压或电流)，然后将模拟电信号经 A/D 电路变换成数字信号，经译码显示而得到对应的数字。当然，现在已经有数字温度传感器(如 DS18B20)，输出为数字量，但数据是串行方式输出的，只有和单片机、DSP 或嵌入式系统等配合使用，才能比较方便；否则实现数据通信比较麻烦，且所需硬件较复杂。

实现温度值到电量的传感元件很多，如热电阻、热电偶、热敏电阻、温敏二极管及温敏三极管等。比如温敏晶体管在温度发生变化时，be 结的温度系数为 $-2\text{mV}/℃$，利用这个特性可以测出环境温度的变化。但由于在 0℃时温敏晶体管的 be 结存在一个电压 u_{BE}，因而需要设计一个调零电路，使温敏晶体管在 0℃时的输出为零，即使显示器的读数为零。当环境温度上升到 200℃时，温敏管 be 结的压降会增加为 -400mV，这时应使电路的输出显示读数为 200。一般只要调整好 0℃和满刻度，输出读数与温度就能对应。

(2) 实现 $3\frac{1}{2}$ 位数字输出的 A/D 电路 MC14433，如前所述，这种芯片的输入模拟量为 0～2V，因而要将来自传感器的 0～400mV 的低压信号进行放大。如果采用 CC7107 A/D

转换器组成数字电压表,则被测电压 u_{IN} 与参考电压 U_{REF} 之间满足

$$输出读数 = \frac{u_{IN}}{U_{REF}} \times 2000$$

利用 u_{IN} 和 U_{REF} 之间的比例关系,调节 U_{REF} 可以使满刻度时的输出数字和输入信号 u_{IN} 对应。

3.7.11　数字式电容测量仪

1. 任务与要求

数字测量仪表具有读数直观、测量精度高及抗干扰能力强等优点。数字式电容测量仪用于测量电容的容量。

(1) 要求能测试的电容容量为 $100pF \sim 100\mu F$。

(2) 至少设计制作两个以上的测量量程。

(3) 用 3 位数码管显示测量结果。

2. 原理框图

数字式电容测量仪原理框图如图 3-75 所示。

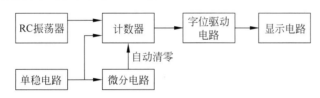

图 3-75　数字式电容测量仪原理框图

3. 总体方案设计

(1) 数字电路的基本特点是能够很方便地处理数字信号。要实现电容的测量,首先要解决将电容的大小转换成与之成正比的脉冲数目,或者转换成与之成正比的电压大小,然后将这一电压再变成对应的脉冲数。比较简单的办法是利用单稳态触发器,将被测电容 C_X 变换成的脉冲宽度 T_W,$T_W \approx 1.1RC_X$。用这一脉冲作门控信号,控制一个计数器对时基脉冲进行计数。这样即实现了电容大小到脉冲数目的变换,然后对计数值译码。

(2) 量程的分挡可以使测量更加准确。量程的设置方法有多种,如改变单稳电路中积分常数中的 R 值、改变时基脉冲的频率等。

3.7.12　数字电压表

1. 任务与要求

数字电压表是一种直接用数字显示的电压测量仪表。本题要求设计制作一个 $3\frac{1}{2}$ 位的数字电压表。$3\frac{1}{2}$ 位是能测量显示出十进制数 $0000 \sim 1999$,即个位、十位、百位的范围为 $0 \sim 9$。而千位为 0 和 1 两种状态,称为半位。具体要求如下。

（1）用 MC14433 为 A/D 转换器设计制作一个数字电压表，用 $3\frac{1}{2}$ 位表头或 4 位七段数码管显示测量结果。

（2）测量为 0～1.999V、0～19.99V、0～199.9V。转换误差允许最低位有 ±1 个数字的跳动。

（3）用 1.99V 和 199mV 的模拟电压作输入，校准电压表的读数。

（4）测试线性误差，用标准数字电压表监视输入信号在 0～1.999V 内连续变化，读出相应的显示数据，其最大偏差为线性误差。

2．原理框图

数字电压表原理框图如图 3-76 所示。

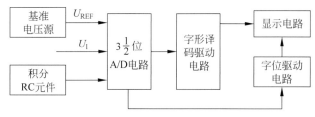

图 3-76　数字电压表原理框图

3．总体方案设计

（1）应用 $3\frac{1}{2}$ A/D 变换器 MC14433（或 5G14433）设计数字仪表十分方便，因为这种 A/D 电路将输入模拟信号转换成 $3\frac{1}{2}$ 位 BCD 代码，并且分别给出转换后的数据代码和字位信号，只要配上相应的译码显示电路即可完成被测数据的显示。

（2）MC14433 A/D 电路的 $3\frac{1}{2}$ 位被测数字信号都从 $Q_3\sim Q_0$ 输出，数据为 BCD 码，而输出的数据究竟属于哪一位则由 $DS_4\sim DS_1$ 输出，因而适合于动态扫描显示，即以 $Q_3\sim Q_0$ 作字形代码，以 $DS_4\sim DS_1$ 作字位代码。当然，$Q_3\sim Q_0$ 还必须经七段译码才能推动七段显示器工作，具体器件型号应和所选显示器配套。MC14433 的电路框图和引脚功能如图 3-77 所示。

MC14433 在每次 A/D 转换结束时，在芯片的 EOC 端输出一个正脉冲，并在 $DS_4\sim DS_1$ 端输出字位信号。首先在 DS_1 端输出字位正脉冲，而此时数据端 $Q_3\sim Q_0$ 输出最高位（半位）数据，使最高位的 0 或 1 在数字表的最高位显示。同时输出过量程、欠量程和极性标志信号。即 Q_3 为 0 时最高位显示 1，Q_3 为 1 时最高位显示 0；Q_2 表示被测电压的极性，Q_2 为 1 表示被测电压为正，反之为负。过量程标志由 OR′端输出，OR′为低电平表示被测电压 U_I 超出目前量程范围，即 $|U_I|>U_{REF}$，而 OR′为 1 时，$|U_I|<U_{REF}$。

在 DS_1 输出字位正脉冲后，依次使 DS_2、DS_3 和 DS_4 输出正脉冲，而 $Q_3\sim Q_0$ 输出相应位的 BCD 码数据。

MC14433 内部具有时钟振荡电路，改变外接 R_2 的大小可改变时钟频率，如 R_2 取 360kΩ，$f=100$kHz；R_2 取 470kΩ 时，$f=65$kHz；R_2 取 750kΩ 时，$f=50$kHz。每个 A/D 转换周期需 16×10^3 个时钟脉冲。时钟频率为 66kHz 时，每秒钟做 4 次 A/D 变换。

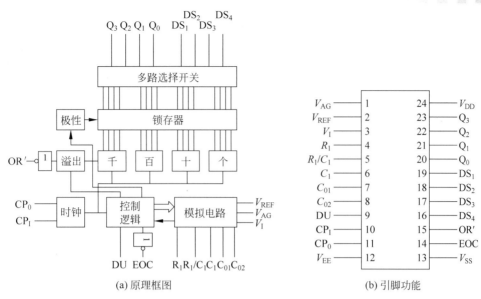

图 3-77 MC14433 原理框图及引脚功能

（3）A/D 芯片的基准电源为 2.5V，可采用稳压管获得，也可以采用 MC1403 低漂移能隙基准电源提供。MC1403 芯片的输入在 4.5～15V 内变化时，输出仅变化 3mV 以内，其输出电压在 2.475～2.525V 范围内变化。

（4）电路积分元件的选取依应用条件而定（参看图 3-77），量程为 2V 时，R_i 取 470kΩ；量程为 200mV 时，R_i 取 27kΩ。当时钟频率为 66kHz 时，一般取 C_1 为 0.1μF。也可按下式进行计算，即

$$R_1 = \frac{T}{\Delta U_C} \frac{U_{I(max)}}{C_1}$$

式中，$\Delta U_C = U_{DD} - U_{I(max)} - 0.5V$，$T = 4000/f_{CLK}$。

例如，C_1 为 0.1μF，U_{DD} 为 5V，f_{CLK} 为 66kHz，$U_I(max)$ 为 2V 时，算得 R_1 为 480kΩ。取 R_1 为标准值 470kΩ，C_0 为 0.1μF。

（5）调试时 U_{DD} 加 +5V，U_{EE} 加 −5V，先检查自启动调零功能，即输入电压 U_1 和 U_{AG} 短接时，LED 管全显示 0。校表时可将已知大小的稳压电源输入，当输入为 1.999V 或 1.999mV 时，调准基准电压 U_{REF}，使输出显示为 1.999V 或 1.999mV，并将基准电压固定。

3.7.13 出租车计费器

1. 设计任务和要求

（1）能实现计费功能，计费标准如下。

按行驶里程收费，起步费为 7.00 元，并在车行 3km 后再按 2.2 元/km，当计费器计费达到或超过一定收费（如 20 元）时，每公里加收 50% 的车费，车停止不计费。

（2）实现预置功能：能预置起步费、每公里收费、车行加费里程。

（3）实现模拟功能：能模拟汽车启动、停止、暂停、车速等状态。

（4）设计动态扫描电路：将车费显示出来，有两位小数。

（5）用 VHDL 语言设计符合上述功能要求的出租车计费器，并用层次化设计方法设计该电路。

（6）各计数器的计数状态用功能仿真的方法验证，并通过有关波形确认电路设计是否正确。

2．原理框图

出租车计费器框图如图 3-78 所示。

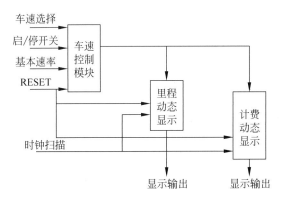

图 3-78　出租车计费器框图

3．总体方案设计

计费器结构框图如图 3-79 所示。

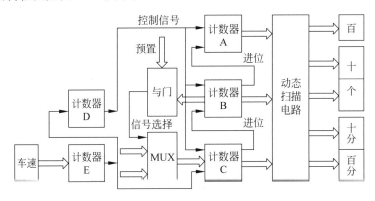

图 3-79　计费器结构框图

计费器按里程收费，每 100m 开始一次计费。各模块功能如下。

（1）计数器 A 为十进制计数器，显示车费的百位，计数时钟为进位脉冲。

（2）计数器 B 为带预置的模 100 十进制计数器，预置数为出租车起步价，计数时钟为进位脉冲信号。

（3）计数器 C 为可变步长的模 100 十进制计数器，带预置端，预置数为计数步长。计数器 C 主要用于累加，当车行达到 100m 时，计数器计数一次，计数步长为每 100m 的行车收费。

（4）计数器 D 为带预置模的十进制加法计数器，预置数为车行起步里程 3km，计数脉冲为计数器 E 的进位信号。这样当计数器 D 计数达到 30 后，进位输出将为一个高电平，控制计数器 A、B、C 开始计数，这样就能实现超过 3km 后计费器再按每公里加收车费。

（5）计数器 E 为带预置功能的可变步长的模 100 计数器，预置端为车速（每秒），如果预置端接入车速表，就可以实现计费了，这里用于模拟行车速度。

（6）与门为两个 8 输入的 8 与门，一端用于预置；另一端输入当前计费器收费情况。当计费器计费达到或超过一定收费（如 20 元)时，每公里加收 50％的车费，此时该与门输出一个片选信号送 MUX。

（7）MUX 为 16 选 8 的 2 选 1 MUX，两个选择输入端分别为每 100m 收费和 150％的每 100m 收费，片选信号由与门控制。

（8）动态扫描电路将计数器 A、B、C 的计费状态用数码管显示出来，所连接的数码管共用一个数据端，由片选信号依次选择输出，轮流显示。图 3-80 所示是一动态扫描电路框图。

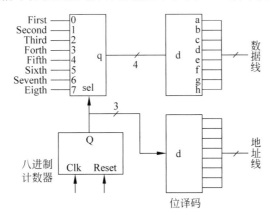

图 3-80　动态显示电路的描述框图

3.7.14　电梯控制器的设计

1. 设计任务和要求

电梯控制系统是按要求控制电梯自动上下的装置，具体要求如下。

（1）四层楼的每层电梯入口处设有上下请求开关，电梯内设有乘客到达层次的停站请求开关。

（2）设有电梯所处位置及电梯运行模式(上升或下降)指示装置。

（3）电梯到达有停站请求的楼层后，经过 1s 电梯门打开，开门指示灯亮，开门 4s 后，电梯门关闭(开门指示灯灭)，电梯继续运行，直到执行完最后一个请求信号后停在当前层。

（4）能记忆电梯内外的所有请求信号，并按电梯运行规则次序响应，每个信号保留至执行后消除。

（5）电梯每 2s 升(降)一层楼。

（6）电梯运行规则。当电梯处于上升模式时，只响应比电梯所在位置高的上楼请求信号，自下而上逐个执行，直至最后一个请求执行完毕，如更高层有下楼请求，则直接升到有下楼请求的最高楼层接客，然后便进入下降模式。当电梯处于下降模式时，则与上升模式相反。

（7）电梯初始状态为一层开门。

2. 原理框图

电梯控制器系统组成框图如图 3-81 所示。

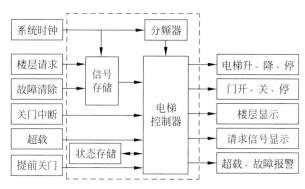

图 3-81　电梯控制器系统组成框图

3. 总体设计方案

该控制器可控制电梯完成 4 层楼的载客服务而且遵循方向优先原则,并能响应提前关门、延时关门,并具有超载报警和故障报警功能,同时指示电梯运行情况和电梯内外请求信息。

方向优先控制是指电梯运行到某一楼层时先考虑这一楼层是否有请求:有则停止;无则继续前进。停下后再启动的控制流程为:①考虑前方(上方或下方)是否有请求,有则继续前进,无则停止;②检测后方是否有请求,有请求则转向运行,无请求则维持停止状态。这种动作方式下,电梯对用户的请求响应率为 100%,且响应的时间较短。

电梯控制器的请求输入信号有 12 个:电梯外有 4 个上升请求和 4 个下降请求的用户输入端口,电梯内有 4 个请求用户输入端口,由于系统对内、外请求没有设置优先级,各楼层的内、外请求信号被采集后可先进行运算,再存到存储器中。

本系统的输出信号有两种:一种是电机的升降控制信号(两位)和开门/关门控制信号;另一种是面向用户的提示信号(含楼层显示、方向显示、已接受请求显示等)。

电机的控制信号一般需要两位,本系统中电机有 3 种工作状态,即正转、反转和停止状态。两位控制信号作为一个 3 路开关的选通信号。系统的显示输出包括数码管楼层显示、数码管请求信号显示和表征运动方向的箭头指示灯的开关信号。

电梯控制器模块是系统的核心,通过对存储的数据进行比较、判断以驱动系统状态的转换。电梯工作过程中共有 9 种状态,即等待、上升、下降、开门、关门、停止、休眠、超载报警和故障报警。一般情况下,电梯工作起点是第一层,起始状态是等待状态,启动条件是收到上升请求信号。

超载状态时电梯关门动作取消,同时发出警报,直到警报被清除;故障时电梯不执行关门动作,同时发出警报,直到警报被清除。本系统由请求信号启动,运行中每检测到一个到达楼层信号,就将信号存储器的请求信号和楼层状态信号进行比较,再参考原方向信号决定是否停止、转向等动作。

3.7.15　数字秒表

1. 设计任务和要求

(1) 设计用于体育比赛用的数字秒表,要求如下。

① 计时精度应大于 $1/100\mathrm{s}$,计时器能显示 $1/100\mathrm{s}$ 的时间,提供给计时器内部定时的时钟脉冲频率应大于 $100\mathrm{Hz}$,这里选用 $1\mathrm{kHz}$。

② 计时器的最长计时时间为 1h,为此需要一个 6 位的显示器,显示的最长时间为 59min 59.99s。

（2）设置有复位和启/停开关。

① 复位开关用来使计时器清零,并做好计时准备。

② 启/停开关的使用方法与传统的机械式计时器相同,即按一下启/停开关,启动计时器开始计时,再按一下启/停开关计时终止。

③ 复位开关可以在任何情况下使用,即使在计时过程中,只要按一下复位开关,计时进程立刻终止,并对计时器清零。

（3）复位和启/停开关应有内部消抖处理。

（4）采用 VHDL 语言用层次化设计方法设计符合上述功能要求的数字秒表。

（5）对电路进行功能仿真,通过有关波形确认电路设计是否正确。

（6）完成电路全部设计后,通过系统实验箱下载验证设计课题的正确性。

2. 原理框图

数字秒表框图如图 3-82 所示。

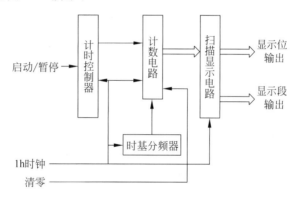

图 3-82 数字秒表框图

3. 总体设计方案

（1）计时控制器作用是控制计时。计时控制器的输入信号是启动、暂停和清零。为符合惯例,将启动和暂停功能设置在同一个按键上,按第一次是启动,按第二次是暂停,按第三次是继续。所以计时控制器共有两个开关输入信号,即启动/暂停和清零。计时控制器输出信号为计数允许/保持信号和清零信号。

（2）计时电路的作用是计时,其输入信号为 1kHz 时钟、计数允许/保持和清零信号,输出为 10ms、100ms、s 和 min 的计时数据。

（3）时基分频器是一个 10 分频器,产生 10ms 周期的脉冲,用于计时电路时钟信号。

（4）显示电路为动态扫描电路,用以显示十分位、min、10s、s、100ms 和 10ms 信号。

3.7.16 频率计

1. 设计任务及要求

（1）设计一个 3 位十进制频率计,其测量范围为 1MHz。量程分 10kHz、100kHz 和

1MHz 等 3 挡(最大读数分别为 9.99kHz、99.9kHz 和 999kHz),量程自动转换规则如下。

① 当读数大于 999 时,频率计处于超量程状态,此时显示器发出溢出指示(最高位显示 F,其余各位不显示数字),下一次测量时,量程自动增大一挡。

② 当读数小于 090 时,频率计处于欠量程状态。下一次测量时,量程自动增大一挡。

(2) 显示方式如下。

① 采用记忆显示方式,即计数过程中不显示数据,待计数过程结束后,显示计数结果,并将此显示结果保持到下一次计数结束。显示时间应不小于 1s。

② 小数点位置随量程变换自动移位。

(3) 送入信号应是符合 CMOS 电路要求的脉冲或正弦波。

(4) 设计符合上述功能的频率计,并用层次化方法设计该电路。

(5) 控制器、计数器、锁存器的功能,用功能仿真方法验证,还可通过观察有关波形确认电路设计是否正确。

(6) 完成电路设计后在实验系统上下载,验证课题设计的正确性。

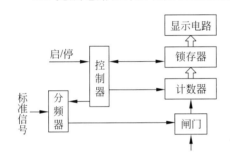

图 3-83　频率计测频原理框图

2. 原理框图

频率计测频原理框图如图 3-83 所示。

3. 总体设计方案

(1) 每次测量时,用由时基信号产生的闸门信号启动计数器,对输入脉冲信号计数,闸门信号结束即将计数结果送入锁存器,然后计数器清零,准备下一次计数。但下一次计数的开始,需待设定的显示时间结束。为与时基信号同步,在此时间结束后还有一段准备时间。

(2) 显示电路为 3 位动态扫描电路,可以参阅以前的动态扫描电路。注意这里只用 3 位。

(3) 计数器为模 999 十进制加法计数器,可由 3 个模 10 十进制计数器级联而成。

(4) 锁存器为一保持电路。

(5) 分频器由控制器控制,选择输出时基信号用于控制闸门。分频器可分频出 0.1s、0.01s 和 0.001s(对应于 10kHz、100kHz 和 1MHz 量程)的脉冲方波。

(6) 控制器由时序机组成能够完成对量程的选择调整。

3.7.17　汽车尾灯控制器

1. 设计任务和要求

设计一个汽车尾灯控制器,实现对汽车尾灯显示状态的控制。在汽车尾部左右两侧各有 3 个指示灯(假定采用发光二极管模拟),根据汽车运行情况,指示灯具有以下 4 种不同的显示模式。

(1) 汽车正向行驶时,左右两侧的指示灯全部处于熄灭状态。

(2) 汽车右转弯行驶时,右侧的 3 个指示灯按右循环顺序点亮。

(3) 汽车左转弯行驶时,左侧的 3 个指示灯按左循环顺序点亮。

（4）汽车临时刹车时，左右两侧的指示灯同时处于闪烁状态。

2．原理框图

汽车尾灯控制器原理框图如图 3-84 所示。

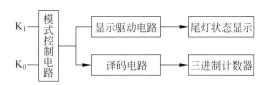

图 3-84　汽车尾灯控制器原理框图

3．总体设计方案

（1）为了区分汽车尾灯的 4 种不同显示模式，设置两个状态控制量。假定用开关 K_1 和 K_0 进行显示模式控制，可列出汽车尾灯显示状态与汽车运行状态的关系，如表 3-8 所示。

表 3-8　汽车尾灯显示状态与汽车运行状态的关系

控制变量 K_1　K_0	汽车运行状态	左侧 3 个指示灯 DL_1　DL_2　DL_3	右侧 3 个指示灯 DR_1　DR_2　DR_3
0　0	正向行驶	熄灭状态	熄灭状态
0　1	左转弯行驶	DL_1、DL_2、DL_3 顺序循环点亮	熄灭状态
1　0	右转弯行驶	熄灭状态	DR_1、DR_2、DR_3 顺序循环点亮
1　1	临时刹车	左右两侧的指示灯在时钟脉冲 CP 作用下同时闪烁	

（2）在汽车左、右转弯行驶时，由于 3 个指示灯被循环按顺序点亮，所以可用一个三进制计数器的状态控制译码器电路顺序输出高电平，按要求顺序点亮 3 个指示灯。设三进制计数器的状态用 Q_1、Q_0 表示，可得出描述指示灯 DL_1、DL_2、DL_3、DR_1、DR_2、DR_3 与开关控制变量 K_1、K_0，计数器的状态 Q_1、Q_0 以及时钟脉冲 CP 之间的真值表如表 3-9 所示。

表 3-9　汽车尾灯控制器功能真值表

控制变量 K_1　K_0	计数器状态 Q_1　Q_0	左侧 3 个指示灯 DL_1　DL_2　DL_3	右侧 3 个指示灯 DR_1　DR_2　DR_3
0　0	d　d	0　0　0	0　0　0
1　0	0　0	0　0　1	0　0　0
1　0	0　1	0　1　0	0　0　0
1　0	1　0	1　0　0	0　0　0
0　1	0　0	0　0　0	1　0　0
0　1	0　1	0　0　0	0　1　0
0　1	1　0	0　0　0	0　0　1
1　1	d　d	CP　CP　CP	CP　CP　CP

3.7.18　数码锁

1．设计任务和要求

（1）采用 3 位十进制密码，密码用 DIP 开关确定，必要时可以更换。

（2）系统通电后必须关上门并按动 SETUP 键后方投入运行，运行时标志开门的灯或警报灯（警铃）皆不工作，系统处于安锁状态。

（3）开锁过程如下。

① 按 START 键启动开锁程序，此时系统内部应处于初始状态。

② 依次输入 3 个十进制码。

③ 按 OPEN 键准备开门。

若按上述程序执行且拨号正确，则开门继电器工作，绿灯 LO 亮。若按错密码或未按上述程序执行，则按动开门键 OPEN 后警报装置鸣叫（单频），红灯 LA 亮。

④ 开锁处理事务完毕后，应将门关上，按 SETUP 键，使系统重新进入安锁状态（若在报警，按 SETUP 键或 START 键应不起作用，应另按内部 I_SETUP 键才能使系统进入安锁状态）。

（4）使用者如输错号码，可在按 OPEN 键前按 START 键重新启动开锁程序。

（5）号码 0～9、START、OPEN 均用按键产生，并均有消抖和同步化电路。

（6）设计符合上述功能的密码锁，并用层次化方法设计该电路。

（7）数字锁控制器的功能，用功能仿真方法验证，还可通过观察有关波形确认电路设计是否正确。

（8）完成电路设计后在实验系统上下载，验证课题设计的正确性。

2．原理框图

数字密码锁框图如图 3-85 所示。

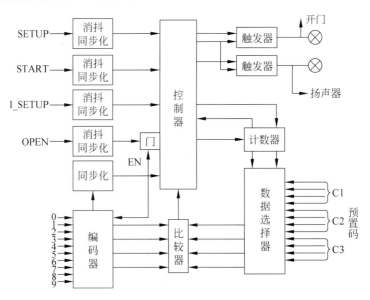

图 3-85　数字密码锁框图

3．总体设计思路

（1）码是串行输入的，每次分别与一个预置码比较，而这 3 个十进制预置码分别由 12 个输入端送入，所以应用一个数据选择电路来选择，显然该数据选择电路应由 4 个 3 选 1

MUX 构成,而 MUX 的地址码用一个计数器控制。控制器向计数器提供复位信号和时钟信号。计数器为模 4 计数器,每输入一个码,控制器向计数器提供一个时钟脉冲,使计数器状态加 1,当计数器计至 3 时,说明已送入 3 个数据,此时计数器应向控制器发出反馈信号,告诉控制器应进入待启状态还是预警状态。START、SETUP、I_SETUP、OPEN 信号经过消抖同步化后送入控制器。

(2) 消抖同步化电路是用于消除输入按键的颤抖。

(3) 编码比较电路是将输入的 0～9 键变换成十进制码输出,可用 10 线至 4 线 BCD 码编码器。

(4) 数据选择电路是通过计数器选择密码数据送比较器比较。

(5) 比较器将数据选择器的数据与输入密码数据比较送控制器。

3.7.19　乒乓球游戏机

1. 设计任务和要求

(1) 进行正常的计局、计分功能。

① 分别显示两方的得分情况。

② 显示两方的计局记录。

(2) 实现对球台、球的模拟功能。

① 以发光二极管代替乒乓球,乒乓球由 14 只发光二极管组成。

② 比赛开始时,由裁判按动发球开关决定其中一方开始发球,光点应出现在先发球者的球拍位置上。

(3) 实现自动判球计分。

① 只要一方失球,对方计分器自动加 1 分,当一方计到 15 分时一局结束,双方计分器同时清零。

② 每个球结束后,自动确定下一个发球者,每方连发 5 球后自动换发球。

(4) 进行得胜显示。

(5) 三局两胜(或五局三胜),得胜方显示。

(6) 接发球按键应进行消抖处理,方法见实验多功能数字钟。

(7) 得分标准如下。

当球到达一方的球拍位置,如该方未按接发球按键,则对方得分,先按接发球按键击球无效,但不失分。

(8) 设计符合上述功能的乒乓球游戏机,并用层次化方法设计该电路。

(9) 控制器、计数器、移位寄存器的功能,用功能仿真方法验证,还可通过观察有关波形确认电路设计是否正确。

(10) 完成电路设计后在实验系统上下载,验证课题的正确性。

2. 原理框图

乒乓球游戏机框图如图 3-86 所示。

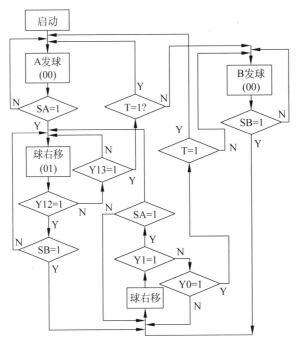

图 3-86　乒乓球游戏机框图

3. 总体设计方案

（1）在图 3-86 中，由计局计分器、移位寄存器、控制器组成了乒乓球游戏机的基本电路。其中 A、B 方计分显示器以及计局显示器可由 6 个数码管显示。

（2）计局器为模 3（或模 5）计数器，显示 A、B 方的得胜局数。计分器为模 15 计数器，记录每方的得分情况，一方计分器满 15 分，可送一个信号给计局器，并让双方计分器同时清零。

（3）控制器模块电路主要由时序机构成，能够完成对移位寄存器、计局计分器的控制，系统流程图如图 3-86 所示。

（4）CLK1 口提供的时钟信号经分频器后，得到的信号用作移位寄存器的时钟信号和控制器的时钟信号。

（5）CLK2 口提供 64Hz 的时钟信号，专门用于按键开关的消抖动。

（6）速度选择器用于对击球速度的选择，另外通过外部设置也可以改变击球速度。

（7）Sa、Sb、S、Sd、SV 模块是一个能够完成消抖动的 D 触发器，时钟信号直接由 CLK2 口接入。

3.7.20　自动售饮料控制器的设计

1. 设计任务和要求

采用 EDA 自上而下的层次化设计方法，基于 VHDL 设计一个自动售饮料控制器系统。具体要求如下。

（1）该系统能完成货物信息存储、进程控制、硬币处理、余额计算和显示等功能。

（2）该系统可以销售 3 种货物,每种的数量和单价在初始化时输入,并可以在存储器中保存,用户用硬币进行购物,用按键进行选择。

（3）系统根据用户的货币,判断钱币是否够,钱币足够则根据顾客的要求自动售货,钱币不够则给出提示,增加钱币或进行退币操作。

（4）系统自动计算出应找钱币余额、库存数量并提示。

2. 总体框图

系统按功能分,可分为分频模块、控制模块、译码模块和显示模块。系统组成框图如图 3-87 所示。在软件下设计,将整个电路划分成若干子模块分别描述,设计成若干个相对独立的程序,分别编译仿真。

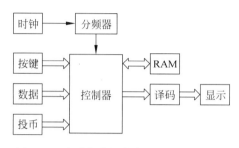

图 3-87　自动售饮料控制器系统组成框图

3. 总体设计思路

（1）该机销售 3 种罐装饮料,即纯净水、可乐和营养快线(以 00、01、10 表示这 3 种饮料),售价分别为 2 元、3 元、4 元,设数量无限。购买时通过 3 个按键 select_0、select_1、select_2 选择。

（2）该饮料机设有两个投币孔,分别接收 5 角和 1 元两种硬币,顾客可分别投入一种或两种面额的值多枚,但投入的总币值不可超过 9 元。

（3）该饮料机设有一个输出口,每次只能出一罐饮料,设有提示灯。当出货时,对应提示灯会以 1Hz 的频率闪烁。

（4）为明确具体的投币或退币金额,本机采用一个数码管来显示已投入的金额或退还的金额,并有 3 个指示灯(led_total、led_rest、led_change)显示当前数码管的显示状态。led_total 亮表示当前显示已投入的总金额,led_rest 亮表示当前显示选择饮料之后的剩余金额,led_change 亮表示当前显示找零或退币过程。3 个指示灯在同一时间只能有一只灯亮。

（5）本机设有 set 键和 sel 键,首先由售货员把自动售货机里的每种商品的数量和单价通过 set 键置入到 RAM 中,然后顾客通过 sel 键对所需要购买的商品进行选择,选定后通过 get 键进行购买,再按 finish 键取回找币,同时结束此次交易。

（6）本机以 1024Hz 的时钟信号控制,时钟的输入端由外加的时钟发生器提供,上升沿有效。按 get 键时,如果投的钱数等于或大于所购买的商品单价,则自动售货机会给出所购买的商品;如果投的钱数不够,自动售货机不做响应,继续等待顾客的下次操作。顾客的下次操作可以继续投币,直到钱数到达所要的商品单价进行购买,也可以直接按 finish 键退币。

（7）本机设有复位键,高电平有效。

第4章

单片机应用系统设计

4.1 单片机基础知识

电子计算机的发展经历了从电子管、晶体管、集成电路到大（超大）规模集成电路的 4 个阶段，即通常所说的第一代、第二代、第三代和第四代计算机。现在广泛使用的微型计算机是大规模集成电路技术发展的产物，因此它属于第四代计算机，单片机是微型计算机的一个分支。从 1971 年微型计算机问世以来，由于实际应用的需要，微型计算机向着两个不同的方向发展，一个是向高速度、大容量、高性能的高档微机方向发展，另一个则是向稳定可靠、体积小和价格廉的单片机方向发展。但两者在原理和技术上是紧密联系的。

4.1.1 单片机的特点及发展概况

在了解单片机的特点之前首先需要了解什么是单片机？单片机因将其主要组成部分集成在一个芯片上而得名，具体地说，就是把中央处理器、随机存储器、只读存储器、中断系统、定时器/计数器以及 I/O 接口电路等主要微型计算机部件集成在一个芯片上。虽然单片机只是一个芯片，但从组成和功能上看，它已具有了计算机系统的属性。为此，称它为单片微型计算机，简称单片机。

单片机主要应用于控制领域，用以实现各种测试和控制功能，为了强调其控制属性，也可以把单片机称为微控制器 MCU。在国际上"微控制器"的叫法似乎更通用一些，而在我国则比较习惯于"单片机"这一名称。

单片机在应用时，通常是处于控制系统的核心地位并融入其中，即以嵌入的方式进行使用，为了强调其"嵌入"的特点，也常常将单片机称为嵌入式微控制器 EMCU。在单片机的应用电路和指令方面，有许多嵌入式应用的特点。

4.1.2 通用单片机和专用单片机

根据控制应用的需要，可以将单片机分成为通用型和专用型两种类型。通用型单片机是一种基本芯片，它的内部资源比较丰富，性能全面且适用性强，能覆盖多种应用需求。用户可以根据需要设计成各种不同应用的控制系统，即通用单片机有一个再设计的过程，通过用户的进一步设计，才能组建成一个以通用单片机芯片为核心再配以其他外围电路的应用控制系统。本章所介绍的都是通用型单片机的内容。

在单片机的控制应用中,很多情况下是专门针对某一个特定产品设计的,如电度表和IC卡读写器上的单片机等。这种应用的最大特点是针对性强且数量大,为此一些厂家常与芯片制造商合作,设计和生产专用的单片机芯片。由于专用单片机芯片是针对一种产品或一种控制应用而专门设计的,设计时已经对系统结构的最简化、软硬件资源利用的最优化、可靠性和成本的最佳化等方面都作了通盘考虑和论证,所以专用单片机具有十分明显的综合优势。

今后,随着单片机应用的广泛和深入,各种专用单片机芯片将会越来越多,并且必将成为今后单片机发展的重要方向。但是,无论专用单片机在应用上有多么"专",然而其原理和结构却是建立在通用单片机的基础之上。

单片机通常是指芯片本身,它是由芯片制造商生产的,在它上面集成的是这些作为基本组成部分的运算器、控制器、存储器、中断系统、定时器/计数器以及输入输出等电路。但一个单片机芯片并不能把计算机的全部电路都集成到其中,如组成谐振电路和复位电路的石英晶体、电阻、电容等,这些元件在单片机系统中只能以散件的形式出现。此外,在实际的控制应用中,常常需要扩展外围电路和外围芯片。从中可以看到单片机和单片机系统的差别,即单片机只是一个芯片,而单片机系统则是在单片机芯片的基础上扩展其他电路或芯片构成具有一定应用功能的计算机系统。

通常所说的单片机系统都是为实现某一控制应用需要由用户设计的,是一个围绕单片机芯片而组建的计算机应用系统。在单片机系统中,单片机处于核心地位,是构成单片机系统的硬件和软件基础。

在单片机应用系统设计上,既要学习单片机也要学习单片机系统,即单片机芯片内部的组成和原理,以及单片机系统的组成方法。

4.1.3　单片机应用系统与单片机开发系统

单片机应用系统是为控制应用而设计的,该系统与控制对象结合在一起使用,是单片机开发应用的成果。但由于软硬件资源所限,单片机系统本身不能实现自我开发,要进行系统开发设计,必须使用专门的单片机开发系统。

单片机开发系统是单片机系统开发调试的工具。在早期,人们曾把逻辑分析仪作为单片机应用系统的开发工具来使用,但由于功能有限,只能用于简单的单片机系统,对于复杂的单片机应用系统,可使用微型计算机来进行应用开发,人们把能开发单片机的微型计算机称为微型机开发系统。此外,还有专门的单片机开发系统,称为在线仿真器ICE(In Circuit Emulator),通过它可以进行单片机应用系统的软、硬件开发。其实仿真器本身也是一个单片机系统,仿真器要比一般的单片机应用系统复杂,尽管如此,其规模和功能与微型计算机还无法相比。在仿真器中没有像微型机那样复杂的操作系统,而只是使用称为监控程序的简单管理程序。另外,绝大多数仿真器中也没有编译程序,用户的汇编语言应用程序要拿到其他微型计算机上通过交叉汇编,才能得到供仿真单片机使用的二进制目标码程序。

4.1.4 单片机的特点

单片机自 1976 年问世以来,由于性能的优越,其发展速度也越来越快。而且广泛地应用到各个领域,这是因为单片机具有以下特点。

(1) 抗干扰能力强,工作温度范围宽。由于单片机是一块芯片上集成了微机系统的多种功能部件,之间采用总线连接,这样就大大提高了单片机的抗干扰能力。此外,由于体积小,易于采取屏蔽措施,特别适合于复杂、恶劣的工作环境。目前,单片机适用的环境温度划分为 3 个等级,即民用级 0~70℃、工业级-40~85℃、军用级-65~125℃。相对而言,通用微机一般要求在室温下工作,抗干扰能力也比较低。

(2) 可靠性高。在工业控制中,任何细微的差错都可能造成极其严重的后果。因此,单片机系统一般都具有较高可靠性。

(3) 控制能力强,数值计算能力相对较差。由于单片机主要用于控制领域,因此它具有较强的控制功能。相比之下,通用微机控制能力较弱,但它具有很强的数值计算能力,如果使用通用微机进行工业控制,就必须增加一块专用的接口电路。

(4) 指令系统简单。指令系统比通用微机的指令系统简单,并具有许多面向控制的指令,如单片机具有较为丰富的位操作指令等。

(5) 性价比高。单片机的设计和制作技术使其价格明显降低。而其功能却是全面和完善的。继 1976 年微处理器研制成功不久,就出现了单片的微型计算机即单片机,但最早出现的单片机是一位的。1976 年 Intel 公司推出了 8 位的 MCS-48 系列单片机,它以体积小、控制功能全、价格低等特点,赢得了广泛的应用和好评,为单片机的发展奠定了坚实的基础,成为单片机发展史上一个重要阶段。其后,在 MCS-48 成功的刺激下,许多半导体芯片生产厂商竞相研制和发展自己的单片机系列。到 20 世纪 80 年代末,世界各地已相继研制出大约 50 个系列 300 多个品种的单片机产品,其中包括 Motorola 公司的 6801、6802 以及 Zlog 公司的 Z80 系列等。此外,日本的 NEC 公司、日立公司等也不甘落后,相继推出了各自的单片机品种。尽管目前单片机的品种很多,但是在我国使用最多的是 Intel 公司的 MCS-51 单片机系列。MCS-51 是在 MCS-48 的基础上于 20 世纪 80 年代初发展起来的,虽然它仍然是 8 位的单片机,但其功能较 MCS-48 有很大的增强。此外,它还具有品种全、兼容性强、软硬件资源丰富等特点,因此应用愈加广泛,成为比 MCS-48 单片机更重要的品种。直到现在,MCS-51 仍不失为单片机的主流系列。

继 8 位单片机之后,又出现了 16 位单片机,1983 年 Intel 公司推出的 MCS-96 系列单片机就是其中的典型代表。与 MCS-51 相比,MCS-96 不但字长增加一倍,而且在其他性能方面也有很大提高,特别是芯片内还增加了一个 4 路或 8 路的 10 位 A/D 转换器,使其具有 A/D 转换的功能。纵观单片机 30 多年的发展历程,单片机今后将向多功能、高性能、高速度、低电压、低功耗、低价格、外围电路简单化以及片内存储器容量增加的方向发展。但其位数一定会继续增加,现在已经有了 32 位单片机,32 位单片机的应用也比较广泛,可以预言,今后的单片机将具有功能更强、集成度和可靠性更高而功耗更低以及使用更方便等待点。此外,专用化也是单片机的一个发展方向,针对单一用途的专用单片机将会越来越多。

4.1.5　单片机的发展阶段

单片微机的出现是计算机技术发展史上的一个重要里程碑,它使计算机从海量数值计算进入到智能化控制领域。计算机技术在通用计算机领域和嵌入式计算机领域都获得了极其快速的进展。

下面以 Intel 公司的 8 位单片机为例来了解单片机的发展。其发展阶段大致分为单片微机探索阶段、单片微机完善阶段、MCU 形成及完善阶段。

1. 单片微机探索阶段

单片微机探索阶段(1974—1978 年)的任务是探索计算机的单芯片集成。1975 年美国德克萨斯公司发表了 TMS-1000 型 4 位单片机,这是世界上第一台完全单片化的微机。1976 年 9 月 Intel 公司推出 MCS-48 系列单片机,这是第一台完整的 8 位单片机。在计算机单芯片集成体系结构的探索中有两种模式,即通用 CPU 模式和专用 CPU 模式。

通用 CPU 模式,采用通用 CPU 和通用外围单元电路的集成方式。这种模式以 Motorola 的 MC6801 为代表,它将通用 CPU、增强型的 6800 和 6875、6810、2x6830、1/26821、1/36840(定时器/计数器)、6850(串行 I/O 接口)集成在一片芯片上构成,使用 6800 CPU 的指令系统。

专用 CPU 模式采用专门为嵌入式系统要求设计的 CPU 和通用外围电路的集成方式。这种专用方式以 Intel 公司的 MCS-48 为代表,其 CPU、存储器、定时器/计数器、中断系统、I/O 接口、时钟以及指令系统都是按嵌入式系统要求专门设计的。

这一阶段的目的在于探索单片形态计算机的体系结构。事实证明,这两种方式都是可行的。专用 CPU 方式能充分满足嵌入式应用的要求,成为今后单片微机发展的主要体系结构模式;通用 CPU 方式则与通用 CPU 构成的通用计算机兼容,应用系统开发方便,成为后来嵌入式微处理器的发展模式。

2. 单片微机完善阶段

1980 年 Intel 公司推出 MCS-51 系列。MCS-51 是完全按照嵌入式应用而设计的单片微机,在以下几个重要技术方面完善了单片微机的体系结构。

(1) 面向对象、突出控制功能、满足嵌入式应用研究的专用 CPU 及 CPU 外围电路体系结构。

(2) 寻址范围规范为 16 位和 8 位的寻址空间。

(3) 规范的总线结构。有 8 位数据总线、16 位地址总线以及多功能的异步串行接口通用性异步收发器(移位寄存器方式、串行通信方式以及多机通信方式)。

(4) 特殊功能寄存器(SFR)的集中管理模式。

(5) 设置位地址空间,提供位寻址及位操作功能。

(6) 指令系统突出控制功能,有位操作指令、端口管理指令及大量的控制转移指令。

单片机的完善,特别是 MCS-51 系列对单片机体系结构的完善,奠定了它在单片机领域的地位,形成了事实上的单片微机标准结构。时至今日,许多半导体厂家以 MCS-51 中的 8051 为核,发展了许多新一代的 80C51 单片机系列,一直保有旺盛的生命力。

3. MCU 形成及完善阶段

作为面对测控对象,不仅要求有完善的计算机体系结构,还要有许多面对测控对象的接口电路,如 A/D 转换器、D/A 转换器、高速 I/O 接口、计数器的捕捉与比较,程序监视定时器(WDT),保证高速数据传输的直接存储器访问(DMA)等。这些为满足测控要求的外围电路,大多数已超出了一般计算机的主要需求,发展方向是满足测控对象要求的外围电路的增强。微控制器(MCU)一词源于这一阶段,至今微控制器是国际上对单片机的标准称呼。

这阶段的代表系列为 80C51 系列,是许多半导体厂家以 MCS-51 中 8051 为基核发展起来的。这阶段微控制技术发展的主要方向如下。

(1) 外围功能集成。满足模拟量输入的 ADC,满足伺服驱动的脉宽调制(PWM),满足高速 I/O 接口以及保证程序可靠运行的程序监视定时器(WDT)等。

(2) 出现了为满足串行外围扩展要求的串行扩展总线及接口,如 SPI、I^2C、BUS、Microwire、1-wire 等。

(3) 出现了为满足分布式系统、突出控制功能的现场总线接口,如 CAN、BUS 等。

(4) 单片微机 Flash ROM 的推广,为最终取消外部程序存储器扩展奠定了良好的基础。

当前的单片微机时代,其显著特点是百花齐放、技术创新,以满足日益增长的广泛需求。

4.1.6　单片微机技术发展特点

1. 精简指令集计算机 RISC 体系结构的大发展

早期单片微机大多是复杂指令集计算机,CISC(Complex Instruction Set Computer)结构体系的指令复杂,指令代码、周期数不统一,大大阻碍了运行速度的提高。传统的 CISC 的指令集随着单片机的发展而引入了各种各样的复杂指令,使得指令集和为此要实现这些指令的体系结构越来越复杂,已经不堪重负。经过大量的研究和分析,发现在 CISC 的指令集中,各种指令的使用频度相差悬殊。大概有 20% 的指令被反复使用,使用量约占整个程序的 80%;而有 80% 左右的指令则很少用,其使用量约占整个程序的 20%,这就是所谓的 20%~80% 定律。例如,MCS-51 系列单片机,时钟速度为 12MHz 时,单周期指令速度仅为 1MIPS(百万条指令/s)。

精简指令集单片机 RISC(Reduced Instruction Set Computer)结构的产生是相对于传统的结构而言的。尽管在 1979 年美国加州大学伯克利分校的帕特逊等人即提出这个名字,但不同的看法使得目前尚未有对 RISC 的严格定义。比较普遍的观点是,RISC 应该是一种计算机设计的基本原则,它的出现标志着计算机体系结构发展上的一个飞跃。由于 RSIC 是一种设计思想,它还在不断地发展和丰富。RSIC 特点如下。

(1) 指令规范、对称、简单、指令小于 100 条,基本寻址方式有两种或 3 种。

(2) 单周期指令,指令字长度一致,单拍完成,便于流水操作。

如果采用 RISC 体系结构,精简指令后绝大部分成为单周期指令,而且如果通过增加程序存储器的宽度(如从 8 位增加到 10 位、12 位、14 位等),可实现一个地址单元存放一条指令。在这样的体系结构中很容易实现并行流水线操作,其结果是大大提高了指令运行速度。目前在一些 RISC 结构的单片微机上已实现了一个时钟周期执行一条指令。与 MCS-51 相比,在相同的 12MHz 外部时钟下,单周期指令运行速度可达 12MIPS,可获得很高的指令运行速度。而从另一个方面看,在相同的运行速度下,则可大大降低时钟频率,有利于获得良好的电磁兼容效果。

2. 全盘 CMOS 化趋势

HCMOS 工艺出现后,HCMOS 器件得到了飞速的发展。从第三代单片机起开始淘汰非 CMOS 工艺。全盘 CMOS 化是指在 HCMOS 基础上的 CMOS 化。比如从 8031 发展为 80C31。单片微机 CMOS 化给单片机技术发展带来广阔天地。最显著的变革是本质低功耗和低功耗管理工作技术的飞速发展。

3. OTP ROM、Flash ROM 成为主流供应状态

早期程序存储器的供应状态主要是掩膜 ROM、EPROM 和 ROMLess(无片内程序存储器)3 种形式。掩膜 ROM 加工周期长,需专门厂家供应,掩膜费用高,掩膜后程序无法更改;ROM 型的芯片成本高;ROMLess 型的系统电路结构复杂。

近几年,大多数单片微机系列都可提供 OTP ROM 形式,其价格逐渐逼近掩膜 ROM。OTP ROM 可由用户进行一次编程,软件升级、修改十分方便,常应用于小批量试生产情况。而 Flash ROM 由于可多次编程,系统开发阶段使用十分方便,在小批量应用研究系统中广泛使用。

4. ISP 及基于 ISP 的开发环境

Flash ROM 的发展,推动了 ISP 技术的发展,在 ISP 技术基础上,首先实现了目标程序员的串行下载,促使模拟仿真开发方式的重新兴起;在单时钟、单指令运行的 RISC 结构单片微机中,可实现 PC 通过串行电缆对目标系统的仿真调试。基于上述仿真技术,今后有可能实现远程调试,以及对原有系统方便地更新软件、修改软件和对软件进行远程诊断。

5. 单片微机中的软件嵌入

目前单片机只提供了程序空间,没有任何驻机软件。目标系统中的所有软件都是系统开发人员开发的应用程序。随着单片微机程序空间的扩大,会有许多多余空间,在这些空间上可嵌入一些工具软件。单片机中嵌入软件的类型主要有以下几种。

(1)实时多任务操作系统 RTOS(Real Time Operating System),RTOS 支持下可实现按任务分配的规范化应用程序设计。

(2)平台软件,可将通用程序及函数库嵌入,以供应用程序调用。

(3)虚拟外设软件包,用于构成软件模拟外围电路的软件包,可用来设定虚拟外围功能电路。

(4)其他用于系统诊断的软件。

6. 推行串行扩展总线

随着单片机性能的发展,内部包含的功能部件越来越多,RAM 和 ROM 的容量也越来越大,随着 Flash ROM 的推广,在很多情况下已不再需要通过外部并行总线来扩展存储器或 I/O 接口芯片。由于单片机串行扩展接口设置的普遍化、高速化,外围串行器件不断推出。另外,采用串行接口可大大减少管脚数量,简化系统结构,使得单片机应用系统中的串行扩展技术有了很大的发展,而单片微机的并行接口技术日渐衰退。目前,许多原有带并行总线的单片微机系列,推出了删去并行总线的非总线单片微机。

4.2　单片机最小系统设计

4.2.1　C8051F021 单片机简介

目前市场上单片机型号非常多,本书以 C8051F021 单片机为例设计最小系统。C8051F021 是英飞凌公司推出的 51 系列的新型微控制器,包含 64KB Flash 和 4352B 的数据 RAM,支持在应用中编程(In Application Programming,IAP),具有 SPI 和增强型 UART,包含 PCA(可编程计数器阵列),具有 PWM 和捕获/比较功能。该芯片有一个最突出的特点,就是带片内 JTAG 调试和边界扫描功能。

片内调试电路提供全速、非侵入式的在系统调试(不需仿真器),支持断点、单步、观察点、堆栈监视器;可以观察/修改存储器和寄存器,比使用仿真芯片、目标仿真头和仿真插座的仿真系统有更好的性能,芯片可以在 Keil μVision2 编程环境下用直接调试程序。

C8051F021 是一款完全集成了单片复合信号系统的微控制器。C8051F021 具有 32 个数字 I/O 引脚。C8051F021 结合了高度精密的模拟数据转换器和一个高吞吐量 8051 CPU,是模拟和计算密集型应用的理想选择。

- 80C51 核心处理单元。
- 25 MIPS 8051 CPU。
- 64KB Flash 存储器。
- 4352B RAM 存储器。
- 12 位 SRA(ADC)。
- 8 位 ADC。
- 两个 12 位 DACs。
- 两个模拟比较器。
- 电压基准。
- 温度传感器。
- 5 个 16 位定时器。
- 5 通道 PCA。
- 32 个数字 I/O 口。
- TQFP64 的封装。

其功能框图如图 4-1 所示,C8051F021 单片机管脚排列如图 4-2 所示。

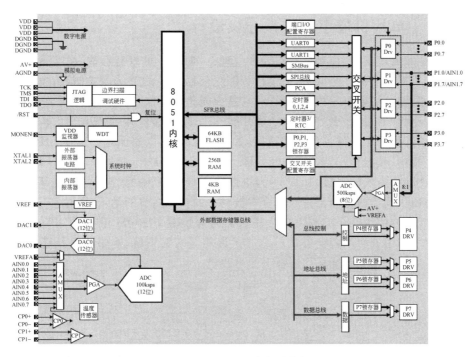

图 4-1　C8051F021 内部功能框图

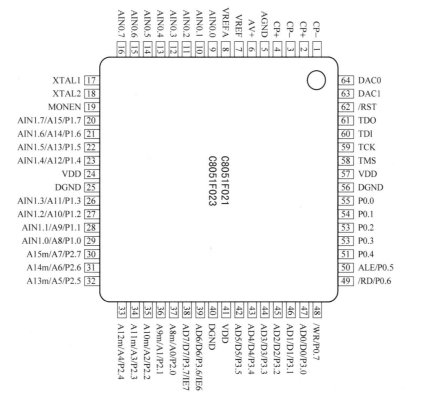

图 4-2　C8051F021 管脚配置

4.2.2　单片机最小系统核心板设计

在智能化仪器仪表中,控制核心均为微处理器,而单片机以高性能、高速度、体积小、价格低廉、稳定可靠而得到广泛应用,是设计智能化仪器仪表的首选微控制器,单片机结合简单的接口电路,即可构成单片机应用系统,它是智能化仪器仪表的基础,也是测控、监控的重要组成部分。为了使读者更好地学习单片机工作原理和应用系统设计,本书设计一个C8051F021单片机最小硬件系统原理框图,如图 4-3 所示,电路原理如图 4-4 所示。JP01~JP03 为 I/O 接口,晶振频率为 11.0592MHz 或 22.1184MHz,增加了 JTAG 仿真、下载接口,JP05 为模拟量输入输出接口,JP07 为电源输入接口,所有数字量端口和部分模拟量端口设置独立接口,其目的是为了方便配合本教材中的相关内容的学习,同时也为了读者自己制作和实践时更方便。C8051F021 单片机虽然内部集成了 ROM,但还是可以进行端口配置进行外部扩展,为方便读者能够进行总线扩展相关实践训练,本最小系统还增加 I/O 口的保护电路,以防止初学者烧坏核心板上的单片机。

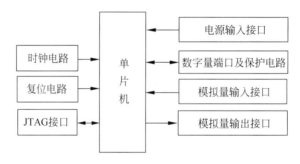

图 4-3　C8051F021 最小系统框图

1. 时钟电路

系统的时钟电路设计是采用内部方式,即利用芯片内部的振荡电路。MCS-51 单片机内部有一个用于构成振荡器的高增益反相放大器。引脚 XTAL1 和 XTAL2 分别是此放大器的输入端和输出端(图 4-5)。这个放大器与作为反馈元件的片外晶体谐振器一起构成一个自激振荡器。外接晶体谐振器以及电容 C_1 和 C_2 构成并联谐振电路,接在放大器的反馈回路中。对外接电容的值虽然没有严格的要求,但电容的大小会影响振荡器频率的高低、振荡器的稳定性、起振的快速性和温度的稳定性。为了保证波特率准确度,此系统电路的晶体振荡器的值为 11.0592MHz,电容应尽可能地选择陶瓷电容,电容值约为 30pF。在焊接印制电路板时,晶体振荡器和电容应尽可能安装得与单片机芯片靠近,以减少寄生电容,更好地保证振荡器稳定、可靠地工作。

2. 复位电路

复位是由外部的复位电路来实现的。只要在 RST 端输入宽为 10ms 左右的负脉冲,就可以使之可靠复位。片内复位电路是复位引脚 RST 通过一个施密特触发器与复位电路相连,施密特触发器用来抑制噪声,它的输出在每个机器周期的 S5P2,由复位电路采样一次。复位电路通常采用上电自动复位和按钮复位两种方式,电路如图 4-6 和图 4-7 所示。当时钟频率选用 11.0592MHz 时,C 取 $0.1\mu F$,R_s 约为 200Ω,R 约为 $6.8k\Omega$。

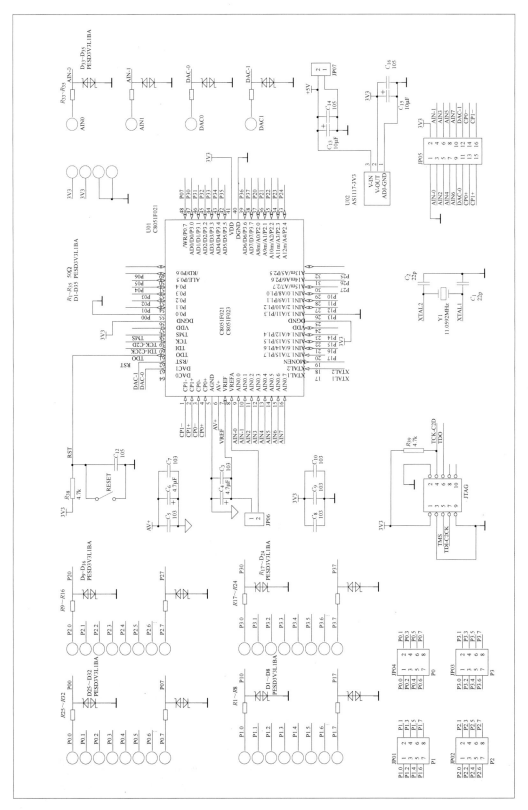

图 4-4 C8051F021 单片机最小系统

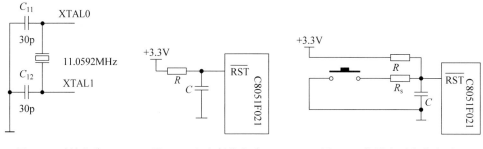

图 4-5　时钟电路　　　　图 4-6　上电复位电路　　　　图 4-7　按键电平复位电路

电压源是系统可靠性的一个重要因素,如果电压源不稳定,系统将有可能无法正常工作。电压源可能在 3 个阶段发生变化,即上电过程、系统运行中和下电过程,如图 4-8 所示,一般的 RC 复位电路无法对这 3 个过程进行监控。专用的复位监控芯片为单片机提供可靠的复位信号,还具备监控功能。下面将电源 3 个阶段变化过程对系统的影响作分析。

1) 上电过程

如图 4-8(a)所示,在一些特殊的环境中,上电时间有可能非常缓慢,如果电源还没有达到可靠电压,或者在电压源不稳定的时候运行代码,系统将可能出现跑飞或死机等异常现象。

2) 系统运行中

如图 4-8(b)所示,当系统运行时,如果供电电压出现抖动干扰,供电电压有可能低于MCU 的最低电压工作,程序将可能跑飞,系统有可能出现意想不到的情况。

3) 下电过程

如图 4-8(c)所示,在一些系统中,系统的下电过程会非常缓慢,当电源电压低于最低工作电压时,处理器可能仍然工作,在这种情况下程序可能跑飞。

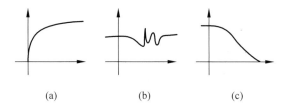

(a)　　　　　　　(b)　　　　　　　(c)

图 4-8　单片机电源 3 个变化的波形

因此在单片机应用系统中有必要对电源进行监控,目前市场上有多种专用的复位芯片,如 CAT810、CAT809、MAX831 等,CAT810 是 Catalyst 半导体公司推出的应用非常广泛的低电平复位器件,该芯片可以实现上电检测、上电延迟与掉电检测等基本功能。其内部结构框图如图 4-9 所示。当电源电压超过复位阈值电压后,复位器件将延迟一定的时间,在系统的电源电压稳定之后,复位器件将自动产生一个具有一定宽度的复位脉冲信号,单片机开始运行程序。当电源电压跌落至阈值电压时,复位器件将立即输出复位信号,使单片机停止工作,以保证系统的可靠性及稳定性,因 C8051F021 内部有看门狗电路,外部可以省去扩展。

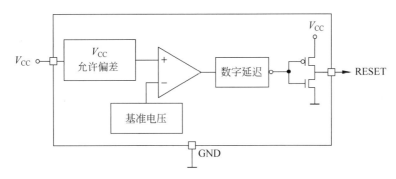

图 4-9　CAT810 内部结构框图

4.3　外部应用电路的设计

4.3.1　键盘接口电路设计

单片机应用系统的键盘接口是影响系统使用和操作性能的重要因素。键盘接口软件的任务主要包括以下几个方面。

① 检测并判断是否有键按下。

② 对按键开关进行消抖，常用软件消抖。

③ 计算并确定按键的键值。

④ 等按键释放。

⑤ 系统程序根据计算出的键值进行相应的动作处理和执行。

在实际系统中，单片机简单开关参数的输入是通过独立键盘实现的。如果键数较多、功能较复杂时，就需采用行列键盘的形式对单片机进行输入。

1）矩阵式键盘按键的识别

当非编码键盘的按键较多时，若采用独立式键盘占用 I/O 口线太多，此时可采用矩阵式键盘，键盘上的键按行列构成矩阵，在行列的交点上都对应有一个键。行列方式是用 m 条 I/O 线组成行输入口，用 n 条 I/O 线组成列输出口，在行列线的每一个交点处，设置一个按键，组成一个 $m \times n$ 的矩阵，如图 4-10 所示，矩阵键盘所需的连线数为行数＋列数，如 4×4 的 16 键矩阵键盘需要 8 条 I/O 口线与单片机相连，一般键盘的按键越多，这种键盘占 I/O 口线少的优点就越明显，因此，在单片机应用系统较为常见。

矩阵式键盘识别按键的方法有两种：一是行扫描法；二是线反转法。

（1）行扫描法。

行扫描法又称为远行扫描查询法，是一种最常用的按键识别方法，

先令列线 Y_0 为低电平(0)，其余 3 根列线 Y_1、Y_2、Y_3 都为高电平，读行线状态。如果 X_0、X_1、X_2、X_3 都为高

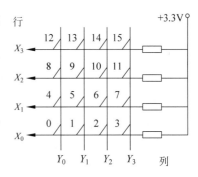

图 4-10　矩阵式键盘

电平,则 Y_0 这一列上没有键闭合,如果读出的行线状态不全为高电平,则为低电平的行线和 Y_0 相交的键处于闭合状态;如果 Y_0 这一列上没有键闭合,接着使列线 Y_1 为低电平,其余列线为高电平。用同样的方法检查 Y_1 这一列上有无键闭合,依次类推,最后使列线 Y_3 为低电平,其余列线为高电平,检查 Y_3 这一列有无键闭合。

为了防止双键或多键同时按下,往往从第 0 行一直扫描到最后一行,若只发现一个闭合键,则为有效键;否则全部作废。

找到闭合键后,读入相应的键值,再转至相应的键处理程序。

(2) 线反转法。

通常的线反转法是将行线和列线分别接到两个不同的并行口,通过设置各并行口的状态,改变行线和列线的输入输出工作方式,像这样过多地占用了系统的硬件资源,必须进行相应调整。如选用 4×4 行列式键盘,将总共 8 根行线与列线直接与单片机的通用输入输出口 P1 口相连。高 4 位用于行控制,低 4 位用于列控制,通过软件中的逻辑运算控制,使同一个并行口的不同引脚工作在不同的输入输出方式下,从而实现线反转法的键盘识别工作。

在一些较为复杂的单片机系统中,需要采用中断法完成键盘接口,这是由系统的特殊性决定的。在采用中断法进行键盘扫描时,往往需要外围的接口芯片,如 8279 等。

2) 关于键盘抖动问题的分析和解决

当用手按下一个键时,如图 4-11 所示,往往按键在闭合位置和断开位置之间跳几下才稳定到闭合状态的情况;在释放一个键时,也会出现类似的情况,这就是抖动。抖动的持续时间随键盘材料和操作员而异,不过通常总是不大于 10ms。很容易想到,抖动问题不解决就会引起对闭合键的识别。

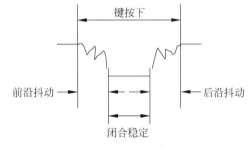

图 4-11　键抖动信号波形

用软件方法可以很容易地解决抖动问题,这就是通过延迟 10ms 来等待抖动消失,这之后,再读入键盘码。

3) 键编码及键值

(1) 用键盘连接的 I/O 线的二进制组合表示键码。例如,用 4 行、4 列线构成的 16 个键的键盘,可使用一个 8 位 I/O 口线的高、低 4 位口线的二进制数的组合表示 16 个键的编码,如图 4-10 所示。各键相应的键值为 88H、84H、82H、81H、48H、44H、42H、41H、28H、24H、22H、21H、18H、14H、12H、11H。这种键值编码软件较为简单、直观,但离散性大,不便安排散转程序的入口地址。

(2) 顺序排列键编码。这种方法,键值的形成要根据 I/O 线的状态做相应处理,键码可按下式形成,即

$$键码＝行首键码＋列号$$

4) 矩阵键盘实例

本例通过单片机的 P2 口扩展一个 4×4 的矩阵键盘,用 P3 口显示键值,其电路如图 4-12 所示。

假定图中列 2 行 1 键被按下,则判定键位置的扫描过程如下。

首先是判定有没有键被按下。先使 P2 口输出 0FH(00001111B),然后读 P2 口检查低

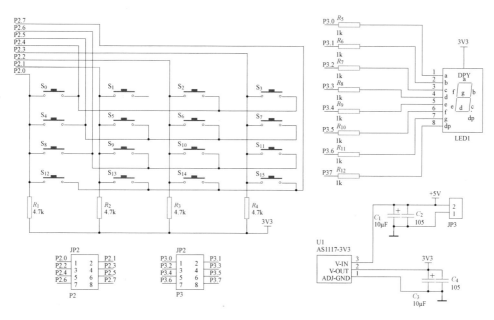

图 4-12　矩阵键盘电路

4 位是否有低电平,如有低电平的,则说明有键按下。

　　当经扫描表明有键被按下之后,紧接着应进行去抖动处理。采用软件延时的方法,一般为 10～20ms,待行线上状态稳定之后,再次判断按键状态。

　　确定之后,下一步是计算闭合键的键码,这里以键的排列顺序安排键号,键码既可以根据行号、列号用查表求得,也可以通过计算得到。键码的计算公式为:键码=行首号+列号。计算键码之后,延时等待键释放,目的是为了保证键的一次闭合仅进行一次处理。

　　在单片机应用系统中功能键都对应一个处理子程序,得到闭合键的键码后,就可以根据键码,转相应的键处理子程序(汇编语言中分支是使用 JMP 等散转指令实现的),进行字符、数据的输入或命令的处理。这样就可以实现该键所设定的功能。

　　总结上述内容,键处理的流程如图 4-13 所示。

　　下面为键盘扫描程序。

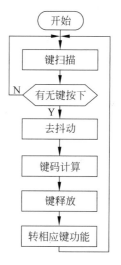

图 4-13　键处理流程图

```
//-------------------------------------------------------------
// 目标板:        C8051F021
// 开发环境:      Keil uv3
// 硬件连接:      P0 口为 LED 数码管 P2 口为 4X4 键盘
//-------------------------------------------------------------

#include "c8051f021.h"        //2016 年 12 月 12 日
unsigned char i;
unsigned char Disp[] = {0xa0,0xf9,0xc4,0xd0,0x99,0x92,0x82,0xf8,0x80,0x90,
```

```
                        0x88,0x83,0xa6,0xc1,0x86,0x8e};
//         D0
//       _____
// D6 │ D5 │ D1
//       _____
// D4 │          │ D2
//       _____ . D7
//         D3
//---------------------------------------------------------------
// 函数声明
//---------------------------------------------------------------
void Delay(void);
void Delay_10Ms(void);
unsigned char Key_Scan(void);
unsigned char Key_Read(void);
//---------------------------------------------------------------
// 主函数 main()
//---------------------------------------------------------------
void main (void)
{
C8051F021_Init ();             //F021 芯片初始化,用这款芯片必须要调用
P2MDOUT = 0xf0;                // P2.0～P2.3 设置为开漏作为输入, P2.4～P2.7 设置为推拉输出
                               //本行代码为: C8051F021 单片机端口配置

P0MDOUT = 0xff;
P1MDOUT = 0xff;
P2MDOUT = 0xff;
P3MDOUT = 0xff;
    for(i = 0;i < 16;i++)
    {
      P0 = Disp[i];
     Delay();
    }
    P0 = 0xff;
    while (1)
    {
      if(Key_Scan() == 1)
      {
      i = Key_Read();
      if(i < 16) P0 = Disp[i];
      }
   }// end of while(1)
}// end of main()
//---------------------------------------------------------------
// 长延时函数
//---------------------------------------------------------------
void Delay(void)
{
unsigned int i,t;
for(i = 0;i < 2000;i++)
    {
      for(t = 0;t < 1000;t++);
```

```
        }
    }
//---------------------------------------------------------------
// 短延时函数
//---------------------------------------------------------------
void Delay_10Ms(void)
{
unsigned int i,t;
for(i = 0;i < 10;i++)
    {
        for(t = 0;t < 1000;t++);
    }
}
//---------------------------------------------------------------
// 键盘扫描函数
// D0～D3 为行,输出,
// D4～D7 为列,输入
//---------------------------------------------------------------
unsigned char Key_Scan(void)
{
  P2 = 0x0f;                        //准双向口,要作为输入时,写 1
  if((P2&0x0f) == 0x0f) return 0;   //无键按下,返回 0
  Delay_10Ms();
  if((P2&0x0f) == 0x0f) return 0;   //无键按下,返回 0
  return 1;                         //有键按下,返回 1
}
//---------------------------------------------------------------
// 读键值函数
//---------------------------------------------------------------
unsigned char Key_Read(void)
{
  P2 = 0x7f;
  if(P2 == 0x7e) return 0;          //左 1 列 + 第 1 行 有键按下
    else if(P2 == 0x7d) return 4;
    else if(P2 == 0x7b) return 8;
    else if(P2 == 0x77) return 12;
  P2 = 0xbf;
  if(P2 == 0xbe) return 1;          //左 2 列 + 第 1 行 有键按下
    else if(P2 == 0xbd) return 5;
    else if(P2 == 0xbb) return 9;
    else if(P2 == 0xb7) return 13;
  P2 = 0xdf;
  if(P2 == 0xde) return 2;          //左 3 列 + 第 1 行 有键按下
    else if(P2 == 0xdd) return 6;
    else if(P2 == 0xdb) return 10;
    else if(P2 == 0xd7) return 14;
  P2 = 0xef;
  if(P2 == 0xee) return 3;          //左 4 列 + 第 1 行 有键按下
    else if(P2 == 0xed) return 7;
    else if(P2 == 0xeb) return 11;
    else if(P2 == 0xe7) return 15;
```

```
    return 16;                          //无键
}                                       // 文件结束
```

在单片机应用系统中常常是键盘和显示器同时存在,因此可以把键盘扫描程序和显示程序配合起来使用,即把显示程序作为键盘扫描的延时子程序,实现软件去抖动。这样做既省去了一个专门的延时子程序,又能保证显示器常亮的效果。假定本系统中显示程序为DIR,执行时间约为10ms,程序设计时可把显示程序DIR当成延时程序。

4.3.2　显示接口设计

1. 数码管静态接口电路设计

本书以设计的数码管显示电路共设置了4位8段码数码管显示器,电路结构如图4-14所示。

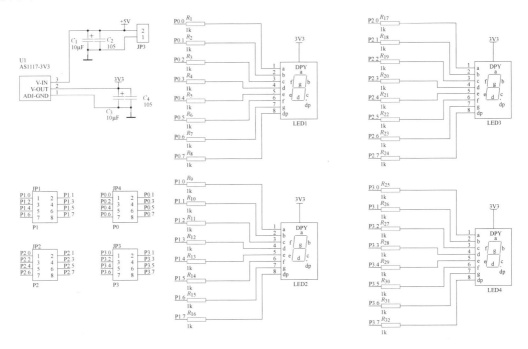

图 4-14　4 位 8 段码数码管显示器电路

电路结构直接采用并行接口进行设计,其中使用的数码管为4个独立的8段共阳型数码管。通过单片机并行接口为数码管提供段码数据。电路中在段信号中串入限流电阻。全部输出高电平时数码管全灭实现消隐。

2. 数码管动态接口电路设计

通过编程可以实现在第二个数码管上显示一个信息位的操作。但由于全部数码管的段码线共用,在同一时刻只能点亮一个数码管,所以在实际应用中必须采用动态扫描的方式进行4个数码管的显示。电路如图4-15所示。具体实现方法是使用内部定时器每4ms产生一次定时中断,系统在每进入到一次定时中断后更新一次显示内容,对于每个数码管来说其显示的周期为 16ms,由于显示频率较高,人眼感觉不到闪烁。

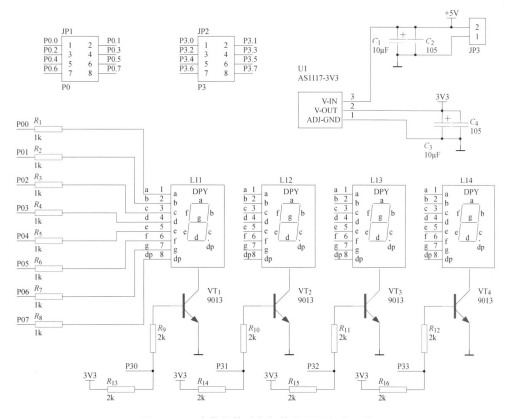

图 4-15　4 个数码管动态扫描的显示方式电路

　　在编写程序时考虑到单片机的资源利用情况,可使用一个定时器为键盘扫描和数码管显示更新提供定时服务,定时器工作于中断方式。定时器定时间隔为 2ms,每次进入中断调用一次显示更新函数,每两次进入中断调用一次扫描键盘函数。

3. 液晶接口电路设计

　　传统的显示器件数码管已经不能满足显示复杂操作界面的要求。因此最小系统中除了数码管显示器作为显示电路以外,还可设计成用液晶显示模块作为显示器电路,本书选择其型号为金鹏电子的 OCMJ4X8C 的 128X64LCD 屏为例进行其接口电路设计,此屏可以显示 64 行 128 列的点阵数据,通过编写相应的程序可以显示英文、汉字或图形,可以实现比较复杂的用户操作界面。硬件接口电路如图 4-16 所示。此液晶模块的控制芯片是 ST7920,其结构及操作控制请参阅 ST7920 技术资料。

　　此 LCD 屏接口可以并行接口,也可串行接口,本书用串行接口设计应用电路,在硬件设计中使用单片机 P1 口为液晶模块 LCD_RS、LCD_RW、LCD_E 提供串行通信的 3 根数据线。使用 P1.0 控制向液晶模块写入的是命令字还是数据字。在向液晶模块中写入一个数据或命令后延时一段时间,再向其中写入新的数据,避免由于液晶模块处在忙状态导致写入错误的情况发生。

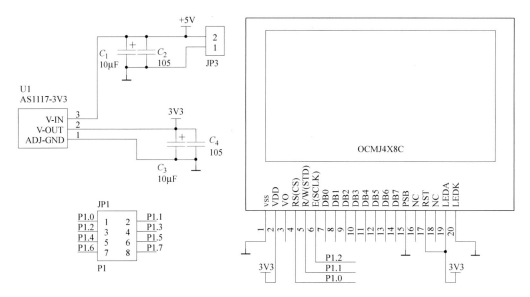

图 4-16　液晶显示硬件接口电路

为了使液晶模块能够显示字符、汉字及图形，需要对其进行正确的设置，具体过程如下。

（1）在系统上电后对其进行初始化设置。向左、右两部分控制器写入控制字 0xc0，设置显示的初始行。向左、右两部分控制器写入控制字 0x3f，将液晶的左、右两部分显示开启。

（2）在液晶指定位置显示给定的数据。完成液晶的初始化以后，通过写入命令字确定显示的列地址和页地址，然后写入需要显示的数据。

以下给出了与 128×64 液晶屏相关的 C51 函数，并以头文件形式给出，读者可以参考应用。

```
文件名：Lcd.h
#include <c8051F021.h>
#include <intrins.h>
typedef unsigned int uint;
typedef unsigned char uchar;
#define Comm      0                    //LCD 命令
#define Data      1                    //LCD 数据
sbit Lcd_Cs       = P1^0;
sbit Lcd_Std      = P1^1;
sbit Lcd_Sclk     = P1^2;
//**********************************
// 短延时
//**********************************
void Delay_Us(unsigned int Time_Us)
{
    unsigned int t1;
    for (t1 = 0;t1 < Time_Us;t1++)
    {
    _nop_();_nop_();
    }
}
```

```
// ********************************************
// 长延时
// ********************************************
void Delay_Ms(uint Time_Ms)
{
uint t1;
for (t1 = 0;t1 < Time_Ms;t1++) Delay_Us(1000);
}
// ==========================================================
// 函 数 名: void Lcd_Write(uchar dat_comm,uchar content)
// 输入参数: 1.命令字 2.将要写入的数据
// 输出参数: No
// 命令字格式: [5] - [XX0] --- [4] --- [4] --- [4] --- [4]
//                              高4位4个0低4位4个0
//          一共发送3个字节
// 移植到其他系统要注意延时
// ==========================================================
void Lcd_Write(unsigned char dat_comm,unsigned char content)
{
  unsigned char a, i, j;
  a = content;
  Lcd_Cs = 1;
  Lcd_Sclk = 0;
  Lcd_Std = 1;
  Delay_Us(2);
  for(i = 0;i < 5;i++)
  {
    Lcd_Sclk = 1;
    Delay_Us(2);
    Lcd_Sclk = 0;
    Delay_Us(2);
  }
    Lcd_Std = 0;
    Delay_Us(2);
    Lcd_Sclk = 1;
    Delay_Us(2);
    Lcd_Sclk = 0;
  if(dat_comm)
    Lcd_Std = 1;                        //写数据
  else
    Lcd_Std = 0;                        //写命令
    Delay_Us(2);
    Lcd_Sclk = 1;
    Delay_Us(2);
    Lcd_Sclk = 0;
    Lcd_Std = 0;
    Delay_Us(2);
    Lcd_Sclk = 1;
    Delay_Us(2);
    Lcd_Sclk = 0;
  for(j = 0;j < 2;j++)
```

```
    {
      for(i = 0; i < 4; i++)
          {
          a = a << 1;
          Lcd_Std = CY; Delay_Us(2);
          Lcd_Sclk = 1; Delay_Us(2);
          Lcd_Sclk = 0;
          }
      Lcd_Std = 0;
      for(i = 0; i < 4; i++)
          {
          Delay_Us(2);
          Lcd_Sclk = 1;
          Delay_Us(2);
          Lcd_Sclk = 0;
          }
    }
  Lcd_Cs = 0;
  Delay_Us(20);
}
// =====================================================
// 函 数 名: void Lcd_Clr(void)
// 函数功能: LCD 清屏
// 输入参数: No
// 输出参数: No
// =====================================================
void Lcd_Clr(void)
{
  Lcd_Write(Comm, 0x30);
  Lcd_Write(Comm, 0x01);                  //清屏
  Delay_Ms(10);
}
// =====================================================
// 函 数 名: void Lcd_Clr(void)
// 函数功能: LCD 初始化
// 输入参数: No
// 输出参数: No
// =====================================================
void Lcd_Init(void)
{
  Lcd_Write(Comm, 0x30);                  /* 30 --- 基本指令动作 */
  Lcd_Write(Comm, 0x06);                  /* 光标的移动方向 */
  Lcd_Write(Comm, 0x0c);                  /* 开显示,关游标 */
  Lcd_Clr();                              /* 清屏,地址指针指向 00H */
}
// =========================================================
// 函 数 名: void Printf(uchar H1, uchar V1, uchar * chn, uchar Num)
// 函数功能: 在指定的位置显示字符
// 输入参数: 1.开始行号   2.开始列号(单位为字即双字节)
//           3.字串       4.显示个数
// 输出参数: No
```

```
// ============================================================
void Printf(uchar H1,uchar V1,uchar * chn,uchar Num)
{
    uchar i,t;
    t = H1 * 16 + V1 * 2;                   //当前地址
    if(H1 == 0) {V1 = V1 + 0x80;}           //第 1 行
    else if(H1 == 1) {V1 = V1 + 0x90;}      //第 2 行
    else if(H1 == 2) {V1 = V1 + 0x88;}      //第 3 行
    else if(H1 == 3) {V1 = V1 + 0x98;}      //第 4 行
    Lcd_Write(Comm,V1);                     //设置 DDRAM 地址
    for (i = 0;i < Num;i++)
    {
        Lcd_Write(Data,chn[i]);
        t = t + 1;
        if(t == 16) {Lcd_Write(Comm,0x90);}   //重设 DDRAM 地址,换 2 行
        if(t == 32) {Lcd_Write(Comm,0x88);}   //重设 DDRAM 地址,换 3 行
        if(t == 48) {Lcd_Write(Comm,0x98);}   //重设 DDRAM 地址,换 4 行
        if(t == 64) return;      //{Lcd_Write(Comm,0x80);}      //重设 DDRAM 地址,换 1 行
    }
}
```

下面做个秒表实验来进行训练,功能为在 LCD 屏上第 2 行第 5 个字符(英文字符)开始显示 4 位的秒数。硬件连接为:将 CS 接到 P1.0,STD 接到 P1.1,SCLK 接到 P1.2,参考程序如下。

```
#include <lcd.h>
uchar Disp[8];
uint i;
//------------------------------------------------------------
// 主函数 main()
//------------------------------------------------------------
void delay(uint z)
{
    uint x,y;
    for(x = z;x > 0;x -- )
        for(y = 1100;y > 0;y -- );
}
void main (void)
{
    C8051F021_Init ();                  //F021 芯片初始化,用这款芯片必须要调用
    P1MDOUT = 0x00;                     //端口配置成开漏
    i = 0;
    Lcd_Init();
    while(1)
    {
    Disp[0] = (i % 10000)/1000 + 0x30;
    Disp[1] = (i % 1000)/100 + 0x30;
    Disp[2] = (i % 100)/10 + 0x30;
    Disp[3] = i % 10 + 0x30;
    i++;
    Printf(1,2,Disp,4);
```

```
        delay(1000);                        //延时 1s
    }
}
//-------------------------------------------------------------------
// 文件结束
//-------------------------------------------------------------------
```

4.3.3 单片机与 D/A、A/D 转换电路接口设计

A/D、D/A 转换器是单片机电路经常要用到的器件。在电子设计中,很多时候需要处理模拟量,对模拟量进行控制。这就要用到 A/D、D/A 转换器,将模拟量转换成数字量,由单片机进行处理,再将数字量转换为模拟量,对外围设备进行控制。由于单片机本身工作速度慢,不能连接高速 A/D、D/A 转换器,如果需要使用高速 A/D、D/A 转换器,就要用 FPGA 对其进行控制。

1. ADC0809 接口设计

A/D 转换器大致分为 3 类:一是双积分 A/D 转换器,优点是精度高,抗干扰性好,价格便宜,但速度慢;二是逐步逼近式 A/D 转换器,精度、速度、价格适中;三是并行 A/D 转换器,速度快,价格也昂贵。实验用 ADC0809 属于第二类。

ADC0809 是美国国家半导体公司生产的 CMOS 工艺 8 通道,8 位逐次逼近式 A/D 模数转换器。其内部有一个 8 通道多路开关,它可以根据地址码锁存译码后的信号,只选通 8 路模拟输入信号中的一个进行 A/D 转换。目前仅在单片机初学应用设计中较为常见。

(1) 主要特性。

① 8 路输入通道,8 位 A/D 转换器,即分辨率为 8 位。

② 具有转换启停控制端。

③ 转换时间为 $100\mu s$(时钟为 640kHz 时),$130\mu s$(时钟为 500kHz 时)。

④ 单个+5V 电源供电。

⑤ 模拟输入电压为 0~+5V,不需零点和满刻度校准。

⑥ 工作温度为-40~+85℃。

⑦ 低功耗,约 15mW。

引脚排列如图 4-17 所示。

(2) 各引脚功能。

IN_7~IN_0:模拟量输入通道

ALE:地址锁存允许信号。对应 ALE 上跳沿,A、B、C、地址状态送入地址锁存器中。

START:转换启动信号。START 上升沿时,复位 ADC0809;START 下降沿时启动芯片,开始进行 A/D 转换;在 A/D 转换期间,START 应保持低电平。

A、B、C:地址线。通道端口选择线,A 为低地址,C 为高地址。

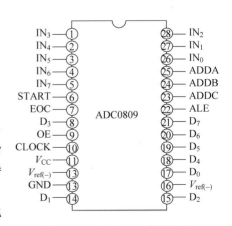

图 4-17 ADC0809 引脚排列

CLK：时钟信号。通常使用 500kHz 的时钟信号。

EOC：转换结束信号。EOC＝0，正在转换；EOC＝1，转换结束。

$D_7 \sim D_0$：数据输出线。D_0 为最低位，D_7 为最高位。

OE：输出允许信号。OE＝0，输出数据线为高阻；OE＝1，输出转换得到的数据。

V_{CC}：＋5V 电源。

V_{ref}：参考电压，用来与输入的模拟信号进行比较，作为逐次逼近的基准。

C	B	A	被选择的通道
0	0	0	IN_0
0	0	1	IN_1
0	1	0	IN_2
0	1	1	IN_3
1	0	0	IN_4
1	0	1	IN_5
1	1	0	IN_6
1	1	1	IN_7

图 4-18　内部逻辑结构图

2. ADC0809 的内部逻辑

结构图如图 4-18 所示，地址信号与选中通道的关系如图 4-19 所示。

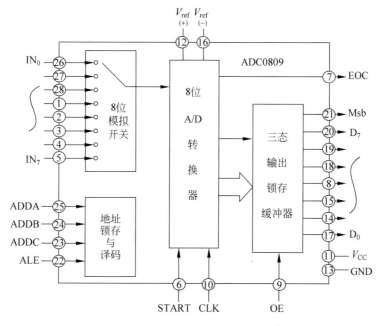

图 4-19　地址信号与选中通道的关系

3. ADC0809 工作原理

首先输入 3 位地址，并使 ALE＝1，将地址存入地址锁存器中。此地址经译码选通 8 路模拟输入之一到比较器。START 上升沿将逐次逼近寄存器复位。下降沿启动 A/D 转换，之后 EOC 输出信号变低，指示转换正在进行。直到 A/D 转换完成，EOC 变为高电平，指示 A/D 转换结束，结果数据已存入锁存器，这个信号可用作中断申请。当 OE 输入高电平时，输出三态门打开，转换结果的数字量输出到数据总线上。

转换数据的传送 A/D 转换后得到的数据应及时传送给单片机进行处理。数据传送的关键问题是如何确认 A/D 转换的完成，因为只有确认完成后才能进行传送。为此可采用下述 3 种方式。

（1）定时传送方式。

对于一种 A/D 转换器来说，转换时间作为一项技术指标是已知的和固定的。例如，ADC0809 转换时间为 $128\mu s$，相当于 6MHz 的 MCS-51 单片机共 64 个机器周期。可据此设计一个延时子程序，A/D 转换启动后即调用此子程序，延迟时间一到，转换肯定已经完成了，接着就可进行数据传送。

（2）查询方式。

A/D 转换芯片有表明转换完成的状态信号，如 ADC0809 的 EOC 端。因此可以用查询方式，测试 EOC 的状态，即可确认转换是否完成，并接着进行数据传送。

（3）中断方式。

把表明转换完成的状态信号（EOC）作为中断请求信号，以中断方式进行数据传送。

不管使用上述哪种方式，只要一旦确定转换完成，即可通过指令进行数据传送。首先送出口地址并以信号有效时，OE 信号即有效，把转换数据送上。

应用实例原理图如图 4-20 所示，因为 DAC0809 的接口电平为 TTL 电平，C8051F021 为 3.3V 电平，连接时要进行电平转换，本例中用 74LVC4245 芯片为电平转换芯片，9 根数据线为输出，4 根数据线为输入，所以要用 3 片进行电平转换，扩展 2 位 8 段数码管用于数值显示，显示为十六进制数 00H～FFH，本例中通道固定为 IN0。

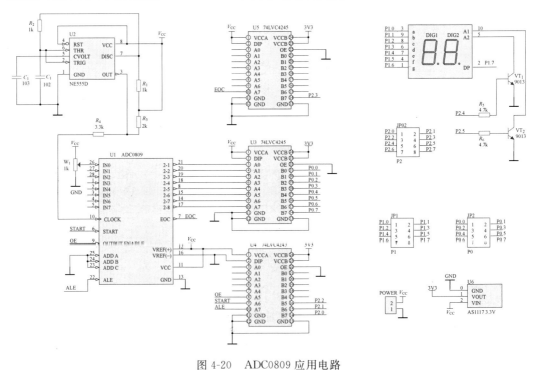

图 4-20　ADC0809 应用电路

```
//--------------------------------------------------------------------
// 目 标 板：  1. C8051F021 核心板
//            2. DAC0809 实验
// 开发环境：   Keil uv4
//--------------------------------------------------------------------
#include "c8051f021.h"                        //2016 年 12 月 12 日
```

```
sbit Led2 = P2 ^ 5;                     //单片机输出
sbit Led1 = P2 ^ 4;                     //单片机输出
sbit ADC0809_ALE = P2 ^ 0;              //单片机输出
sbit ADC0809_START = P2 ^ 1;            //单片机输出
sbit ADC0809_OE = P2 ^ 2;               //单片机输出
sbit ADC0809_EOC = P2 ^ 3;              //单片机输入
unsigned char i,t;
unsigned char Disp[ ] = {0x3f,0x06,0x5b,0x4f,0x66,0x6d,0x7d,0x07,0x7f,
                         0x6f,0x77,0x7c,0x39,0x5e,0x79,0x71};
unsigned char Time;
unsigned int Num;
//         D0
//       ------
// D5 |  D6  | D1
//       ------
// D4 |      | D2
//     --.--- . D7
//         D3
//-----------------------------------------------------------------
// 函数声明
//-----------------------------------------------------------------
void Delay(void);
//-----------------------------------------------------------------
// 主函数 main()
//-----------------------------------------------------------------
void main (void)
{
    C8051F021_Init ();      //F021 芯片初始化,用这款芯片必须要调用
                            //以下 4 行代码为 C8051F021 单片机端口配置,
                            //这 4 个寄存器是 C8051F021 单片机特有的(MCS - 51 标配的没有)
                            //对应的位 = 1:配置成推拉输出    对应的位 = 0:配置成开漏
    P3MDOUT = 0xff;         //P0 设置为输出
    P1MDOUT = 0xff;
    P2MDOUT = 0xf7;         //EOC = > P2.3
    P0MDOUT = 0x00;         //设置为输入,读 DAC0809 转换成的数据值
    P0 = 0xff;              //P0 输入做准备
    P1 = 0xff;              //准双向口 输出 1,准备读数据
    P3 = 0xff;              //准双向口 输出 1,准备读数据
    i = 0,t = 0;
    ADC0809_ALE = 1;
    ADC0809_START = 1;
    for(Time = 0;Time < 20;Time++);     //延时
    ADC0809_ALE = 0;;
    ADC0809_START = 0;
    ADC0809_OE = 1;
    while(1)
    {
      if(t > = 50)
      {
        t = 0;
        if(ADC0809_EOC == 1)
```

```
                {
                Num = P3;                              //转换完成读 DAC0809 的结果
                ADC0809_START = 1;ADC0809_ALE = 1;     //启动下一次转换
                for(Time = 0;Time < 20;Time++);        //延时
                ADC0809_ALE = 0;
                ADC0809_START = 0;
                }
            }
        i = Num/16;
        P0 = Disp[i];Led1 = 0;Led2 = 1;                //高位
        Delay();
        i = Num % 16;
        P0 = Disp[i];Led1 = 1;Led2 = 0;                //低位
        Delay();
        t++;
    }// end of while(1)
}// end of main()
// --------------------------------------------------------------------
// 延时函数
// --------------------------------------------------------------------
void Delay(void)
{
unsigned int i,t;
for(i = 0;i < 20;i++)
    {
        for(t = 0;t < 1000;t++);
    }
}
// --------------------------------------------------------------------
// 文件结束
// --------------------------------------------------------------------
```

4. DAC0832 接口设计

本次实验电路为数字量到模拟量的转换电路,也就是 D/A 转换,完成 D/A 转换的器件称为 D/A 转换器,通常用 DAC 表示。DAC 能将数字量转换成与之成正比的电压或电流信号。

数字量是二进制代码的位组合,每一位数字代码都有一定的“权”,并对应一定大小的模拟量。为了将数字量转换成模拟量,应将每一位都转换为相应的模拟量,然后将其求和即可得到与该数字成正比的模拟量。

目前常用的 D/A 转换器是由 T 形网络构成的,核心板输出的数字信号首先传送到 DAC 中的数据锁存器中,然后由模拟电子开关把数字信号的高、低电平变成对应的电子开关状态。各支路的电流信号经过电阻网络加权后,由运算放大器求和并变换成电压信号,作为 D/A 转换器的输出。从这里可以看出,在接下来设计 DAC 外围电路的时候输出端口必须要连接到运算放大器上面,主要作用就是将电流信号转换成电压信号。

D/A 转换器的种类很多,依照数字量的位数分,有 8 位的、10 位的、12 位的,还有 16 位的 D/A 转换器;而依照数字量的数码形式分,有二进制码和 BCD 码的 D/A 转换器;按信号输入方式可分为并行总线 D/A 转换器和串行总线 D/A 转换器。

这里选取的是 8 位 D/A 转换器。也就是 DAC0832。

DAC0832 是美国 National Semiconductor 公司生产的 DAC0830 系列产品中的一种,该系列的芯片有以下特点。

(1) 分辨率 8 位。

(2) 电流建立时间 $1\mu s$。

(3) 片内二级数据锁存,提供数据输入双缓冲、单缓冲和直通 3 种工作方式。

(4) 电流输入型芯片,通过外接一个运算放大器,可以很方便地提供电压输出。

(5) 输出电流线性度可以满量程调节。

(6) 逻辑电平输入与 TTL 兼容,与 80C51 单片机连接方便。

(7) 单一电源供电。

(8) 低功耗,20mW。

DAC0832 主要由 8 位输入锁存器、8 位 DAC 寄存器和 8 位 D/A 转换器构成,其中输入锁存器和 DAC 寄存器构成了二级输入锁存缓冲,且有各自的控制信号。由图 1-12 可推导出两级锁存控制信号的逻辑关系。当锁存控制信号为 1 时,相应的锁存器处于跟随状态,当锁存控制信号出现负跳变时,将锁入信息锁存到相应的锁存器中。

因为 DAC0832 是电流输出型芯片,而本实验中需要的是电压输出,所以要通过连接运算放大器获得电压输出。一般有两种连接方式,这里选用的是单极性输出形式,如图 4-21 所示。

由上面最终可获得设计出来的 DAC0832 外接电路如图 4-21 所示。

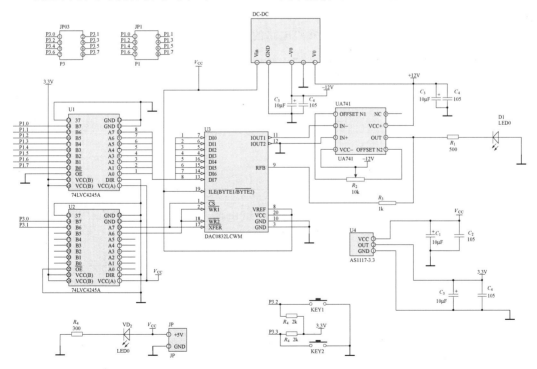

图 4-21　DAC0832 应用电路图

选用的运算放大器第一级必须是反相放大,保证反馈给 DAC0832 是负反馈信号。

UA741 所需要的电压是正负电压,然而电源所提供的电压只有 5V,所以电路中需要添加 DC-DC 电源模块。

DAC0832 的外围电路至此已经设计完成。接下来要进行的就是设计 DAC0832 和核心板的连接电路,DAC0832 的数字量接口信号为 TTL 电平,核心板的 CPU,也就是 C8051F021 单片机输出的信号电压大小为 3.3V,由此可见,两者连接信号间必须进行电平转换。

74LVC4245 电平转换芯片是一个典型的双电源供电的双向收发器,通过 DIR 管脚控制传输方向。从图中也可以看到,它有 A、B 两个输入端口,从 74LVC4245 的说明手册中可以知道,A 端是输入高电平信号,而 B 端输入低电平信号。因此可知电路的布线方式为核心板输出的信号接到 74LVC4245 的 B 端,再由 A 端接到 DAC0832 对应的接口上。

接下来就需要考虑 74LVC4245 的外部电路连接了。首先由引脚定义可以知道 DIR 接口决定了 74LVC4245 的输入输出方向,接下来查真值表(表 4-1),如表 4-1 可知,需要的是从 B 端输入、A 端输出,也就是 A=B,那么可知电路连接中 $\overline{OE}$ 和 DIR 要接低电平,在电路的连线中直接接地就可以了。

由 74LVC4245 芯片的引脚排列可以看到它有两个电源的输入端口,A 端和 B 端各一个,再次查看 74LVC4245 说明书,可以知道,A 端输入的电源电压值大小必须和信号电压值大小相等,即 B 端输入 3.3V 的信号,那么 B 端的 V_{CC} 也必须接 3.3V 电压,然而,从前文核心板的介绍就可以看到,输入电源 5V,而核心板的 CPU 也就是 C8051F021 单片机的输入电压是 3.3V,那个时候就设计了一个以 AS1117-3V3 为核心的电压转换电路。同理,在主实验电路中也同样需要一个电压转换电路,具体的布置方式在核心板介绍中已经交代清楚了,这里就不再解释了。至此,整个实验电路的设计框图就完成了。

表 4-1　74LVC4245 真值表

输　　入		输　　出	
$\overline{OE}$	DIR	An	Bn
L	L	A=B	input
L	H	input	B=A
H	X	Z	Z

通过两个按键调节输出模拟电压大小,从测试电路上的发光二极管的亮度表现出来。参考程序如下。

```
//--------------------------------------------------------------------
// 目 标 板: 1. C8051F021 核心板
//            2. 8 位 DAC0832 模块
// 开发环境: Keil uv4
//--------------------------------------------------------------------
# include "c8051f021.h"        //修改:2016 年 12 月 12 日
sbit DAC0832_CS = P3 ^ 0;
sbit DAC0832_WR = P1 ^ 1;
sbit Key1 = P3 ^ 2;
```

```
sbit Key2 = P3 ^ 3;
unsigned char i;
//------------------------------------------------------------------------
// 函数声明
//------------------------------------------------------------------------
void Delay(void);
//------------------------------------------------------------------------
// 主函数 main()
//------------------------------------------------------------------------
void main (void)
{
        C8051F021_Init ();        //F021 芯片初始化,用这款芯片必须要调用
                                  //以下 4 行代码为 C8051F021 单片机端口配置,
                                  //这 4 个寄存器是 C8051F021 单片机特有的(MCS-51 标配的没有)
                                  //对应的位 = 1:配置成推拉输出 对应的位 = 0:配置成开漏
    P3MDOUT = 0xf3;
    P1MDOUT = 0xff;
    P0 = 0x0c;                    //P0 = 00001100B 为 P0.2,P0.3 输入做准备
    i = 0x80;
    while(1)
    {
      P1 = i;
      if(Key1 == 0)
        {
            Delay();
            if(Key1 == 0)
            {
            i = i + 10;
            while(Key1 == 0);
            }
        }
      if(Key2 == 0)
        {
            Delay();
            if(Key2 == 0)
            {
            i = i - 10;
            while(Key2 == 0);
            }
        }
    }// end of while(1)
}// end of main()
//------------------------------------------------------------------------
// 延时函数
//------------------------------------------------------------------------
void Delay(void)
{
unsigned int i,t;
for(i = 0;i < 100;i++)
```

```
    {
        for(t = 0;t < 1000;t++);
    }
}
//----------------------------------------------------------
// 文件结束
//----------------------------------------------------------
```

4.4 开发环境 Keil 软件及软件抗干扰设计

随着单片机的不断发展,以 C 为主流的单片机高级语言也不断被更多的单片机爱好者和工程师所喜爱。使用 C 语言肯定要用到 C 编译器,以便把写好的 C 程序编译为机器码,这样单片机才能执行编写好的程序。KEIL μVISION2 是众多单片机应用开发软件中优秀的软件之一,它支持众多不同公司的 MCS-51 架构的芯片,它集编辑、编译、仿真等于一体,同时还支持 PLM、汇编和 C 语言的程序设计,它的界面和常用的微软 VC++ 的界面相似,界面友好,易学易用,在调试程序、软件仿真方面也有很强大的功能。以上简单介绍了 KEIL51 软件,要使用 KEIL51 软件,必须先要安装它,这也是学习编程语言所要求的第一步——建立学习环境。KEIL51 是一款商业软件,对于普通爱好者可以到 KEIL 中国代理周立功公司的网站上下载一份能编译 2KB 的 DEMO 版软件,基本可以满足一般的个人学习和小型应用的开发(安装的方法和普通软件相同,这里就不介绍了)。安装好后,您是不是迫不及待地想建立自己的第一个 C 程序项目呢? 下面就一起来建立一个小程序项目吧!

4.4.1 Keil 项目建立和设置

首先当然是运行 Keil C51 软件,接着按下面的步骤建立一个项目。

(1) 选择 Project → New Project 菜单命令,如图 4-22 所示。接着弹出一个标准 Windows 文件对话框,如图 4-23 所示。在"文件名"文本框中输入 C 程序项目名称,这里用 test。在"保存类型"下拉列表框中选择的文件,扩展名为 uv2,这是 KEIL μVision2 项目文件扩展名,以后可以直接单击此文件以打开项目即可。

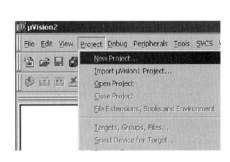

图 4-22 选择 New Project 菜单命令

图 4-23 Create New Project 对话框

（2）选择所要的单片机，这里选择常用的 Atmel 公司的 AT89C51。此时屏幕如图 4-24 所示。AT89C51 有什么功能、特点呢？图 4-24 中右边有简单的介绍。完成上面步骤后，就可以进行程序的编写了。

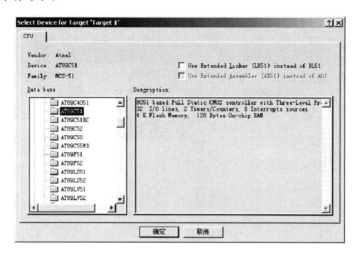

图 4-24 选取芯片

（3）在项目中创建新的程序文件或加入旧程序文件。如果没有现成的程序，就要新建一个程序文件。在 KEIL 中有一些 Demo，在这里还是以一个 C 程序为例介绍如何新建一个 C 程序和如何加到第一个项目中。在图 4-22 所示窗口中选择 File→New 菜单命令或按 Ctrl＋N 组合键来创建一个新的文字编辑窗口，如图 4-25 所示。下面是一段经典的程序。

```c
# include < reg51.h>
# include < stdio.h>
void main(void)
{
SCON = 0x50;                //串口方式 1,允许接收
TMOD = 0x20;                //定时器 1 定时方式 2
TCON = 0x40;                //设定时器 1 开始计数
TH1 = 0xE8;                 //11.0592MHz 1200 波特率
TL1 = 0xE8;
TI = 1;
TR1 = 1;                    //启动定时器
//--------------------------------------------------------------
//                   延时
//--------------------------------------------------------------
void Delay_Ms(unsigned int ms)
{ unsigned int i;
   while(ms -- )
   {
     for(i = 0;i < 200;i++) ;
   }
}

   while(1)
```

```
{
printf ("Hello World!\n");              //显示 Hello World
Delay_Ms(100);
}
}
```

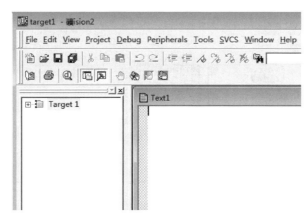

图 4-25　新建程序文件

这段程序的功能是不断从串口输出"Hello World!"字符，先看看如何把它加入到项目中和如何编译试运行。

（4）单击图 4-25 中的工具栏中"保存"按钮，也可以选择 File→Save 菜单命令或按 Ctrl＋S 组合键进行保存。因是新文件，所以保存时会弹出图 4-26 所示的文件操作窗口，把第一个程序命名为 test1.c，保存在项目所在的目录中，这时会发现程序单词有了不同的颜色，说明 KEIL 的 C 语言语法检查生效了。如图 4-26 所示，在屏幕左边的 Source Group1 文件夹图标上右击命令弹出快捷菜单，在这里可以做在项目中增加、减少文件等操作。选择 Add File to Group 'Source Group 1'命令，弹出文件窗口，选择刚刚保存的文件，单击 ADD 按钮，关闭文件窗口，程序文件

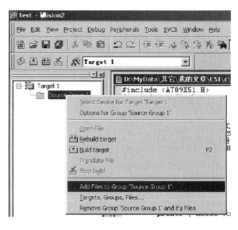

图 4-26　把文件加入到项目文件组中

已加到项目中了。这时在 Source Group1 文件夹图标左边出现了一个小"＋"号说明，文件组中有了文件，单击它可以展开查看。

（5）C51 程序文件已被加到了项目中了，下面就可编译运行了。这个项目只是用作学习新建程序项目和编译运行仿真的基本方法，所以使用软件默认的编译设置，它不会生成用于芯片烧写的 HEX 文件。先来看图 4-27，图中编译按钮有 4 个：按钮用于编译单个文件；按钮用于编译链接当前项目，如果先前编译过一次且之后文件没有做过编辑改动，这时再单击是不会重新编译的；按钮用于重新编译，每单击一次均会再次编译链接一次，不管程序是否有改动；按钮是停止编译按钮，只有单击了前 3 个中的任一个，停止按钮才会

生效。在 Project 下拉菜单中，Build Target、Rebuild All
Target Files、Translate 和 Stop Build 命令和前面介
绍的 4 个按钮具有相同功能。在最下面的区域中可以
看到编译的错误信息和使用的系统资源情况等，以后
要查错就靠它了。 按钮是有一个小放大镜按钮，这
就是开启/关闭调试模式的按钮，也可以通过选择
Debug→Start\Stop Debug Session 菜单命令，或按
Ctrl＋F5 组合键实现。

（6）进入调试模式，软件窗口样式大致如图 4-28
所示。图中 为运行（Run）按钮，当程序处于停止状
态时才有效， 为停止（Stop）按钮，程序处于运行状
态时才有效。 是复位（Reset）按钮，模拟芯片的复
位，程序回到最开头处执行。 按钮可以打开串行调

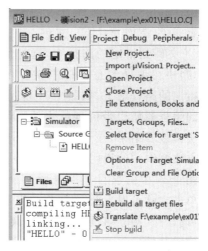

图 4-27　编译程序

试窗口 Serial ♯1，这个窗口可以看到从 51 芯片的串行口输入输出的字符，这里的第一个项
目也正是在此处查看运行结果。这些在菜单命令中也有。首先单击 按钮打开串行调试
窗口，再单击"运行"按钮，这时就可以看到串行调试窗口中不断地打印"Hello World!"。最
后要停止程序运行回到文件编辑模式中，就要先单击"停止"按钮，再单击"开启/关闭调试模
式"按钮。然后就可以进行 KEIL 等相关操作了。

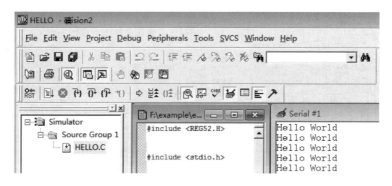

图 4-28　调试运行程序

上面建立了一个单片机 C 语言项目，但为了让编译后的程序能通过编程器写入 51
芯片中，要先用编译器生成 HEX 文件，下面来看看如何用 KEIL µVision2 编译生成用于
烧写芯片的 HEX 文件。HEX 文件格式是 Intel 公司提出的按地址排列的数据信息，数据
宽度为字节，所有数据使用十六进制数字表示，常用来保存单片机或其他处理器的目标
程序代码。它保存物理程序存储区中的目标代码映像。一般的编程器都支持 HEX 格
式。先来打开第一个项目，打开它的所在目录，找到 test. Uv2 文件就可以打开先前的项
目了。然后右击图 4-29 中的项目文件夹图标 Simulator，弹出快捷菜单，选择 Options for
Target 命令，弹出项目选项设置对话框，同样先选中项目文件夹图标，这时在 Project 菜单
中也有一样的命令可选。打开项目选项对话框，切换到 Output 选项卡，如图 4-30 所示，
图中 Select Folder for Object 按钮是选择编译输出的路径，Name of Executable 文本框是设

置编译输出生成的文件名,选项区是一个可选窗口,决定是否要创建 HEX 文件,选中它就可以输出 HEX 文件到指定的路径中,选好后,再重新编译一次,很快在编译信息窗口中就显示 HEX 文件创建到指定的路径中了,如图 4-31 所示。这样就可用自己的编程器所附带的软件去读取并烧到芯片了,再用实验板看结果,至于编程器或仿真器品种繁多具体方法就看它的说明书了,这里也不做讨论。技巧:在图 4-29 中的项目文件树形目录中,先选中对象,再单击它就可对它进行重命名操作,双击文件图标便可打开文件。在 Project 下拉菜单的最下方有最近编辑过的项目路径保存,从这里可以快速打开最近编辑的项目。

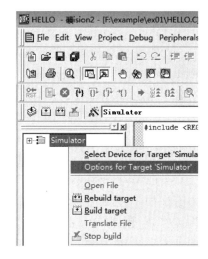

图 4-29 右键快捷菜单

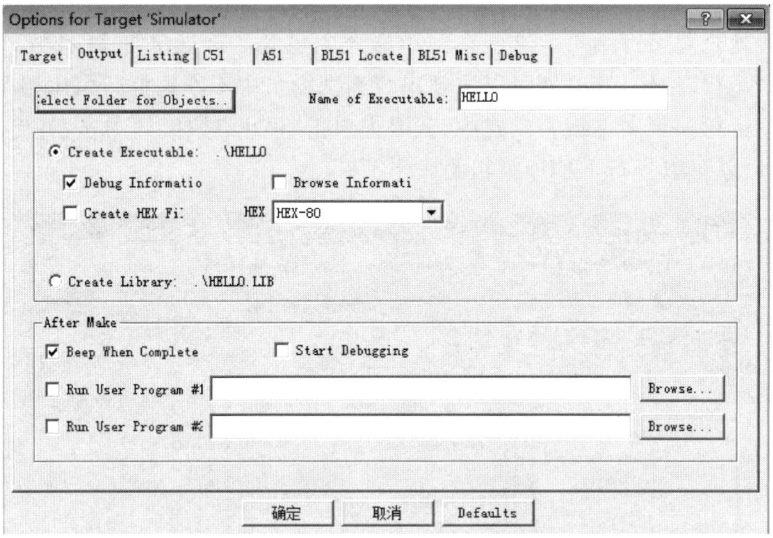

图 4-30 Output 选项卡

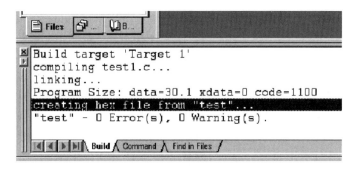

图 4-31 编译信息窗口

至此已经把编译好的文件烧到了芯片上,如果购买或自制了带串口输出元件的学习实验板,那就可以把串口和 PC 机串口相连用串口调试软件或 Windows 的超级终端,将其波特率设为 1200,就可以看到不停输出的"Hello World!"字样。如果还没有实验板,那这里先说说 C8051F021 的最小化系统,再以一实例程序验证最小化系统是否在运行,这个最小化系统也易于自制用于实验。前面图 4-3 便是 C8051F021 的最小化系统,不过为了让我们看出它是在运行的,加了一个电阻和一个 LED,用以显示它的状态,晶振可以根据自己的情况使用,一般实验板上是用 11.0592MHz 或 22.1184MHz,使用前者的好处是可以产生标准的串口波特率,后者则一个机器周期为 $1\mu s$,便于做精确定时。在做实验时,需注意 V_{DD} 是 $+3.3V$ 的,不能高于此值;否则将损坏单片机,太低则不能正常工作。

从最小系统原理框图中可以看出,本系统不占用端口资源利用 JTAG 通过 U-ECx 与 PC 机通信,用于在线仿真调试。

首先安装驱动程序。

到 Silicon Labs 官网上下载最新的 Keil 环境的 C8051F 仿真调试驱动程序,它支持 Keil 的多个版本,包括 V2、V3 以及最新的 V4,稳定性很高,可在 Keil 环境下直接仿真调试 C8051F 系列单片机。

其次设置仿真环境。

程序的编译和仿真在 Keil μVision2 环境下进行,在调试程序之前,需要对工程进行 Debug 设置,选择软件仿真或硬件仿真。软件仿真使用计算机来模拟程序的运行,不需要建立硬件平台就可以快速得到某些运行结果;硬件仿真是最准确的仿真方法,它必须建立硬件平台,通过 PC 机↔硬件仿真器↔用户目标系统进行系统调试。这里采用硬件仿真的方法,硬件平台即为插入 C8051F021 仿真头的实验板,设置硬件仿真的具体操作如下:单击 Project 菜单中的 Options for Target 'Target 1'菜单命令,弹出工程的配置对话框,单击 Debug 选项卡,在下拉列表框中选择 Silicon Labs C8051Fxxx Driver 选项,具体参数设置如图 4-32 所示。

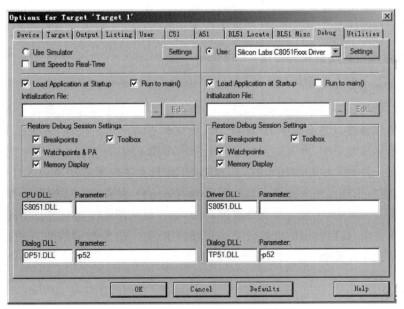

图 4-32 工程设置 Debug 选项卡

仿真器参数的设置：如果使用的是串口的仿真器选择对应的端口,建议波特率设置为300～38 400；如果使用的是 USB 口的仿真器,系统会发现仿真器,参数不要调整。仿真器参数的设置如图 4-33 所示。

最后可进行调试程序。

按以上要求将系统设置好后,若程序编译链接没有错误,选择 Debug 菜单中的 Start/Stop Debug Session 命令,就可以在 C8051F021 的最小系统板上进行硬件仿真了。仿真时可以选择单步跟踪、单步运行、运行到光标处或全速运行来观察仿真现象和运行结果。如果出现图 4-34 所示的对话框,说明用户目标板工作不正常,需检查目标板硬件。

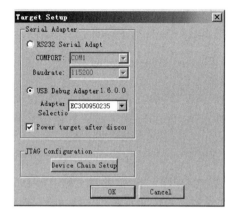

图 4-33　仿真器参数设置

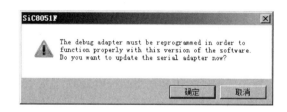

图 4-34　通信出错对话框

4.4.2　软件的抗干扰设计

单片机应用系统在工业现场使用时,大量的干扰源虽不能造成硬件系统的损坏,但常常使单片机应用系统不能正常运行,致使控制失灵,造成重大事故。单片机应用系统的抗干扰不可能完全依靠硬件解决。因此,软件抗干扰问题的研究愈来愈引起人们的重视。

1. 干扰对测控系统造成的后果

1) 数据采集误差加大

干扰侵入单片机应用系统的前向通道,叠加在信号上,致使数据采集误差加大,特别是前向通道的传感器接口是小电压信号输入时,此现象更加严重。例如,将双积分 A/D 转换器用于精密的电压测量中,常见有工频电网电压的串模干扰,严重时会出现干扰信号淹没被测信号的情况。要消除这种串模干扰,从原理上说,只要选取采样周期等于工频周期整数倍,工频干扰将在采样周期内自相抵消而不影响测量结果,使得工频串模干扰抑制能力为无限大。但在实际测量中,工频信号频率是波动的,必须设法使采样周期与波动的工频干扰电压周期保持整数倍,目前常用的方法还是采用硬件电路方法,要想获得较好的抑制效果,所用的硬件电路会十分复杂。采用软件来抑制工频干扰是当前工频串模干扰抑制技术中的一种新技术。

2) 控制状态失灵

一般控制状态的输出多半是通过单片机应用系统的后向通道,由于控制信号输出较大,不易直接受到外界干扰。但是,在单片机应用控制系统中,控制状态输出常常是依据某些条件状态的输入和条件状态的逻辑处理结果。在这些环节中,由于干扰的侵入,会造成条件状态偏差、失误,致使输出控制误差加大,甚至控制失常。

3）数据受干扰发生变化

单片机应用系统中,由于 RAM 是可以读/写的,因此,就有可能在干扰的侵害下,RAM 中数据发生篡改。在单片机应用系统中,程序及表格、常数皆存放在 ROM 中,虽然避免了程序指令及表格、常数受干扰破坏,但片内 RAM、外部扩展 RAM 以及片内各种特殊功能寄存器等状态都有可能受外来干扰而变化。根据干扰窜入渠道、受干扰的数据性质不同,系统受破坏的状况就会不同,有的造成数值误差,有的使控制失灵,有的改变程序状态,有的改变某些部件(如定时器/计数器、串行口等)的工作状态等。例如,单片机的复位端(RESET)没有特殊抗干扰措施时,干扰侵入复位端后,虽然不易造成系统复位,但会使单片机片内特殊功能寄存器(SFR)状态发生变化,导致系统工作不正常。

4）程序运行失常

在单片机应用系统受强干扰后,造成程序计数器 PC 值的改变。破坏了程序的正常运行。而 PC 值被干扰后的数据是随机的,因此引起程序混乱,在 PC 值的错误引导下,程序将执行一系列毫无意义的指令,最后常常进入一个毫无意义的"死循环"中,使输出严重混乱或系统失去控制。

2. 软件抗干扰的前提条件

软件抗干扰是属于微机系统的自身防御行为。采用软件抗干扰的最根本的前提条件是:系统中抗干扰软件不会因干扰而损坏。在单片机应用系统中,由于程序及一些重要常数都放置在 ROM 中,这就为软件抗干扰创造了良好的前提条件。因此,软件抗干扰的设置前提条件概括如下。

(1) 在干扰作用下,单片机应用系统硬件部分绝大多数情况下没有损坏,或易损坏部分设置有保护和监测状态可供查询。

(2) 程序区不会受干扰侵害。系统的程序及重要常数不会因干扰侵入而变化。对于单片机应用系统,程序及表格、常数均固化在 ROM 中,这一条件自然满足,而对一些在 RAM 中运行用户应用程序的微机应用系统,无法满足这一条件。当这种系统因干扰造成运行失常时,只能在干扰过后重新向 RAM 区调入应用程序。

(3) RAM 区中的重要数据不被破坏,或虽被破坏可以重新建立。通过重新建立的数据,系统的重新运行不会出现不可允许的状态。例如,在一些控制系统中,RAM 中的大部分内容是为了进行分析、比较而临时寄存的,即使有一些不允许丢失的数据也只占极少部分,这些数据被破坏后,往往只引起控制系统一个短期波动,在闭环反馈环节的迅速纠正下,控制系统能很快恢复正常,这种系统都能采用软件恢复。

3. 数据采集误差的软件对策

根据数据采集时干扰性质、干扰后果的不同,采取的软件对策不一,没有固定的对策模式。

例如,对于前述的工频电网电压的串模干扰,采用工频整形采样、软件自动校正工频串模干扰的误差,代替了工频电压整形采样法或锁相频率自动跟踪法的硬件对策,取得了良好的效果。

对于实时数据采集系统,为了消除传感器通道中的干扰信号,在硬件措施上常采取有源或无源 RLC 网络,构成模拟滤波器对信号实现频率滤波。同样,运用 CPU 的运算、控制功能也可以实现频率滤波,完成模拟滤波器类似的功能,这就是数字滤波。在许多数字信号处理专著中都有专门论述,可以参考。随着单片机运算速度的提高,数字滤波在实时数据采集系统中应用愈来愈广。

在一般数据采集系统中,人们常采用一些简单的数值、逻辑运算处理来达到滤波的效果。下面介绍几种常用的简便、有效的方法。

(1) 算术平均值法。对一点数据连续采样多次,计算其平均值,以其平均值作为该点采样结果。这种方法可以减少系统的随机干扰对采集结果的影响。一般取 3～5 次平均即可。

(2) 比较舍取法。当控制系统测量结果的个别数据存在偏差时,为了剔除个别错误数据,可采用比较舍取法,即对每个采样点连续采样几次,根据所采集数据的变化规律,确定合取办法来剔除偏差数据。例如,"采三取二"即对每个采样点连续采样 3 次,取两次相近的数据为采样结果。

(3) 中值法。根据干扰造成采样数据偏大或偏小的情况,对一个采样点连续采集多个信号,并对这些采样值进行比较,取中值作为该点的采样结果。

(4) 一阶递推数字滤波法。这种方法是利用软件完成 RC 低通滤波器的算法,实现用软件方法代替硬件 RC 滤波器。一阶递推数字滤波公式为

$$Y_n = QX_n + (1-Q)Y_{n-1} \qquad (4-1)$$

式中 Q——数字滤波器时间常数;

$\quad\quad X_n$——第 n 次采样时的滤波器输入;

$\quad\quad Y_n$——第 n 次采样时的滤波器输出。

采用软件滤波对消除数据采集中的误差可以获得满意的效果。但应注意,选择何种方法必须根据信号的变化规律选择。

4. 控制状态失常的软件对策

在大量的开关控制系统中,人们关注的问题是能否确保正常的控制状态。如果干扰进入系统,会影响各种控制条件,造成控制输出失误,或直接影响输出信号造成控制失误。为确保系统安全,可以采取下述软件抗干扰措施。

(1) 软件冗余。对于条件控制系统,对控制条件的一次采样、处理控制输出改为循环地采样、处理控制输出,这种方法对于惯性较大的控制系统具有良好的抗偶然因素干扰作用。

(2) 设置当前输出状态寄存单元。当干扰侵入输出通道造成输出状态被破坏时,系统能及时查询寄存单元的输出状态信息,及时纠正输出状态。

(3) 设自检程序,在计算机内的特定部位或某些内存单元设状态标志,在开机后,运行中不断循环测试,以保证系统中信息存储、传输、运算的高可靠性。

5. 程序运行失常的软件对策

系统受到干扰侵害,致使 PC 值改变,造成程序运行失常导致以下结果。

（1）程序飞出，PC值指向操作数，将操作数作为指令码执行，PC值超出应用程序区，将非程序区的随机数作为指令码运行。不管何种情况，都造成程序的盲目运行，最后由偶然巧合进入死循环。

（2）数据区及工作寄存器中数据破坏。程序的盲目运行，将随机数作为指令运行的结果，不可避免地会盲目执行一些存储器读写命令而造成其内部数据的破坏。例如，MCS-51单片机当PC值超出芯片地址范围（当系统扩展小于64KB），CPU获得虚假数据♯0FFH时，对应地执行"MOV R7，A"指令，造成工作寄存器R7内容变化。

对于程序运行失常的软件，对策主要是发现失常状态后及时引导系统恢复原始状态，用设置监视跟踪定时器的方法。

使用定时中断来监视程序运行状态。定时器的定时时间稍大于主程序正常运行一个循环的时间，而在主程序运行过程中执行一次定时器时间常数刷新操作，这样，只要程序正常运行，定时器就不会出现定时中断，而当程序失常，不能刷新定时器时间常数而导致定时中断时，利用定时中断服务程序将系统复位。

在MCS-51单片机应用系统中作为一个软件抗干扰的一个实例，具体做法如下。

（1）使用8155的定时器所产生的"溢出"信号作为单片机复位信号，ALE作为8155中定时器的外部时钟输入。

（2）8155定时器的定时值稍大于主程序的正常循环时间。

（3）在主程序中，每循环一次，对8155定时器的定时常数进行刷新。

（4）在主控程序开始处，对硬件复位还是定时中断产生的自动恢复进行判断。

（5）设置软件陷阱，当PC失控，造成程序"乱飞"而不断进入非程序区，只要在非程序区设置拦截措施，使程序进入陷阱，然后迫使程序进入初始状态。例如，Z-80指令系统中数据FFH正好对应为重新启动指令RST56，该指令使程序自动转入0038H入口地址。因此，在Z-80 CPU构成的应用系统中，只要将所有非程序区全部置成FFH用以拦截失控程序，并且在0038H处设置转移指令，使程序转至抗干扰处理程序。

对于MCS-51系列单片机，则可利用"LJMP 0000H"和"JB bit，rel"指令，在非程序区反复用02H，00H，00H，02H，00H，00H…填满。这样，不论PC失控后指向哪一字节，最后都能导致程序回到复位状态。

现在有专门的看门狗芯片可以实现上面的功能，还有很多的单片机内部集成了看门狗定时器，可以在单片机选型时考虑选用。

4.5　C8051F021引导装入程序及举例

本节介绍对C8051F021引导装入程序的一些考虑及使用方法，引导装入程序提供在系统复位或接收到命令后对程序存储器Flash进行在系统重新编程的能力，本书讨论在引导装入程序时的一些考虑，并给出一个引导装入程序的例子。

4.5.1　引导装入程序的操作

在器件复位后，一个引导装入程序将从一个指定的源主机下载程序代码，在复位时引导装入程序会收到一个引导装入允许信号将器件配置为能接收代码,并将代码数据下载到存储器中,对于 C8051F021 器件存储器在 Flash 编程的状态,在下载成功后,引导装入程序会转去执行新程序 C8051F021 器件的引导装入程序,可以有很多种形式,但在允许引导装入程序方面大都遵循同样的基本程序。

(1) 配置用于下载数据的外设和输入输出端口引脚,如 SPI SMBus UART 等。

(2) 擦除用于接收下载数据的存储区。

(3) 向主机发送一个准备好信号,表明它已准备好接收数据。

(4) 接收下载数据并存入存储器,这一步可能包含错误控制或传输协议。

(5) 跳转到已下载的程序的入口点,并开始执行程序。

4.5.2　硬件考虑

引导装入程序需要在一个主机与 C8051F021 通信外设之间建立通信连接,还需要有一个通知器件启动引导装入程序的手段。C8051F021 使用数字交叉开关为数字外设分配用于外设接口的端口引脚,请参见芯片应用手册。

4.5.3　引导装入允许

在复位或其他条件要求在系统编程时,器件必须有一个输入用于通知开始下载过程。这可以通过读取一个作为引导装入信号的通用 I/O 引脚,来完成一旦确定了某一应用的引脚分配,应该安全地选择用哪一个引脚作为引导装入允许信号。这样可使主机或其他硬件能通知 C8051F021 开始装入过程。

如在系统中以 P1.4 是引导装入允许信号,复位的最后阶段被采样,当端口引脚 P1.4 保持低电平时,启动引导装入过程。注意:端口引脚在复位后的默认状态为高电平(逻辑 1),因硬件复位后通用 I/O 引脚的输入信号应为逻辑"0"才能通知启动引导装入操作。

4.5.4　软件考虑

图 4-35 所示为引导装入软件程序流程框图,允许引导装入时,引导装入程序必须使器件准备好接收数据。首先引导装入程序对所需要的通信外设进行配置,然后引导装入程序必须对用于下载的存储器进行擦除,并允许对存储器写入。为了建立通信链路,引导装入程序可以通过自动波特率检测确定位速率。另外,主机和 MCU 器件还可以使用预定的波特率。一旦器件已准备好接收数据,应通知主机,主机接到通知后发送数据,在有用数据前可能还会加上有关下载的信息(如主机将要发送的字节数)。

有的程序是没有错误控制的,只是简单引导装入程序,数据被下载到连续的存储器空间,更复杂的引导装入程序可能会使用通信协议,数据也可能被下载到跨越多个扇区且不连续的存储器地址空间。

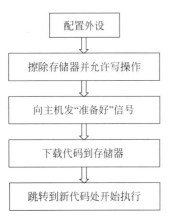

图 4-35　引导装入流程框图

4.5.5　自动波特率检测

引导装入程序可以用自动波特率检测法确定主机的传输速率。例如,主机可以发送一个训练字节(如 0x55),C8051F021 用该字节确定 UART 的波特率,另一个方案是主机可以用预定的波特率发送一个字节来设置下装过程的传输速率,此后,器件就可以配置 UART 和定时器,以便在接收数据前能工作在正确的波特率下。在所提供的例子中,没有使用自动波特率检测,假定采用 115.2Kb/s 的预定波特率和 18.432MHz 的系统时钟。

4.5.6　Flash 存储器写入

在引导装入过程中,程序代码被写入到 Flash,在对 Flash 存储器进行擦除和写入操作时有一些特别需要注意的事项。从应用程序写 Flash,一般来说引导装入程序会擦除一个或 512B 的 Flash 页,一旦 Flash 被允许写入目标板就已经准备好接收下装数据,注意对于擦除操作,写允许 PSWE 和擦除允许 PSEE 位必须被置 1,一旦擦除操作被允许向一个 Flash 存储器页内写入任一字节将擦除整个 512B 的 Flash 页,使用 Flash 时的一个限制是执行写操作的速度,完成写一个字节的操作需要最长 $40\mu s$ 的时间,因此主机的传输速率不能高于 25kB/s 或 250kb/s,数据帧格式为 UART8-N-1。在使用 Flash 时必须考虑到这一点,因为某些外设可能以高于此速率的速度传输数据,UART 最大的通用位率是 115.2kb/s 或 11.52kB/s,这比写入 Flash 所要求的传输速度限制值要小得多。

注意:在 Flash 擦除和写操作期间,CPU 内核停止工作,外设部件如定时器和 UART 继续正常工作,在 CPU 停止工作期间发生的任何中断都将被保持,并在写/擦操作完成后得到服务。

4.5.7　引导装入程序示例

这里的例子是一个没有通信协议的简单引导装入程序,可以在一个连续的地址空间内写入最多 512B Flash 存储器的一页,本例中的引导装入程序在函数 Main() 中完成对系统时钟和端口引脚的设置,并测试端口引脚 P1.4 是否为逻辑 0 如果 P1.4 为低电平,程序转到 bootload() 函数对 Flash 擦除和写允许和 UART 进行设置,该函数接着发送一个字节以通知主机 MCU 已准备好接收下装数据,所接收到的头两个字节是将要下载的字节数赋给变量 NumBytes,接着就是将数据下载到 Flash 存储器中,最后引导装入程序转去执行刚刚下载的程序。

4.5.8　配置

示例引导装入程序使用 UART 和定时器 1,工作波特率为 115.2kb/s,系统时钟源自 18.432MHz 的外部晶体,本例所进行的配置过程如下。

1. 配置系统时钟源

特殊功能寄存器 OSCXCN 和 OSCICN 被设置为使用外部 18.432MHz 晶体作为系统时钟源程序,等到外部晶体有效 XTLVLD 标志置 1 后,将系统时钟切换到外部时钟源。

2. 配置 I/O 端口引脚

引导装入程序使用 UART 并假定最终应用中不使用 SPI 和 SMBus，通过设置 XBR0 来分配 UART 信号所用的端口引脚，将 PRT0CF 寄存器中的对应位置"1"。

将外设输出配置为推挽方式，其他端口引脚仍保持漏极开路的默认设置，最后将 XBARE(XBR2.0)置"1"允许交叉开关工作，在 bootload()函数中进行以下的配置过程。

3. 配置定时器 1 为波特率发生器

为了得到正确的波特率，必须对 CKCON、TH1、TMOD、TCON 和 PCON 进行设置。

4. 配置 UART

设置 SCON 以选择方式 1(8 位可变速率)并允许 UART。

5. 配置 Flash 预分频

为了使用 Flash 存储器，必须根据系统时钟频率配置 FLSCL 寄存器。该引导装入程序使用 P1.4 作为引导装入允许信号，程序测试 P1.4 是否为逻辑"0"，如果采样到 P1.4 为低电平，程序转去执行 bootload()函数，在完成前面所述的配置工作后，bootload()函数进行下述操作。

(1) 擦除用于保存下装代码的存储器地址所在的 Flash 扇区，Flash 擦除前要先将 PSCTL 寄存器中的 PSWE 和 PSEE 置"1"，一旦向该 Flash 扇区的任一地址写入一个字节，整个页就被擦除。擦除操作完成后 PSEE 和 PSWE 被清除以禁止写和擦除操作。在示例代码的开始处定义了一个常数 DWNLD_SECTOR 作为下载地址。

(2) 指示器件已处于引导装入方式并已准备好接收数据。在本例中向主机发送字节 0x5A，以表明引导装入程序已准备好接收数据。

(3) 指示要接收的字节数，在本例中最初收到的两个字节表示将要下载的字节数，因为最多只使用一个 Flash 页，所以字节数必须小于或等于 512B。

(4) 下装代码到 Flash 将 PSWE 置"1"以允许写操作，并用一个 for 循环将下载字节写入到连续的存储器空间。一旦循环计数器等于头两个字节所指定的字节数，则下装任务完成，函数退出 for 循环。下载完成后，清除 PSWE(PSWE="0"，FLSCL=0x8F)禁止写和擦除操作。

(5) 执行下装的代码，最后一步是执行刚下载的代码。本例中下装代码的入口点位于 DWNLD_SECTOR，这也是第一个下装字节的地址，在 C 代码中函数指针(*boot)用于将程序计数器重新定向到刚下载的代码。

下面提供了上述引导装入程序的源代码。请注意这只是一个简单的例子，有很多不同的技术可以用来实现 C8051F021 系列器件的引导装入程序。

4.5.9　示例源代码

```
/************************************************************************
文件名：bootloader.c
```

目标 MCU：C8051F0xx
说明：引导装入程序和测试驱动程序
注：该程序适用 Keil C51 v6.01 编译器和链接器
*** /

```
// 编译器配置
# include < c8051F021.h >
# define LOGIC_LOW 0x00
# define LOGIC_HIGH 0x01
# define DWNLD_SECTOR 0x1000
# define timer_delay_const ( - 18432000/1000)        // 要装入到定时器 1 的数值
// 函数原型
void boot_load ( void );
// 变量
sbit BLE_PIN = P1 ^ 4;
/////////////////////////////////////////////////////////////////
// 主程序代码
/////////////////////////////////////////////////////////////////
void main (void)
{
WDTCN = 0xDE;                                          // 禁止看门狗定时器
WDTCN = 0xAD;                                          // 配置系统时钟源
OSCXCN = 0x66;                                         // 选择外部振荡器(18.432MHz)作为系统时
                                                      //钟并设置频率控制位
// 由于在 XTLVLD 位中可能存在偶然的正脉冲干扰,使用定时器 1 延时 1 ms
CKCON = 0x10;                                          // T1 使用不分频的 sysclk
TMOD = ((TMOD & 0x0F) | 0x10);                         // 配置 T1 为 16 位方式
TH1 = (timer_delay_const >> 8);                        // 装入延时常数
TL1 = timer_delay_const;
TR1 = 1;                                               // 启动定时器
while (!TF1);                                          // 等待溢出
TR1 = 0;                                               // 停止定时器
TF1 = 0;                                               // 清除溢出标志
while (!(OSCXCN & 0x80));                              // 等待晶体有效标志(振荡器稳定运行)
// 配置端口 I/O
OSCICN = 0x08;                                         // 切换到外部时钟
P1MDOUT = 0x7F;                                        // RX (P0.7) 为输入 其他为推挽输出
XBR0 = 0x07;                                           // 允许 UART SPI SMBUS
XBR2 = 0x40;                                           // 允许交叉开关
if ( BLE_PIN == LOGIC_LOW )
{
boot_load();
}
while(1);
}
//-------------------------------------------------------------------
// boot_load()
// boot_load()将定时器 1 配置为波特率发生器,擦除用于保存下载代码的 Flash 扇区
// 然后发送 0x5A 表示已准备好接收下载代码
// 然后等待 UART 输入所接收到的头两个字节为要下载到 Flash 中的字节数
// 接下来的字节被写到 Flash 从地址 DWNLD_SECTOR 开始的连续地址
//一旦下载完毕转去执行刚下载的代码
//在写入和执行之前没有对下载代码进行错误检测
//-------------------------------------------------------------------
void boot_load ( void )
```

```
{
void ( * boot)( void);                          // 用于转向下载代码的函数指针
int i, NumBytes;
char xdata * address;
address = DWNLD_SECTOR;
TCON = 0x00;                                     // 将定时器 1 配置为波特率发生
CKCON |= 0x10;
TH1 = ( -10);
TMOD = ((TMOD & 0x0F) | 0x20);                   // 设置定时器 1 为 8 位自动重装载方式
TR1 = 1;                                         // 启动定时器 1
// 配置 UART(8 - N - 1)
PCON |= 0x80;                                    // 置位 SMOD 得到 115.2kHz 的加倍波特率
SCON0 = 0x50;                                    // 设置 UART 为方式 1 并允许 UART
// 设置 FLASH 预分频器 18.432MHz 时钟
FLSCL = ((FLSCL & 0xF0) | 0x09);                 // 擦除包含地址 DWNLD_SECTOR 的 Flash 扇区
PSCTL = 0x03;                                    // 允许写(PSWE)扇区擦除(PSEE)
 * address = 0x00;                               // 向扇区空写 启动擦除操作
PSCTL = 0x00;                                    // 禁止写和扇区擦除
TI0 = 0;
SBUF0 = 0x5A;                                    // 表示准备好的字节
while (!TI0);                                    // 等待字节发送完
TI0 = 0;                                         // 用软件清除标志
while (!RI0);                                    // 等待接收
RI0 = 0;                                         // 清除标志
i = SBUF0;                                       // 保存第一个高字节
while (!RI0);                                    // 等待第二个字节
RI0 = 0;                                         // 清除标志
NumBytes = (i << 8) | SBUF0;                     // 移动低字节
NumBytes = (NumBytes <= 0x200) ? NumBytes: 0x200; // 检查字节数是否小于 512
// 下载代码到 FLASH
PSCTL = 0x01;                                    // 允许写操作
for( i = 0; i < NumBytes; i++)
{
while (!RI0);                                    // 等待接收下一字节
RI0 = 0;                                         // 清除标志
 * address++ = SBUF0;                            // 写到 Flash
}
PSCTL = 0x00;                                    // 禁止写
// 执行刚下载的代码
boot = DWNLD_SECTOR;
( * boot)();
// 我们永远不应执行到这个位置,只是以防万一
return;
}
```

4.6   单片机系统设计基本课题

4.6.1   基于单片机的交通信号灯的设计

1. 任务和要求

设计的系统功能为：以 MCS-51 系列单片机作为控制核心,在东、西、南、北 4 个方向设

置左拐、右拐、直行及行人 4 种通行指示灯,用计时器显示路口通行转换剩余时间。在出现紧急情况时,可以由交警手动实现全路口车辆禁行而行人通行状态,在特种车辆如 119、120 通过路口时,系统可自动转为特种车辆放行,其他车辆禁止通行状态。

2. 系统原理框图

基于单片机的交通信号灯系统原理框图如图 4-36 所示。

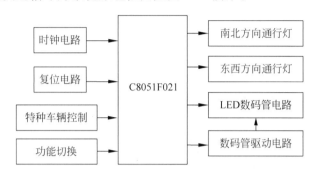

图 4-36 系统原理框图

3. 总体方案设计

用 TQF964 封装、片内带 64KB Flash ROM 的 C8051F021 单片机作为控制 MCU,采用 4 组高亮红绿双色二极管作为东、西、南、北 4 个路口的通行指示灯,采用 4 组 3 位 LED 数码管作为 4 个路口的通行倒计时显示器,LED 显示采用动态扫描方式,以节省端口数。

4.6.2 基于单片机的温度测量显示系统设计

1. 任务与要求

工业控制系统中经常要用到温度参数测量,由单片机构成的温度测量显示电路是此类电路的常用的构成形式,本测量系统主要指标如下。

(1) 要求能测量的温度在 0～400℃ 范围内。

(2) 测量精度为 0.1℃。

(3) 用 4 位 LED 数码管显示测量结果。

2. 原理框图

基于单片机的温度测量系统原理框图如图 4-37 所示。

3. 总体方案设计

温度传感器选用常用的 PT100 铂电阻温度传感器,此传感器是将温度的变化转换成电阻的变化,而 A/D 转换器输入的信号常见的是电压信号,所以常用的方法是半桥或全桥电路将

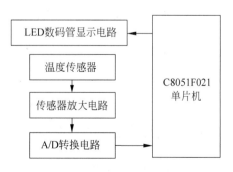

图 4-37 温度测量显示电路框图

电阻值的变化转换成电压的变化。

A/D 转换器选择 12 位的能满足要求,市场上 12 位的 A/D 型号是比较多的,可以选择自己熟悉的型号用到系统中。4 位数码管显示电路可以用动态扫描的方式来扩展,这样可以不用扩展系统 I/O 口就能实现系统功能。

4.6.3　基于单片机的低频函数波形发生器设计

1. 任务与要求

用单片机与 DAC0832 构成的波形发生器,可产生锯齿波、三角波、方波、正弦波方波等多种波形,波形的周期和幅度可用程序改变,并可根据需要选择单极性输出或双极性输出,具有线路简单、结构紧凑、性能优越等特点。

2. 总体方案设计

选择 8 位 D/A 转换器 DAC0832 构成一个波形发生器核心电路,DAC0832 输出的是电流信号,首先要将电流信号转换成电压信号,根据设计要求还要在后级设计极性变换的可控放大电路,单片机外部还需扩展必要的外设,如按键和显示等,按键可以选择独立按键,但是功能设置上要复杂些,也可以用 4×4 矩阵键盘来完成,参数可以直接用数字键输入,程序编写要方便些,显示电路可以选择 1602 的 LCD 液晶屏显示。系统框图如图 4-38 所示。

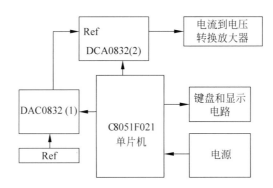

图 4-38　基于单片机的低频函数波形发生器设计的原理框图

4.6.4　简易直流数字电压表设计

1. 任务与要求

用 MCS-51 单片机扩展一片 DAC0809 来设计一个简易数字电压表,简易数字电压表设计可以测量 0～50V 范围的输入电压,分 5V 和 50V 两个量程实现,并在显示电路上显示。

2. 总体设计方案

单片机选择 C8051F021 作为控制 MCU,外部扩展 1602 液晶显示屏显示测量值,其电路组成框图如图 4-39 所示。

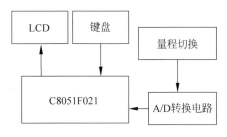

图 4-39　简易直流数字电压表设计原理框图

4.6.5　基于 RS485 接口的温度测量电路设计

1. 任务和要求

用 P100 传感器检测分散在不同地点的温度信息,测量温度范围为 $0 \sim 400℃$,分辨率为 $0.1℃$,设计一个 RS485 接口以便于联网将测量信息上传。

2. 总体设计方案

选择 C80151F021＝0 单片机作为控制 MCU,PT100 传感器放大电路,选择合适的 A/D 转换器,用 6N137 高速光耦进行隔离,其结构图如图 4-40 所示。

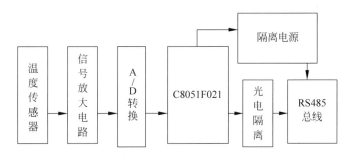

图 4-40　基于 RS485 接口的温度测量电路原理框图

4.6.6　基于单片机智能学习型遥控器设计

1. 设计任务和要求

本设计以单片机为核心设计一种学习型万能遥控器,可以对各种红外线遥控器发射的信号进行识别、存储和再现等,从而实现对各类家电的控制。

2. 总体设计方案:

系统由发射单元、接收单元、存储单元、输入单元、检测单元等构成。系统总的结构框图如图 4-41 所示。

利用单片机作为控制 MCU,扩展段式 LCD 液晶显示器作为功能显示用,系统扩展的按

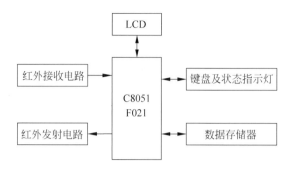

图 4-41　学习型万能遥控器的系统框图

键有电源开关、导航键、功能键等共 48 个按键。

4.6.7　基于单片机控制的 LED 16×16 点阵显示应用系统设计

1. 任务和要求

设计的 LED 点阵显示系统主要实现的功能是利用取模软件建立标准字库,编制程序实现点阵循环左移显示汉字。系统由硬件和软件两大部分组成,其中硬件部分由 C8051F021 构成单片机最小应用系统。

2. 原理框图

系统原理框图如图 4-42 所示。

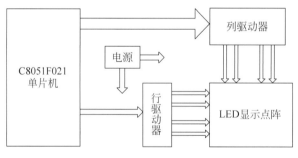

图 4-42　系统原理框图

4.6.8　基于单片机的电子日历电路设计

1. 任务与要求

51 单片机是一种集定时器/计数器和多种接口于一体的微控制器,被广泛应用在智能产品和工业自动化中,C8051F021 是单片机中最为典型和最有代表性的一种。现在的实时系统要求具有较高精度的时钟系统,目前实时时钟芯片具有计时精度高、稳定性好、使用方便、不需要经常调试等特点。系统中用 LED 显示器代替指针来显示时间。

该电路具有时、分、秒显示的功能,要求精度为每天误差小于 5s,电路还要具备时、分的校对。

2. 系统框图

基于单片机的电子时钟电路原理框图如图 4-43 所示。

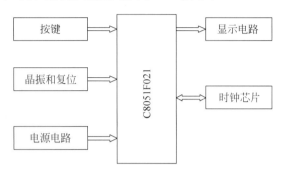

图 4-43　电子日历电路框图

3. 总体设计方案

该实时时钟系统电路可分为 4 个部分,即中央处理单元(C8051F021)、显示电路、按键电路、时钟电路,此方案的原理框图如图 4-43 所示,时钟芯片采用 PCF8563,PCF8563 是一款低功耗的 CMOS 实时时钟/日历芯片,它提供可编程时钟输出、中断输出和掉电检测,所有的地址和数据通过 I^2C 总线接口串行传递。最大总线速度为 400Kb/s,每次读写数据后,内嵌的字地址寄存器会自动增加。

4.6.9　基于单片机控制的语音录放电路设计

1. 任务和要求

采用语音芯片设计一种由单片机控制,能够循环录放的语音电路。可作为录音机、复读机、音频记录仪使用,既节省存储空间,又降低成本,具有较高的实用价值。

2. 设计方案

系统可用广州致远电子有限公司最新推出的语音模块 ZY17xxx 系列,此系列是 ZY1420 语音芯片的升级产品,它不仅具有 ZY1420 的所有优良性能,如大容量的存储器、消噪的麦克风前置放大器、自动增益调节 AGC 电路、专用语音滤波电路、高稳定性的时钟振荡电路和语音处理电路,而且还提供多项新功能,如多条信息管理,两种操作模式(按键操作模式和 SPI 操作模式),灵活的分段录、放音操作,音量控制以及擦除等功能,并且在音质、录放音时间长度等方面也都有了很大的改善。

单片机通过 SPI 接口对语音芯片进行控制;D 类扬声器放大器,直接驱动一个 $8\Omega/1W$ 的扬声器;扩展键盘作为分段录、放音等功能操作用,扩展 LED 数码管显示器作为分段和播放时间显示用,其系统框图如图 4-44 所示。

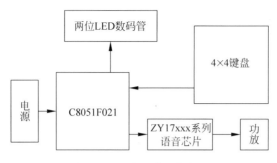

图 4-44　语音录放系统框图

4.6.10　基于单片机的直流无刷电机控制电路设计

1. 任务和要求

电机是把电能转换成机械能的装置。电机的种类繁多,如果按电源类型分,可分为直流电机和交流电机两大类。常见的直流电机包括有刷电机、无刷电机、步进电机等。直流无刷电机具有启动快、制动及时、可在大范围内平滑调速等特点。本课题所设计的控制电路就是针对直流无刷电机设计的。本设计要求用 MCS-51 系列单片机作为控制 MCU,实现对小功率的直流无刷电机控制,选择合适的控制算法,实现对直流无刷电机控制。系统要设置一定数量的按键以完成运行参数设置,同时要设计显示电路完成参数的显示。

2. 总体设计方案

系统电路原理框图如图 4-45 所示,单片机选择 C8051F021,直流无刷电机驱动电路可以用 MOS 管组成的全桥,以实现电机的正/反转控制。转速控制算法可采用经典的 PID 控制算法,显示电路可以根据所掌握的知识选择 LCD 液晶屏或 LED 数码管,按键可以用 4×4 矩阵键盘。

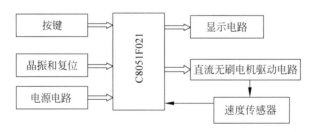

图 4-45　直流无刷电机控制电路框图

4.6.11　基于单片机的步进电机控制电路设计

1. 任务和要求

步进电机是把电能转换成机械能的一种装置。直流有刷电机是所有电机的基础,它具有启动快、制动及时、可在大范围内平滑调速、控制电路相对简单等特点。本课题所设计的控制电路就是针对步进电机设计的。本设计要求用 MCS-51 系列单片机作为控制 MCU,实现对小功率的步进电机控制,选择合适的控制算法,实现对其进行闭环控制。系统要有设置一定数量的按键以完成运行参数设置,同时要设计显示电路完成参数的显示。

2．总体设计方案

系统电路原理框图如图 4-46 所示,单片机选择 C8051F021,直流电机驱动电路可用MOS 管组成的全桥,以实现电机的正/反转控制,要求有细分功能。显示电路可以根据所掌握的知识选择 LCD 液晶屏或 LED 数码管,按键可以用 4×4 矩阵键盘。

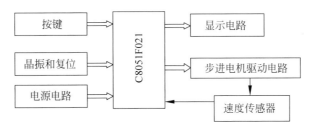

图 4-46　步进电机控制电路方框图

4.6.12　基于单片机的超级电容充电计量电路设计

1．任务和要求

超级电容的容量比通常的电容器大得多。由于其容量很大,对外表现和电池相同,因此也称为"电容电池"或"黄金电池"。超级电容器电池也属于双电层电容器,它是目前世界上已投入量产的双电层电容器中容量最大的一种,其基本原理和其他种类的双电层电容器一样,都是利用活性炭多孔电极和电解质组成的双电层结构获得超大的容量。

其具有以下特点。

(1) 充电速度快,只要充电几十秒到几分钟就可达到其额定容量的 95% 以上;而现在使用面积最大的铅酸电池充电通常需要几个小时。

(2) 循环使用寿命长,深度充放电循环使用次数可达 50 万次,如果对超级电容每天充放电 20 次,连续使用可达 68 年。

(3) 大电流放电能力超强,能量转换效率高,过程损失小,大电流能量循环效率不小于 90%。

(4) 功率密度高,可达 300～5000W/kg,相当于普通电池的数十倍;比能量大大提高,铅酸电池一般只能达到 200W/kg,而超级电容电池目前研发已可达 10kW/kg。

(5) 产品原材料构成、生产、使用、储存以及拆解过程均没有污染,是理想的绿色环保电源。

(6) 充放电线路简单,无须充电电池那样的充电电路,安全系数高,长期使用免维护。

(7) 超低温特性好,使用环境温度为 −40～+70℃。

(8) 检测方便,剩余电量可直接读出。

(9) 单体容量通常为 0.1～3400F。

本课题要求设计一个超级电容充电电路,要求能调节充电电流,具有充电电压上限保护,本设计要求用C8051F021单片机作为控制MCU,电路要设置一定数量的按键完成运行参数设置,同时要设计显示充电电压、电流参数和充电电量。

2. 总体设计方案

系统电路原理框图如图4-47所示,单片机选择C8051F021,驱动电路可以用晶体管组成线性的可调恒流源,为防止调整管过热,电源变压器可以用多个抽头,在充电过程中自动进行调节。显示电路可以根据所掌握的知识选择LCD液晶屏或LED数码管,按键可以用矩阵键盘或独立按键。

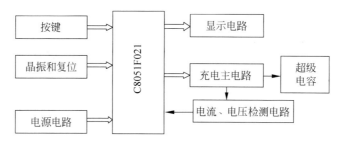

图4-47 超级电容充电电路框图

第 5 章

制作与调试实践

5.1 电路板的设计与制作

5.1.1 印制电路板简介

在绝缘基板的敷铜板上,按预定设计用印制的方法制成印制线路、印制元件或两者组合而成的电路,称为印制电路板(Printed Circuit Board,PCB)。不断发展的 PCB 技术使电子产品设计和装配走向标准化、规模化、机械化和自动化,还使电子产品体积减小,成本降低,可靠性、稳定性提高,装配、维修变得简单等。

PCB 是电子设备设计的基础,是电子工业重要的电子部件之一。它在电子设备中有以下功能。

(1)提供集成电路等各种元器件固定、装配的机械支撑。

(2)实现集成电路等各种元器件之间的布线和电气连接或电绝缘,提供所要求的电气特性、特性阻抗、电磁屏蔽及电磁兼容性等。

(3)为自动锡焊提供阻焊图形,为元器件插装、检查、维修提供识别字符和图形。

由于 PCB 不断地向提高精度、布线密度和可靠性方向发展,并相应缩小体积、减小质量,因此它在未来电子设备向大规模集成化和微小型化的发展中,仍将保持强大的生命力。

PCB 的设计是整机工艺设计中的重要一环。设计质量不仅关系到元件在焊接装配、调试中是否方便,而且直接影响整机技术性能。一般地,PCB 的设计不像电路原理设计那样需要严谨的理论和精确的计算,而只有一些基本设计原则和技巧,因此,在设计中具有很大的灵活性和离散性。同一张复杂的电路原理图,不同的设计人员会设计出不同的方案,但是一个好的设计必须在保证电气性能指标的前提下,使布局更合理,由布线引入的电容、电感、电阻最小,更利于散热,并且使布线面积更小。

5.1.2 印制电路板

1. 基本概念

印制电路板是由导电的印制电路和绝缘基板构成的。

(1)印制。采用某种方法,在一个表面上再现图形和符号的工艺,是传统意义中"印刷"概念的拓展。

(2)印制线路。采用印制法在绝缘基板上制成的导电图形,包括印制导线、焊盘等。

（3）印制元件。采用印制法在基板上制成的元件，如电感、电容等。

（4）印制电路。印制线路与印制元件的合称。

（5）敷铜板。由绝缘基板和粘敷在上面的铜箔组成，是用减成法制造印制板的主要原料。

（6）印制电路板。完成了印制电路或印制线路加工的板子，不包括安装在板上的元器件和进一步加工，简称印制板。

（7）印制电路板组件。安装了元器件及其他部件的电子部件。

2. 分类

按印制电路的分布可将 PCB 划分为单面板、双面板和多层板。单面板是只在一面上有导电图形的印制板。双面板是两面都有导电图形的印制板，与单面板生产的主要区别在于增加了孔金属化工艺，即实现了两面印制电路的电气连接。多层板是有 3 层或 3 层以上导电图形和绝缘材料层压合成的印制板。

按力学性能可将 PCB 分为刚性和柔性两种。柔性印制电路板和刚性印制电路板一样，也分为单面、双面和多层。其突出特点是能弯曲、卷缩、折叠，能连接刚性板及活动部件，从而能立体布线，实现三维空间互连，它的体积和质量小、装配方便，适用于空间小、组装密度高的电子设备。

按适用范围，PCB 可分为低频和高频印制电路。高频印制电路主要用于解决高频部件小型化问题。其敷箔基材可由聚四氟乙烯、聚乙烯、聚苯乙烯、聚四氟乙烯玻璃布等介质损耗及介电常数小的材料构成。

目前，也出现了金属芯印制板、表面安装印制板、碳膜印制板等一些特殊印制板。金属芯印制板就是以一块厚度相当的金属板代替环氧玻璃布板，经过特殊处理后，使金属板两面的导体电路相互连通，而和金属部分高度绝缘。金属芯印制板的优点是散热性及尺寸稳定性好，这是因为铝、铁等磁性材料有屏蔽作用，可防止互相干扰。表面安装印制板是为满足电子设备"轻、薄、短、小"的需要，配合管脚密度高、成本低的表面贴装器件的安装工艺（Surface Mounted Technology，SMT）而开发的印制板。

5.1.3 印制电路板设计基础

成功的印制板设计不仅应保证元器件准确无误地连接，工作中无自身的干扰，满足生产与维护中的经济指标，而且还要尽量做到装焊方便、整齐美观、牢固可靠。印制板的排版设计虽无一套固定模式，每个设计者都可以有自己的风格与习惯，但在众多的作品中，通过比较可以发现，尽管它们都能达到一定的电性能要求，然而，总可以选出更美观、更易安装、更可靠的印制板。这说明，虽然没有统一的模式，但也应遵循一定原则进行设计，使得具体应用中有最佳效果。

1. 布线

1）印制导线宽度

导线的工作电流决定了导线的宽度。常温下印制导线的电阻率一般为 $0.5\Omega/(mm^2 \cdot m)$。

印制导线最大允许电流一般可按 $20A/mm^2$ 考虑,当铜箔厚度为 0.05mm 时,1mm 宽的印制导线允许通过 1A 电流。此时线宽的毫米数即是载流量的安培数。

提供布线参考数据如下。

(1) 在板面允许的条件下电源及地线应尽量宽一些,一般布线宽度不要小于 1mm。即使地线不允许整体加宽,也应该在可能的地方加宽以降低整个地线系统的电阻。

电源、功率电路部分必须考虑最不利条件,如印制导线局部毛刺、划伤及加工中的允许偏差等。

(2) 对于长度超过 100mm 的导线,即使电流不大,也应加宽以减小导线压降对电路的影响。

(3) 一般信号获取和处理电路,包括常用 TTL、CMOS、非功率运放、RAM、ROM、微处理器等电路部分,可不考虑导线宽度。

(4) 一般安装密度不大的印制板的导线宽度以不小于 0.5mm 为宜,手工制作的板子的导线宽度以不小于 0.8mm 为宜。

2) 导线图形间距

相邻导线图形的间距(包括印制导线、焊盘、印制元件)由它们之间的电位差决定。印制板基板的种类、制造质量及表面涂覆都影响导线图形间的安全工作电压。一般印制导线间距最大允许工作电压可按 200V/mm 考虑,最小间隙不要小于 0.3mm,以消除相邻导线之间的电压击穿或飞弧。

3) 印制导线走向与形状

对于印制电路板布线,"走通"是最低要求,"走好"是经验和技巧的表现。图 5-1 所示是导线走向与形状的部分实例。实际设计时可根据具体条件选择,通用准则如下。

(1) 以短为佳,能走捷径就不要绕远。

(2) 走线平滑自然为佳,避免急拐弯和尖角。

(3) 公共地线要尽可能多地保留铜箔。

(4) 印制板上大面积铜箔镂空成栅状,导线宽度超过 3mm 时中间留槽,以利于印制板涂覆铅锡及波峰焊。

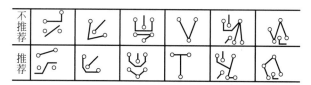

图 5-1　印制导线走向与形状

2. 焊盘

1) 焊盘形状

(1) 岛形焊盘。如图 5-2(a)所示,焊盘与焊盘间的连线合为一体,形状为岛形,故称为岛形焊盘。这种焊盘有利于元器件密集固定,并可大量减少导线的长度和条数,能在一定程度上抑制分布参数的影响。同时,焊盘与印制线合为一体,铜箔面积大,使印制线路的抗剥离程度增加,能降低选用敷铜板的档次,从而降低产品成本。

(2) 圆形焊盘。如图 5-2(b)所示,焊盘与过线穿孔为同心圆。其外径为孔径的 2~3

倍。在布线密度允许时应尽量增大焊盘以提高印制线路的抗剥离性。

（3）方形焊盘。如图 5-2(c)所示，印制板上元件大而少，印制导线时常采用这种方式。在手工制作印制板时，采用这种方式只需要用刀刻断或刻掉一部分即可。在一些大电流的印制板上也多用此形式，以增大线路的载流量。

（4）椭圆形焊盘。如图 5-2(d)所示，这种焊盘既有足够的面积增强抗剥离能力，又在一个方向尺寸较小，有利于中间走线。常用于双列直插式器件或插座类器件。

（5）泪滴式焊盘。如图 5-2(e)所示，这种焊盘与印制导线过渡圆滑，在高频电路中有利于减少传输损耗，提高传输效率。

（6）开口焊盘。如图 5-2(f)所示，开口的目的是为了保证在波峰焊后，手工补焊的焊孔不被焊锡封死。

（7）其他焊盘。图 5-2(g)所示的矩形（常用正方形）和图 5-2(h)所示的多边形（常用八边形）焊盘一般适用于某些外观相似而序号或孔径不同的焊盘，便于加工和装配。图 5-2(i)所示的异形空焊盘主要用于安装片状的元器件或单元电路板。

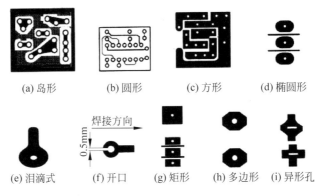

(a) 岛形　　　(b) 圆形　　　(c) 方形　　　(d) 椭圆形

(e) 泪滴式　　(f) 开口　　　(g) 矩形　　(h) 多边形　(i) 异形孔

图 5-2　焊盘形状

2）焊盘外径

对于单面板来说，焊盘抗剥离能力较差，焊盘环宽应大于 1.5mm，即如果焊盘外径为 D，引线孔径为 d，则应有 $D \geqslant (d+1.5)$mm。对于双面板应有 $D \geqslant (d+1.0)$mm。在高密度精密板上，由于制作要求高，焊盘环宽可为 0.7mm 或更小。

5.1.4　印制电路板设计过程与方法

印制电路板设计也称为印制板排版设计，通常包括设计准备、外形及结构草图设计、绘制不交叉图、设计布局、设计布线、提出加工工艺图及技术要求等过程。

1. 设计准备

了解电路工作原理和组成，各功能电路的相互关系及信号流向等内容，对电路工作时对能发热、可能产生干扰等情况做好准备。了解印制板工作环境（是否密封、工作环境温度变化、是否有腐蚀性气体等）和工作机制（连续工作还是断续工作等）。熟悉主要电路参数（最高工作电压、最大电流及工作频率等）。了解主要元器件和部件的型号、外形尺寸、封装，必要时取得样品或产品样本。

2. 外形及结构草图设计

（1）对外连接草图。它是根据整机结构和分板要求确定的，一般包括电源线、地线板外元器件的引线、板与板之间连接线等，绘制草图时应大致确定其位置和排列顺序。若采用接插件引出，要确定接插件位置和方向。

（2）印制板外形尺寸草图。印制板外形尺寸受各种因素制约，一般在设计时已大致确定，从经济性和工艺性出发，优先考虑矩形。印制板的安装、固定也是必须考虑的内容，印制板与机壳或其他结构件连接的螺孔位置及孔径应明确标出。

3. 绘制不交叉图

对较简单的电路（一般指元件数少于 30 个）可采用绘单线不交叉图的手工方法设计印制板。具体步骤如下。

（1）将原理图中应放置于板上的电路图根据信号流向或排版方向依次画到板面上，集成电路要画封装引脚图。

（2）按原理图将各元器件引脚连接，遇到有导线交叉的情况，可以利用元器件中间位置或跨接线跨越。

（3）调整元器件位置和方向，使跨接线最少、连线最简洁。

（4）重新画不交叉图。

设计中可能会需要重复进行上述 4 个步骤方能获得较好的设计结果。在应用 CAD 技术时，该步骤可由设计人员与计算机协同完成。

4. 设计布局

布局就是将电路元器件放在印制板有线区内，布局是否合理不仅影响布线工作，而且对整个电路板的性能也有重要作用。下面对布局要求、原则、布放顺序作简要介绍。

1）布局要求

首先要保证电路功能和性能指标。在此基础上满足工艺性以及检测、维修方面的要求。同时，要适当兼顾美观，元器件排列应该整齐、疏密得当。相同结构电路部分应尽可能采取对称布局。同类型的元器件应该在 X 或 Y 方向上一致。同一类型的有极性分立元件也要力争在 X 或 Y 方向上一致，以便于生产和调试。使用同一电源的元器件应考虑尽量放在一起，以便于将来的电源分割。

2）布局原则

（1）就近原则。相关电路部分应就近安放，避免走远路、绕弯子。

（2）信号流原则。按电路信号流向布放，避免输入输出、高低电平、模拟数字电路部分交叉。

（3）调试和维修原则。大元器件边上不能放置小元器件，需要调试的元器件周围应有足够的空间。双列直插元器件相互的距离要大于 2mm。球栅阵列（Ball Grid Array，BGA）结构的 PCB 与相邻元器件距离应大于 5mm。阻容等贴片小元器件相互距离大于 0.7mm。贴片元件焊盘外侧与相邻插装元器件焊盘外侧要大于 2mm。压接元器件周围 5mm 不可以放置插装元器件。焊接面周围5mm内不可以放置贴装元器件。

（4）散热原则，有利于发热元器件散热。

（5）抗干扰原则，集成电路的去耦电容应尽量靠近芯片的电源脚，使之与电源和地之间形成回路最短。旁路电容应均匀分布在集成电路周围。匹配电容电阻的布局要分清其用法，对于多负载的终端匹配一定要放在信号的最远端进行匹配。

3）布放顺序

（1）先大后小，先安放占面积较大的元器件。

（2）先集成后分立。

（3）先主后次，多块集成电路先放置主电路。

4）布局方法

（1）实物法，将元器件和部件样品在1：1的草图上排列，寻找最优布局。实际应用中一般是将关键的元器件或部件实物作为布局依据。

（2）模板法，实物摆放不方便或没有实物，可按样本或有关资料制作主要元器件和部件的图样模板，以代替实物进行布局。

（3）经验对比法，这种方法是根据经验参照有可对比的印制电路板对新设计布局。

5. 设计布线

布线是按照原理图要求将元器件和部件通过印制导线连接成电路，是制板设计中的关键步骤，具体布线要把握以下要点。

（1）连接要正确。在纵横交错的导电图形中很难保证所有的连接正确。较复杂的电路可以利用CAD手段再加上必要的校对检查将失误尽可能减少。

（2）走线要简捷。除某些兼有印制元件作用的连线外，所有印制板走线都要尽量简捷，尽可能使走线短、平滑。

（3）粗细要适当。电源线（包括地线）和大电流线必须保证足够宽度。特别是地线，在版面允许的条件下尽可能宽一些。

5.1.5 印制板检验

印制板制成后必须通过必要的检验，才能进入装配工序。尤其是批量生产中对印制板进行检验是产品质量和后面工序顺利进行的重要保证。

1. 目视检验

目视检验简单易行，借助简单工具，如直尺、卡尺、放大镜等，对要求不高的印制板可进行质量把关。主要检验内容如下。

（1）外形尺寸与厚度是否在要求的范围内，特别是与插座配合的尺寸。

（2）导电图形的完整和清晰，有无短路、断路、毛刺等。

（3）表面质量，有无凹痕、划伤、针孔及表面粗糙等。

（4）焊盘孔及其他孔的位置和孔径，有无漏打或打偏。

（5）焊层质量，红层平整光亮，无凸起缺损。

（6）涂层质量，阻焊剂均匀牢固，位置准确，阻焊剂均匀。

（7）板面平直无明显翘曲。

（8）字符标记清晰、干净、无渗透、划伤。

2．连通性检查

使用万用表对导电图形连通性能进行检测,重点是双面板的金属化孔和多层板的连通性能。批量生产中应配专门设备和仪器。

3．绝缘性能

检测同一层不同导线之间或不同层导线之间的绝缘电阻以确认印制板的绝缘性能。检测时应在一定温度和湿度下按印制板标准进行。

4．可焊件

检验焊料对导电图形的浸润性能。

5．镀层附着力

检验镀层附着力可采用胶带试验法。将质量好的透明胶带粘到要测试的镀层上,按压均匀后快速掀起胶带一端扯下,镀层无脱落为合格。

此外,还有抗剥强度、镀层成分、金属化孔抗拉强度等多种指标,根据印制板的要求选择检测内容。

5.2　电子制作中的抗干扰措施

在电子系统设计和实现的过程中,一个必须面对的问题是如何在各种各样的电磁干扰源作用下仍使系统能正常工作,同时系统对其他电子设备的影响可以小到什么程度才可以接受,这一般称为电磁兼容性(Electro-Magnetic Compatibility,EMC),我国对电磁干扰和电磁兼容问题也予以了高度重视,并强制性地规定各类电器的 EMC 检测,具有 EMC 检测合格证书的产品才准许销售。因此,作为电子电路设计人员,必须掌握电子电路的抗干扰和电磁兼容技术。

5.2.1　电磁干扰三要素

要形成电磁干扰必须具备 3 个基本要素,即干扰源、耦合通道和敏感设备,如图 5-3 所示。

干扰源指产生电磁干扰的任何元件、器件、设备、系统或自然现象。耦合通道指将电磁干扰能量传输到受干扰设备的通路或媒介。敏感设备指受到电磁干扰影响(即对电磁干扰响应)的设备。

图 5-3　电磁干扰框图

1．干扰源

电磁干扰可分为人为干扰和自然干扰。自然干扰指大气干扰、雷电干扰、宇宙干扰和热噪声等。人为干扰包括其他电器或系统中电路工作时所产生的有用能量对电路造成的干扰;无用的电磁能量产生的干扰,这些无用的电磁能量一般为其他电器或系统中电路正常工作时产生的副产品,如汽车点火系统产生的干扰。根据干扰源的频率不同,电磁干扰大致可分为表5-1所示的几类。

表 5-1　各种电磁干扰频率范围

干扰源	输电线、电力牵引系统、有线广播	雷电等	高压直流输电高次谐波、交流输电线、电气铁道高次谐波	工业科学医疗设备、内燃机车、电动机、照明电器	微波炉、微波接力通信、卫星通信发射机
干扰频段	工频及音频	基频干扰	载频干扰	射频、视频	微波干扰
频率范围	50Hz 及其谐波	30kHz 以下	10～300kHz	300kHz～300MHz	300MHz～100GHz

2. 耦合通道

电磁干扰耦合通道通常分为传导耦合和辐射耦合两类。

传导耦合根据途径的不同又可分为电路性传导耦合、电容性传导耦合和电感性传导耦合。传导耦合的特点是干扰源与敏感设备之间干扰的路径必须为闭合回路,往返通路可以是另一根导线或是公共接地线回路。

辐射耦合根据干扰源与敏感设备之间的距离可分为近场耦合模式(系统内部)和远场耦合模式(系统之间)。辐射耦合的范围很广,在设备的机壳、机壳的孔洞、传输线及元件之间等都可能存在。

3. 敏感设备

敏感设备是一个广义的名称,实际上所有对电磁干扰有响应的设备、系统、电路、元器件等都属于敏感设备。

5.2.2　电子电路中抗干扰的常用措施

抗干扰的基本思想,是分析研究并确定形成干扰的三要素,然后通过抑制干扰源、削弱干扰耦合途径、降低敏感设备对干扰源的响应等措施,来抵制干扰效应的形成。

1. 抑制干扰源

抑制干扰源就是尽可能地减小干扰源的 du/dt、di/dt。这是抗干扰设计中最优先考虑和最重要的原则,常常会起到事半功倍的效果。减小干扰源的 du/dt 主要是通过在干扰源两端并联电容来实现。减小干扰源的 di/dt 则是在干扰源回路串联电感或电阻以及增加续流二极管来实现。

抑制干扰源的常用措施如下。

(1)继电器线圈增加续流二极管,消除断开线圈时产生的反电动势干扰。仅加续流二极管会使继电器的断开时间滞后,增加稳压二极管后继电器在单位时间内可动作更多的次数。

(2)在继电器接点两端并接火花抑制电路(一般是 RC 串联电路,电阻一般选 1～99kΩ,电容选 0.01μF),减小电火花影响。

（3）给电机加滤波电路，注意电容、电感引线要尽量短。

（4）电路板上每个 IC 要并接一个 $0.01\sim0.1\mu F$ 高频电容，以减小 IC 对电源的影响。注意高频电容的布线，连线应靠近电源端并尽量粗短；否则，等于增大了电容的等效串联电阻，会影响滤波效果。

（5）布线时避免 90°折线，减少高频噪声发射。

（6）可控硅两端并接 RC 抑制电路，减小可控硅产生的噪声（这个噪声严重时可能会把可控硅击穿）。

2．抗干扰传播分类

按干扰的传播路径可分为传导干扰和辐射干扰两类。

传导干扰是指通过导线传播到敏感器件的干扰。高频干扰噪声和有用信号的频带不同，可以通过在导线上增加滤波器的方法切断高频干扰噪声的传播，有时也可加隔离光耦来解决。电源噪声的危害最大，要特别注意处理。辐射干扰是指通过空间辐射传播到敏感器件的干扰。一般的解决方法是增加干扰源与敏感器件的距离，用地线把它们隔离和在敏感器件上加屏蔽罩。

切断干扰传播路径的常用措施如下。

（1）充分考虑电源对单片机的影响。电源做得好，整个电路的抗干扰就解决了一大半。许多单片机对电源噪声很敏感，要给单片机电源加滤波电路或稳压器，以减小电源噪声对单片机的干扰。例如，可以利用磁珠和电容组成 π 形滤波电路，当然条件要求不高时也可用 100Ω 电阻代替磁珠。

（2）如果单片机的 I/O 口用来控制电机等噪声器件，在 I/O 口与噪声源之间应加隔离，即增加 π 形滤波电路。

（3）注意晶振布线。晶振与单片机引脚尽量靠近，用地线把时钟区隔离起来，晶振外壳接地并固定。此措施可解决许多疑难问题。

（4）电路板合理分区，如强、弱信号以及数字、模拟信号。尽可能把干扰源（如电机、继电器）与敏感元件（如单片机）远离。

（5）用地线把数字区与模拟区隔离，数字地与模拟地要分离，最后在一点接于电源地。A/D、D/A 芯片布线也以此为原则，厂家分配 A/D、D/A 芯片引脚排列时已考虑此要求。

（6）单片机和大功率器件的地线要单独接地，以减小相互干扰。大功率器件尽可能放在电路板边缘。

（7）在单片机 I/O 口、电源线、电路板连接线等关键地方使用抗干扰元件，如磁珠、磁环、电源滤波器、屏蔽罩，可显著提高电路的抗干扰性能。

3．提高敏感器件的抗干扰性能

提高敏感器件的抗干扰性能是指从敏感器件考虑尽量减少对干扰噪声的拾取，以及从不正常状态尽快恢复的方法。

提高敏感器件抗干扰性能的常用措施如下。

（1）布线时尽量减少回路环的面积，以降低感应噪声。

（2）布线时，电源线和地线要尽量粗。除减小压降外，更重要的是降低耦合噪声。

（3）对于单片机闲置的 I/O 口，不要悬空，要接地或接电源。其他 IC 的闲置端在不改变系统逻辑的情况下接地或接电源。

（4）对单片机使用电源监控及看门狗电路，如 IMP809、IMP706、IMP813、X25043、X25045 等，可大幅度提高整个电路的抗干扰性能。

（5）在速度能满足要求的前提下，尽量降低单片机的晶振和选用低速数字电路。

（6）IC 器件尽量直接焊在电路板上，少用 IC 座。

5.2.3 电子电路中抗干扰的基本技术

1. 布线

设计 PCB 板时，除了遵循前面讲的设计布局的要求外，从抗干扰的角度考虑，布线要遵循以下原则和技巧；否则系统工作有可能不稳定，甚至无法正常工作。

（1）交直流要分开，强弱信号要分开，高低电压要分开。

（2）低频电路切忌印制铜箔线构成环路。

（3）减小单级电路布线的环路面积，减小多级电路布线的交链面积。

（4）利用地线作隔离线。布线中若不得已要平行布线时，可在两平行线之间布一条铜箔线构成隔离线，以消除两平行线间因电容性传导耦合造成的干扰。

（5）利用地线作屏蔽线。对高频、弱信号线可用地线将其包围起来，以达到屏蔽的目的。

（6）利用"跳线"（也称"飞线"）。在布线中如遇到只有绕大圈子才能走通的线路，要利用"跳线"，即直接用短路线连接，以减小长距离走线途中带来的干扰。

（7）利用屏蔽线或屏蔽板。利用金属编织的屏蔽线将输入或输出的信号线屏蔽起来，利用金属屏蔽板将信号回路或振荡电路隔离起来，以达到抗干扰的目的。

（8）利用电源线和地线作集成电路的隔离线。

2. 屏蔽

屏蔽是电子电路抗干扰技术中一项重要的措施。

屏蔽采用一定手段将空间的电力线和磁力线限制在一定范围内，防止电、磁场电磁感应形成的干扰。屏蔽可以有效地对电场、磁场和电磁场 3 种干扰进行屏蔽。

1）电场屏蔽

电场屏蔽是针对电容性耦合的。电容性耦合干扰是由于两导体（或电路）间的分布电容所形成的电场相互作用造成的干扰。已知一个带电体旁放置一个导体时，这个导体将感应出相应的电荷；如果带电体的电压是交变的，则导体也将感应出交变的电压，这就是电容性耦合干扰形成的基本原理。

电场屏蔽的基本原理是利用接地的导体包围以电场形式耦合的噪声干扰源，切断电力线的延伸；同样也可利用接地的导体包围需要防护的电路，以防止电力线的进入。

电场屏蔽的主要方法如下。

（1）用屏蔽保护线免受干扰电场的影响。

（2）用屏蔽罩或金属外壳保护内部电路。

（3）在两导线之间加一条接地导线或两导体之间加一块接地的金属薄板,可在有效的空间内使电场耦合明显减小。

（4）有源屏蔽。有源屏蔽抗干扰是使屏蔽体带有和被屏蔽的导体同等的电位,两者间无空间电力线,这样外部的干扰电场只能作用于屏蔽体的外侧,而对内部电路无影响。

2）磁场屏蔽

磁场屏蔽是针对电感性耦合干扰的。电感性耦合干扰是由于两导体（或电路）间的磁场相互作用造成的干扰。磁场屏蔽的基本原理是利用屏蔽体旁路以磁场形式耦合的噪声干扰源,防止磁力线的延伸;同样也可以利用屏蔽体包围需要防护的电路,以防止磁力线的进入。磁场屏蔽的主要方法如下。

（1）用高导磁材料制作屏蔽体,屏蔽体可以是容器,将需保护的电路置于其中。

（2）尽可能减小接收回路的环路面积,即减小流经接收回路的电流所包围的总面积,减小环路面积就可以减小磁通交链的机会,以减小磁场形式耦合的干扰。

（3）使屏蔽层流过一个与中心导线电流大小相等、方向相反的电流,该电流将产生一个大小相等、方向相反的外部磁场,抵消中心导线电流产生的磁场,使负载电流经由屏蔽体注入地,则屏蔽体外部没有干扰磁场的存在。

3）电磁场屏蔽

电磁场屏蔽是针对电磁波辐射干扰而采取的屏蔽措施。电磁波干扰又称为辐射干扰,是由高频电流所产生的电磁波在空间传播形成的干扰。电磁场屏蔽的基本原理是利用导电性能良好的金属材料（铜或铝）制作屏蔽体,利用高频电磁场在屏蔽体中产生的涡流作用,使电磁波得到极大的衰减,同时涡流产生的反电磁场形成对原干扰电磁场的抵消,达到屏蔽的目的。电磁波干扰的程度与其工作频率关系极大,频率越高工作电流越大,干扰的程度也就越严重,因此对屏蔽罩严密性的要求也越高。

3. 接地

大量的电磁干扰是在两个系统用导线连接在一起时发生的。而有用信号的耦合,必须要通过导线来连通,并且要提供公共的参考电位来正确地表达信号。接地是在解决连通信号和提供参考电位的过程中出现的一个基本问题。接地的根本目的是提供一个公共的参考电位。通常实现这个目标的基本方法是用导线把电路中需要参考电位的点连接在一起,把这种连接导线称为地线。这种做法的依据是认为导体上各个位置都是等电位的。而由于多种原因使得在实际电路中上述依据是不能成立的。如存在导线电阻,地线回路电流必然会在该电阻上形成压降,地线电阻和地线电流的分布与电路的连接方式和各部分电路的工作状态有关,因而导致地线上各点电位不同,并在不断变化中;对于频率很高的交流信号,由于地线本身分布参数的影响,会存在传输线效应,信号在地线上以波的形式传播,地线上不同点处的信号不可能相同;在地线较长或环境干扰场强较大的情况下,地线上会耦合出干扰信号,导致同一导线连接的各个点间可能存在很大的电位差。

讨论到接地问题时,必须正确理解大地电位（安全地）的概念。安全地是以人类活动的基本参考电位——大地电位为参考,保证电气设备在存在漏电或强电击干扰的情况下能够将电能量通过良好的接地通道释放到地球大地电容上去,而不对人体产生危害。在设计地线电路时必须重点考虑地线上的电流情况,特别是射频信号（或频率较高的数字信号）的地线电流。流入信号端口的电流,必然要以相同的频率从地线端口流出去,如果选用的地线不适合射频电流通过,实际上起不到与参考地电平有效连接的作用,必然会带来干扰。

接地的基本方式有单点接地、多点接地和混合接地 3 种形式。

1) 单点接地

系统中各单元电路的地线分别单独连接到一个公共的参考,称为单点接地。这种方式避免了形成多个地回路造成的干扰,使得电路间的相互干扰减小。缺点是地线的布线复杂、走线长,不容易实施,且有可能引进其他噪声电压。单点接地系统如图 5-4 所示。

2) 多点接地

系统中各单元电路的地线通过不同的连接点连接到地线平面上,称为多点接地。多点接地方式一般都存在一个面积较大的地线导体,各单元电路的地线就近与地平面连接,连线可以很短,这样可以大大减小由于空间耦合造成的串扰信号。多点接地存在接地环路问题,应当予以重视。多点接地系统如图 5-5 所示。

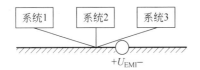

图 5-4　单点接地系统示意图

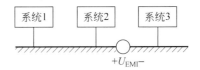

图 5-5　多点接地系统示意图

接地环路是指距离较远的两个设备之间非平衡信号地线和设备地线之间构成的环路,如图 5-6 所示,由 A、B 点之间的信号地线和 C、D 点之间的外壳地线构成的环路就是一个接地环路。在这个环路中,接地点 C、D 间的共模干扰电压 U_{CM} 和环路 A-B-C-D-A 所围成的面积中的空间电磁场感应出来的干扰电压会形成接地环路电流 I_G,导致 A、B 间连线上出现干扰电压降,从而使设备 B 的输入端被干扰。

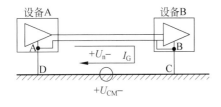

图 5-6　接地环路干扰原理示意图

解决接地环路问题的措施有以下几种。

(1) 单点接地。

(2) 地线隔离。采用变压器、光耦合器等器件在传输信号的同时阻断地线的连接。

(3) 采用共模信号扼流圈。信号线穿过铁氧体磁管或在铁氧体磁环上并绕均可实现共模扼流作用,阻断高频共模电流,减小地线环路的影响。扼流圈对低频干扰信号的抑制作用不明显。

(4) 采用平衡传输方式工作。在平衡传输方式下,两根信号线对地是平衡对称的(信号大小相等、方向相反),耦合出的共模干扰会相互抵消,但实际上很难做到这一点。

3) 混合接地

混合接地综合了一点接地和多点接地。混合接地系统如图 5-7 所示。电路图 5-7(a)对于低频信号而言,各单元电路采用的是单点接地方式;对于高频而言,则通过电容实现多点接地。电路图 5-7(b)则刚好相反。采用这种方式可以实现对地线电流流向的控制,可以用来优化系统性能。

另外,在使用测试仪器时,接地应遵循以下几条基本原则。

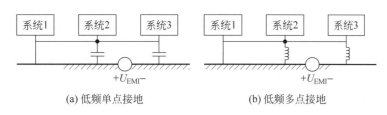

(a) 低频单点接地   (b) 低频多点接地

图 5-7 混合接地系统示意图

（1）处理各种不同接地端时。如电源地、屏蔽接地、信号地等要避免彼此间有交互作用，引导它们走各自该走的路。

（2）接地线的阻抗要低，路径要短。

（3）避免多重地回路。

（4）将电流大的地电流回路与小信号回路分开。

4. 滤波

在电子电路抗干扰技术中，滤波是一项很有效的措施。常用滤波对噪声、干扰等进行抑制或衰减，特别是对导线传导耦合到电路中而具有一定频率特征的干扰信号，具有十分明显的效果。滤波是指根据信号本身的特征对信号进行选择性通过或阻止通过的处理方法。常见的滤波方法是根据信号的频率进行选通。采用具有不同频率特性的电抗电路，可以让有用信号通过，把干扰信号衰减或隔绝开，从而达到减小干扰的目的。

在电子系统中，干扰滤波技术主要分为电源线滤波和信号线滤波。

1）电源线滤波

典型的电源线滤波器电路如图 5-8 所示。该电路基本上是一个低通滤波电路，但在设计上兼顾了共模干扰信号和差模干扰信号，具有比较好的抗干扰滤波性能。

交流电源电压从左侧接入，从右侧送出，右侧的地线与屏蔽接地端相接。该电路对于输入的共模干扰信

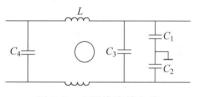

图 5-8 电源线滤波电路

号被 L 形滤波器中电感 L 阻隔，C_1、C_2 旁路，减小高频干扰的影响；对于输入的差模干扰信号被 π 形滤波 C_3、C_4 旁路，L 阻隔，同样减小高频干扰的影响。

由于电源功率较大，滤波器的元件选择必须考虑到功率和耐压、磁饱和的要求。L 采用把导线穿绕在高磁导率磁环上的方式实现，电容采用高耐压的陶瓷电容或丙纶电容。滤波器的安装位置要尽量靠近屏蔽层开口处，并与屏蔽层良好接触连线。

2）信号线滤波

信号线滤波器采用滤除通过信号线，特别是信号线的屏蔽层引入的干扰信号。

信号线滤波器按安装方式和外形分为线路板安装滤波器、贯通滤波器和连接器滤波器 3 种。

线路板安装滤波器适合于安装在线路板上，具有成本低、安装方便等优点。但线路板安装滤波器的高频效果不是很理想。

贯通滤波器适合于安装在屏蔽壳体上，具有较好的高频滤波效果，适用于单根导线穿过屏蔽体。

连接器滤波器适合于安装在屏蔽机箱上,具有较好的高频滤波效果,用于多根导线(电缆)穿过屏蔽体。

最常见的信号线滤波器是铁氧体磁管或磁环套在信号线上的形式,如各种监视器的信号线上串接在两端附近的精圆柱体,其内部就是由纵剖开的两个半圆铁氧体磁管扣在一起,包围在信号线外部构成的一个滤波器。其作用相当于在信号线屏蔽体上串接了一个电感,可以阻断高频干扰信号。

5.3　模拟电路系统调试

实践表明,一个电子装置,尤其是模拟电路,即使按照设计的电路参数进行安装,往往也难以达到预期的效果。这是因为人们在设计时,不可能周全地考虑各种复杂的客观因素(如元件值的误差、器件参数的分散性、分布参数的影响等),必须通过安装后的测试和调整来发现和纠正设计方案的不足,然后采取措施加以改进,使装置达到预定的技术指标。因此,调试电子电路的技能对从事电子技术及其相关领域工作的人员来说是不可缺少的。

调试的常用仪器有稳压电源、万用表、示波器、频谱分析仪和信号发生器等。

电子电路调试包括测试和调整两个方面。调试的意义有二:一是通过调试使电子电路达到规定的指标;二是通过调试发现设计中存在的缺陷并予以纠正。

5.3.1　电子电路调试的步骤

传统中医看病讲究"望、闻、问、切",其实调试电路也是如此。首先"望",即观察电路板的焊接如何,成熟的电子产品一般都是焊接出的问题;第二"闻",这个不是说先把电路板闻一下,而是说通电后听电路板是否有异常响动,不该叫的叫了,该叫的不叫;第三"问",如果是自己第一次调试,不是自己设计的要问电源是多少,别人调试是否调过,或在调试过程中有什么问题;第四"切",元器件是否焊全,芯片焊接是否正确,不易观察的焊点是否焊好,一般调试前做好这几步就可发现不少问题。

根据电子电路的复杂程度,调试可分步进行:对于较简单系统,调试步骤是:电源调试→单板调试→联调。对于较复杂的系统,调试步骤是:电源调试→单板调试→分机调试→主机调试→联调。由此可明确3点:一是不论简单系统还是复杂系统,调试都是从电源开始入手的;二是调试方法一般是先局部(单元电路)后整体,先静态后动态;三是一般要经过测量→调整→再测量→再调整的反复过程。对于复杂的电子系统,调试也是一个"系统集成"的过程。

在单元电路调试完成的基础上,可进行系统联调。例如,数据采集系统和控制系统,一般由模拟电路、数字电路和微处理器电路构成,调试时常把这3部分电路分开调试,分别达到设计指标后,再加进接口电路进行联调。联调是对总电路的性能指标进行测试和调整,若不符合设计要求,应仔细分析原因,找出相应的单元进行调整。不排除要调整多个单元的参数或调整多次,甚至有修正方案的可能。

调试的具体步骤如下。

1. 通电前检查

电路安装完毕,通常不宜急于通电,应该先认真检查一下。检查内容如下。

(1) 连线是否正确。检查电路连线是否正确,包括错线(连线一端正确,另一端错误)、少线(安装时完全漏掉的线)和多线(连线的两端在电路图上都是不存在的)。

查线的方法通常有两种:一是按照电路图检查安装的线路,这种方法的特点是,根据电路图连线,按一定顺序逐一检查安装好的线路,由此可比较容易地查出错线和少线;二是按照实际线路来对照原理电路进行查线,这是一种以元件为中心进行查线的方法。把每个元件(包括器件)引脚的连线一次查清,检查每个去处在电路图上是否存在,这种方法不但可以查出错线和少线,还容易查出多线。

为了防止出错,对于已查过的线通常应在电路图上做出标记,最好用指针式万用表"$\Omega \times 1$挡",或数字式万用表"Ω挡"的蜂鸣器测量,而且应直接测量元器件引脚,这样可以同时发现接触不良的地方。

(2) 元器件安装情况。检查元器件引脚之间有无短路;连接处有无接触不良;二极管、三极管、集成器件和电解电容极性等是否连接有误。

(3) 电源供电(包括极性)、信号源连线是否正确。

(4) 电源端对地是否存在短路。

若电路经过上述检查,并确认无误后,就可转入调试。

2. 通电观察

通电后不要急于测量电气指标,而要观察电路有无异常现象,如有无冒烟现象、有无异常气味、手摸集成电路外封装是否发烫等。如果出现异常现象,应立即关断电源,待排除故障后再通电。

3. 静态调试

静态调试一般是指在不加输入信号,或只加固定的电平信号的条件下所进行的直流测试,可用万用表测出电路中各点的电位,通过与理论估算值的比较,结合电路原理的分析,判断电路直流工作状态是否正常,及时发现电路中已损坏或处于临界工作状态的元器件。通过更换器件或调整电路参数,使电路直流工作状态符合设计要求。

4. 动态调试

动态调试是在静态调试的基础上进行的,在电路的输入端加入合适的信号,按信号的流向,顺序检测各测试点的输出信号,若发现有不正常现象,应分析其原因,并排除故障,再进行调试,直到满足要求。

测试过程中不能仅凭感觉或印象,要始终借助仪器观察。使用示波器时,最好把示波器的信号输入方式置于 DC 挡,通过直流耦合方式,可同时观察被测信号的交、直流成分。

通过调试,最后检查功能块和整机的各种指标(如信号的幅值、波形形状、相位关系、增益、输入阻抗和输出阻抗、灵敏度等)是否满足设计要求,如有必要,再进一步对电路参数提出合理的修正。

5.3.2　调试时出现故障的解决方法

要认真查找故障原因,切不可一遇故障解决不了就拆掉线路重新安装。因为重新安装的线路仍可能存在各种问题,如果是原理上的问题,即使重新安装也解决不了问题。应当把查找故障、分析故障原因看成一次学习机会,通过它来不断提高自己分析问题和解决问题的能力。

1.检查故障的一般方法

故障是不期望但又不可避免的电路异常工作状况。分析、寻找和排除故障是电气工程人员必备的实际技能。对于一个复杂的系统来说,要在大量的元器件和线路中迅速、准确地找出故障是不容易的。一般故障诊断过程,就是从故障现象出发,通过反复测试,做出分析判断,逐步找出故障原因的过程。

2.故障现象和产生故障的原因

1)常见的故障现象

放大电路没有输入信号,而有输出波形。放大电路有输入信号,但没有输出波形,或者波形异常。串联稳压电源无电压输出,或输出电压过高且不能调整,或输出稳压性能变坏、输出电压不稳定等。振荡电路不产生振荡。计数器输出波形不稳,或不能正确计数。收音机中出现"嗡嗡"交流声和"啪啪"的汽船声等。以上是最常见的一些故障现象,还有很多奇怪的现象,这里就不一一列举了。

2)产生故障的原因

故障产生的原因很多,情况也很复杂,有的是一种原因引起的简单故障,有的是多种原因相互作用引起的复杂故障。因此,引起故障的原因很难简单分类。这里只能进行一些粗略的分析。

对于定型产品使用一段时间后出现故障,故障原因可能是元器件损坏,连线发生短路或断路(如焊点虚焊,接插件接触不良,可变电阻器、电位器、半可变电阻等接触不良,接触面表面镀层氧化等),或使用条件发生变化(如电网电压波动,过冷或过热的工作环境等)影响电了设备的正常运行。

对于新设计安装的电路来说,故障原因可能是实际电路与设计的原理图不符;元器件焊接错误,元器件使用不当或损坏;设计的电路本身就存在某些严重缺点,不满足技术要求;连线发生短路或断路等。

仪器使用不正确引起的故障,如示波器使用不正确而造成的波形异常或无波形、接地问题处理不当而引入干扰等。

各种干扰引起的故障。

3.检查故障的一般方法

查找故障的顺序可以从输入到输出,也可以从输出到输入。查找故障的一般方法如下。

1）直接观察法

直接观察法是指不用任何仪器，利用人的视、听、嗅、触等行为手段来发现问题，寻找和分析故障。直接观察包括不通电检查和通电观察。

检查仪器的选用和使用是否正确；电源电压的等级和极性是否符合要求；电解电容的极性、二极管和三极管的管脚、集成电路的引脚有无错接、漏接、互碰等情况；布线是否合理；印制板有无断线；电阻、电容有无烧焦和炸裂等。

通电观察元器件有无发烫、冒烟，变压器有无焦味，电子管、示波管灯丝是否亮，有无高压打火等。

此法简单，也很有效，可作初步检查时用，但对比较隐蔽的故障无能为力。

2）用万用表检查静态工作点

电子电路的供电系统，半导体三极管、集成块的直流工作状态（包括元器件引脚、电源电压）、线路中的电阻值等都可用万用表测定。当测量值与正常值相差较大时，经过分析可找到故障。

顺便指出，静态工作点也可以用示波器 DC 输入方式测定。用示波器的优点是，内阻高，能同时看到直流工作状态和被测点上的信号波形以及可能存在的干扰信号及噪声电压等，更有利于分析故障。

3）信号寻迹法

对于各种较复杂的电路，可在输入端接入一个一定幅值、适当频率的信号（如对于多级放大器，可在其输入端接入 $f=1000\mathrm{Hz}$ 的正弦信号），用示波器由前级到后级（或相反），逐级观察波形及幅值的变化情况，如哪一级异常，则故障就在该级。这是深入检查电路的方法。

4）对比法

怀疑某一电路存在问题时，可将此电路的参数与工作状态相同的正常电路的参数（或理论分析的电流、电压、波形等）进行一一对比，从中找出电路中的不正常情况，进而分析故障原因，判断故障点。

5）部件替换法

有时故障比较隐蔽，不能一眼看出，如这时有与故障仪器同型号的仪器时，可以将仪器中的部件、元器件、插件板等替换有故障仪器中的相应部件，以便于缩小故障范围，进一步查找故障。

6）旁路法

当有寄生振荡现象时，可以利用适当容量的电容器，选择适当的检查点，将电容临时跨接在检查点与参考接地点之间，如果振荡消失，就表明振荡是产生在此附近或前级电路中；否则就在后面，再移动检查点寻找。应该指出的是，旁路电容要适当，不宜过大，只要能较好地消除有害信号即可。

7）短路法

短路法是采取临时性短接一部分电路来寻找故障的方法。短路法对检查断路性故障最有效。但要注意对电源（电路）是不能采用短路法的。

8）断路法

断路法用于检查短路故障最有效。断路法也是一种使故障怀疑点逐步缩小范围的方法。例如,某稳压电源因接入一带有故障的电路,使输出电流过大,可采取依次断开电路的某一支路的办法来检查故障。如果断开该支路后,电流恢复正常,则故障就发生在此支路。

实际调试时,寻找故障原因的方法多种多样,以上仅列举了几种常用的方法。这些方法的使用可根据设备条件、故障情况灵活掌握,对于简单的故障用一种方法即可查找出故障点,但对于较复杂的故障则需采取多种方法互相补充、互相配合,才能找出故障点。在一般情况下,寻找故障的常规做法是:先用直接观察法,排除明显的故障;再用万用表(或示波器)检查静态工作点。信号寻迹法是对各种电路普遍适用而且简单直观的方法,在动态调试中广为应用。

应当指出,对于反馈环内的故障诊断是比较困难的,在这个闭环回路中,只要有一个元器件(或功能块)出故障,则往往整个回路中处处都存在故障现象。寻找故障的方法是先把反馈回路断开,使系统成为一个开环系统,然后再接入一适当的输入信号,利用信号寻迹法逐一寻找发生故障的元器件(或功能块)。

5.3.3　电子电路调试中的注意事项

调试结果是否正确,很大程度上受测量正确与否和测量精度的影响。为了保证调试的效果,必须减小测量误差,提高测量精度。为此,需注意以下几点。

1. 正确使用测量仪器的接地端

凡是使用地端接机壳的电子仪器进行测量时,仪器的接地端应和放大器的接地端连接在一起,否则仪器机壳引入的干扰不仅会使放大器的工作状态发生变化,而且将使测量结果出现误差。根据这一原则,调试发射极偏置电路时,若需测量U_{CE},不应把仪器的两端直接接在集电极和发射极上,而应分别对地测出U_C、U_E,然后将二者相减得U_{CE}。若使用干电池供电的万用表进行测量,由于电表的两个输入端是浮动的,所以允许直接跨接到测量点之间。

2. 正确选择测量仪表

对于硬件电路,应为被调试系统选择测量仪表,测量仪表的精度应优于被测系统,测量电压所用仪器的输入阻抗必须远大于被测处的等效阻抗,否则在测量时会引起分流,给测量结果带来很大误差。测量仪器的带宽必须大于被测电路的带宽;否则,测试结果就不能反映放大器的真实情况。

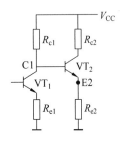

图 5-9　被测电路

3. 要正确选择测量点

根据待调试系统的工作原理(原理图和PCB)拟定调试步骤和测量方法,确定测试点,测试点可以按照信号的流向来确定,并在图纸上和板子上标出位置,画出调试数据记录表格等。用同一台测量仪器进行测量时,测量点不同,仪器内阻引进的误差大小将不同。例如,对于图5-9所示电路,测C1点电压U_{C1}时,若选择E2为测量点,测得U_{E2},根据$U_{C1}=U_{E2}+U_{BE2}$求得的结果,可能比直接测C1点得

到的 U_{C1} 的误差要小得多。所以出现这种情况，是因为 R_{e2} 较小，仪器内阻引进的测量误差小。

4．测量方法要方便可行

需要测量某电路的电流时，一般尽可能测电压而不测电流，因为测电压不必改动被测电路，测量方便。若需知道某一支路的电流值，可以通过测取该支路上电阻两端的电压，经过换算得到。

5．记录

调试过程中，不但要善于观察和测量，还要认真记录。

记录的内容包括实验条件、观察的现象、测量的数据、波形和相位关系等。只有有了大量可靠的实验记录并与理论结果加以比较，才能发现电路设计上的问题，完善设计方案。

5.4 数字电路系统调试

数字电路的调试与模拟电路的调试有许多相似之处，这里着重说明数字电路调试的特点。数字电路工作时，其信号电平相对较高，因此数字电路的抗干扰能力比模拟电路强，数字电路中混入噪声电压时，只要噪声电压不超过噪声裕量，就不会影响其正常工作。对于 TTL 电路，噪声裕量的典型值为 $0.4 \sim 0.6V$；对于 CMOS 电路，噪声裕量典型值为电源电压 U_{DD} 的 0.3 倍。

5.4.1 注重电路的时序图

时序图是时序电路很重要的信息之一，对于一个时序电路的器件（ADC0809、74LS160 等），一般只有知道它的时序图，并且要严格按照它的时序控制要求，才能实现其功能。这里举一个简单的例子，利用计数器 74LS160 构成一个一百进制的计数器。74LS160 是一个十进制计数器，因此只要两个相串，即将低位的进位作为高位的时钟输入端或高位的控制输入端（EP、ET），就可以构成一个一百进制计数器，电路如图 5-10 所示。

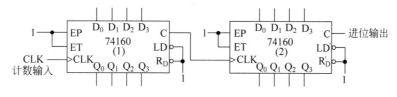

图 5-10　直接相串构成的异步计数器

但直接连接后，计数过程是错乱的，其计数规律是：08 以前是按正常顺序进行计数的，后面将出现 08→19→10，10→18 也是正常的，后面将出现 18→29→20 等。其结果可由仿真波形得到进一步说明，如图 5-11 所示。

每次在个位计到 9 时，十位先完成了进位，这点可以在时序图中清楚地看出。图 5-12 所示为 74LS160 的时序图，时序图最下面一行是进位，发现进位是在刚计到 9 时，即产生了

图 5-11　仿真波形

一个正脉冲输出,这个输出端无论是作为高位计数器的时钟输入还是控制输入,高位计数器在这个脉冲的作用下,都会自动加1,这才出现了上面不正常的计数规律。

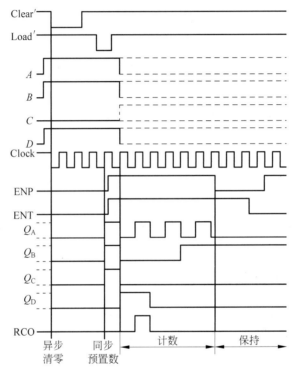

图 5-12　74LS160 的时序

解决这个问题的办法很简单,只要在低位进位输出端加一个反相器再接到后一级电路,100 进制计数器就可正常计数了。其原理为:低位每计到 1001 时 C/B 端输出变为高电平,经反相器后使高位片的 CP 端为低电平,下一个计数脉冲到达后,低位计成 0000,C/B 端跳回到低电平,经反相器使高位的 CP 端产生一个正跳变,于是高位计数器计入 1。其电路图如图 5-13 所示。

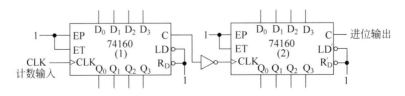

图 5-13　一百进制计数器

计数器的时序图相对来讲还是比较简单,复杂的是一些控制或具有特定功能的芯片,这往往要结合 CPU(如单片机)才能实现,如 ADC0809。这一点将在单片机系统设计和调试中叙述。

5.4.2 数字电路的抗干扰措施

数字电路输出信号电平转换过程中会产生很大的冲击电流,在供电线和电源内阻上产生较大的压降,使供电电压跳变,产生阻抗噪声(也称开关噪声),形成干扰源。在电子系统设计中,为了少走弯路和节省时间,应充分考虑并满足抗干扰性的要求,避免在设计完成后再去进行抗干扰的补救措施。前面对电子电路的干扰源及抗干扰措施作了说明,这里就数字电路再作具体的说明。

1．冲击电流的产生

电路中的冲击电流对电路的正常工作状态会产生很大的影响,在数字电路中会出现致命的逻辑状态错误,因此要设法阻止冲击电流的出现。电路中会产生冲击电流的情况有以下两种。

(1) 输出级控制正负逻辑输出的管子短时间同时导通,产生瞬态尖峰电流。

(2) 受负载电容影响,输出逻辑由 0 转换至 1 时,由于对负载电容的充电而产生瞬态尖峰电流。瞬态尖峰电流可达 50mA,动作时间为 1~99ns。

2．降低冲击电流影响的措施

针对上述两种情况产生的冲击电流,可以用下面两种方法来有效地降低冲击电流的影响。

(1) 降低供电电源内阻和供电线阻抗。

(2) 匹配去耦电容。

3．何为去耦电容

在 IC(或电路)电源线端和地线端加接的电容称为去耦电容。

4．去耦电容的取值

去耦电容取值一般为 $0.01\sim0.1\mu F$,频率越高,去耦电容值越小。

5．去耦电容的种类

可用作去耦电容的种类很多,常用的有以下几种。

(1) 独石。

(2) 玻璃釉。

(3) 瓷片。

(4) 钽。

去耦电容在要求较高时不用瓷片电容和电解电容,因为它们的容值精度差、分布电感大,要选用比较精确的钽电容或者聚酯电容等。

6. 去耦电容的放置

去耦电容应放置于电源入口处,连线应尽可能短。对于噪声能力弱、关断时电流变化的器件和 ROM、RAM 等存储器件,应在芯片的电源线和地线之间直接接入去耦电容。

5.5　单片机系统调试

单片机系统开发调试应注意的问题。

1. 使用总线不外引的单片机

这种应用是最正统的单片机使用模式,符合小型、简单、可靠、廉价的单片机设计初衷。总线封闭的产品最可靠。

2. 使用 C 语言编程

C 语言是简洁、高效又最贴近硬件的高级编程语言。20 世纪 90 年代初,C 语言就已成为专业水平的高级语言。当前厂商在推出新的单片机产品时纷纷配套 C 语言编译器。

3. 使用中、高档的单片机仿真工具

只有中、高档仿真工具才能仿真总线封闭式的单片机,仿真器必须使用 band-out chip 或 hooks chip,应支持高级语言的调试,提供全数据类型的查看和修改,支持多家软件公司汇编和编译产生的目标代码格式,中档仿真器的起步要求是解决上述前 3 个难点和部分地解决第 4 个难点。高档仿真器则还有更高的要求。

中、高档仿真器的人机界面有 4 个档次:DOS 下的简单命令行及批处理文件;DOS 下的窗口命令行;Borland 风格的 DOS 窗口菜单;Microsoft 风格的 Windows/Windows 95 窗口菜单。

4. 集成开发平台

编辑、汇编/编译、连接/定位、调试、装入目标系统一条龙。

(1) 全屏幕编辑,就地修改,所见即所得;跨文件整块剪贴技术;彩色辨词正文等。

(2) 使用工程技术:一次将工程的全部源文件、头文件、用户库文件送入工程管理器,统一管理汇编/编译和连接/定位。

(3) 使用 Make 技术:自动辨用汇编器/编译器;每次调试循环仅做增量汇编/编译和连接/定位。

(4) 当有的文件被破坏,使用 Build 技术跳出 Make 循环,重新全面地进行汇编/编译和连接/定位。

(5) 错误和警告自动定位、明朗的错误自动修正。

(6) 扩展的运行类型(放开运行、动画式运行,遇光标终止、出函数前终止、出函数后终止)。

（7）扩展的单步类型（指令单步、语句单步、函数单步）。

（8）扩展的断点类型（指令断点、语句断点、循环断点、内容断点、条件断点）。

（9）模拟器代替仿真器进行无目标机的虚拟调试。

本书所举例子尽量从以上 4 个方面考虑，但是考虑到初学者的条件限制，本书没有使用中、高档的仿真工具。

5.5.1　单片机最小系统调试

基于单片机 C8051F021 最小系统见图 4-4。读者可以自行制作此硬件，并在此硬件平台上做调试。制作时要注意以下几点。

（1）晶振频率要选择 11.0592MHz。

（2）晶振边上电容器的容量要是 30pF 左右的高频电容。

（3）因为应用于不用总线的结构，EA 端要接高电平。

（4）复位电路参数要满足 C8051F021 单片机的要求。

在本系统中，可外接 L1～L4 四个发光二极管。其中，L2 发光二极管是电源指示作用，L3/L4 是用户测试用的，L1 是串口通信时指示用的。

建议在不能确定硬件是否正常时，用一块烧好测试程序的单片机测试本最小系统。测试程序如下。

```
            ORG 0000H
            AJMP    START
            ORG 0030H
START:      CLR P3.2
            CLR P3.3
            LCALL YS1S
            SETB P3.2
            SETB P3.3
            LCALL YS1S
            AJMP    START
YS1S:       MOV  R7,＃80H
YS12:       MOV  R6,＃80H
YS11:       MOV  R5,＃0FFH
YS10:       NOP
            DJNZ   R5,YS10
            DJNZ   R6,YS11
            DJNZ   R7,YS12
            RET
            END
```

5.5.2　LCD 显示屏调试

LCD 选择金鹏电子的 OCMJ4X8C 中文模块，此模块可以显示字母、数字符号、中文字型及图形，具有绘图及文字画面混合显示功能。提供 3 种控制接口，分别是 8 位微处理器接口、4 位微处理器接口及串行接口（OCMJ4X16A/B 无串行接口）。引脚说明见表 5-2。所有的功能，包含显示 RAM、字型产生器，都在一个芯片中，只要一个最小的微处理系统，就可以方便操作模块。内置 2Mb 中文字型 ROM(CGROM)总共提供 8192 个中文字型(16×16 点阵),16Kb 半宽字型 ROM(HCGROM) 总共提供 126 个符号字型(16×8 点阵),64×16 位字型产生 RAM(CGRAM)。另外,绘图显示画面提供一个 64×256 点的绘图区域(RAM GDRAM),可以和文字画面混合显示。提供多功能指令:画面清除(Display Clear)、光标归位(Return Home)、显示打开/关闭(Display on/off)、光标显示/隐藏(Cursor on/off)、显示字符闪烁 (Display Character Blink)、光标移位(Cursor Shift)、显示移位(Display Shift)、垂直画面卷动(Vertical Line Scroll)、反白显示(By_line Reverse Display)、待命模式(Standby Mode)。主要参数如下。

表 5-2　OCMJ4X8C 引脚说明

引脚	名称	方向	说　　明	引脚	名称	方向	说　　明
①	V_{SS}	—	GND(0V)	⑪	DB4	I/O	数据 4
②	V_{DD}	—	Supply Voltage For Logic(+5V)	⑫	DB5	I/O	数据 5
③	V_O	—	Supply Voltage For LCD(悬空)	⑬	DB6	I/O	数据 6
④	RS(CS)	I	H：Data L：Instruction Code (chip enable for serial mode)	⑭	DB7	I/O	数据 7
⑤	R/W (STD)	I	H：Read L：Write(serial data for serial mode)	⑮	PSB	I	H：Parallel Mode L：Serial Mode
⑥	E(SCLK)	I	Enable Signal, 高电平有效 (serial clock)	⑯	NC	—	空脚
⑦	DB0	I/O	数据 0	⑰	$\overline{RST}$	I	Reset Signal, 低电平有效
⑧	DB1	I/O	数据 1	⑱	NC	—	空脚
⑨	DB2	I/O	数据 2	⑲	LEDA	—	背光源正极(+5V)
⑩	DB3	I/O	数据 3	⑳	LEDK	—	背光源负极(0V)

(1) 工作电压(U_{DD}):4.5~5.5V。

(2) 逻辑电平:2.7~5.5V。

(3) LCD 驱动电压(U_o):0~7V。

详细资料可以到金鹏电子网站 http://www.gptlcm.cn 下载手册。按照图 4-3 连接的电路(注意将 PSB 接低电平,此时 LCD 屏为串行模式),测试程序如下。

建立一个新的空的工程,将下列代码输入到 main.c 文件并添加到工程中。此工程将作为今后的模板工作,这部分代码在后续工程中就不重复了。

```c
#include < reg51.h >
#include < string.h >
#include < intrins.h >
#define uint  unsigned int
#define uchar unsigned char
unsigned char Lcd_Comm = 0;
unsigned char Lcd_Data = 1;
//函数声明
void Delay_Us(uint us);                        //延时子程序
void Delay_Ms(uint ms);                        //延时子程序
void W_1byte(uchar RW, uchar RS, uchar W_data);
```

```
void Write_8bits(uint W_bits);
void LCD_Init(void);
//添加函数
sbit Lcd_Cs_Out  = P1 ^ 0;                              //CS = RS
sbit Data_Out    = P1 ^ 1;                              //RW = SID
sbit Sclk_Out    = P1 ^ 2;                              //E = SCLK
// ============================================================
//    函数名: void Lcd_Write(uchar dat_comm,uchar content)
//    输入参数:1.命令字,   2.将要写入的数据
//    输出参数: No
//
//    命令字格式:[5]-[XX0]---[4]---[4]---[4]---[4]
//                        高4位4个0   低4位4个0
//         一共发送3B
// ============================================================
void Lcd_Write(unsigned char data_comm,unsigned char content)
{
    unsigned char a,i,j,Del_us;
    a = content;
    Del_us = 2;                                         //根据不同的MCU延时间要调整
    Lcd_Cs_Out = 0;
    Sclk_Out = 1;
    Data_Out = 0;
    Delay_Us(Del_us);
    for(i = 0;i < 5;i++)                                //发5个1
    {
        Delay_Us(Del_us);
        Sclk_Out = 0;                                  //上升沿打入数据
        Delay_Us(Del_us);
        Sclk_Out = 1;
    }
    Data_Out = 1;                                      //打入 RW 位 RW = 0
    Delay_Us(Del_us);
    Sclk_Out = 0;                                      //上升沿打入数据
    Delay_Us(Del_us);
    Sclk_Out = 1;
    if(data_comm)  Data_Out = 0;                       //数据操作 RS = 1
    else    Data_Out = 1;                              //命令操作 RS = 0
    Delay_Us(Del_us);
    Sclk_Out = 0;                                      //上升沿打入数据
    Delay_Us(Del_us);
    Sclk_Out = 1;
    Data_Out = 1;                                      //打入一位 0 补全为一个字节
    Delay_Us(Del_us);
    Sclk_Out = 0;                                      //上升沿打入数据
    Delay_Us(Del_us);
    Sclk_Out = 1;
    for(j = 0;j < 2;j++)                               //送两次,送2B(高4位有效)
    {
        for(i = 0;i < 4;i++)                           //送高4位
        {
```

```
            if(a > 0x7f) Data_Out = 0;
               else Data_Out = 1;
             a = a << 1;
          Delay_Us(Del_us);
          Sclk_Out = 0;                                //上升沿打入数据
          Delay_Us(Del_us);
          Sclk_Out = 1;
          }
          Data_Out = 1;                                //送低4位(4个0)
          for(i = 0;i < 4;i++)
            {
          Delay_Us(Del_us);
          Sclk_Out = 0;                                //上升沿打入数据
          Delay_Us(Del_us);
          Sclk_Out = 1;
            }
           Lcd_Cs_Out = 1;
           Delay_Us(Del_us);
      }
}
// ================================================
//    函 数 名: void  Lcd_Clr(void)
//    函数功能: LCD清屏
//    输入参数: No
//    输出参数: No
// ================================================
void Lcd_Clr(void)
{
  Lcd_Write(Lcd_Comm,0x30);
  Lcd_Write(Lcd_Comm,0x01);                           //清屏
  Delay_Ms(1);
}
// ================================================
//    函 数 名: void  Lcd_Clr(void)
//    函数功能: LCD初始化
//    输入参数: No
//    输出参数: No
// ================================================
void Lcd_Init(void)
{
  Lcd_Write(Lcd_Comm,0x30);                           /* 30:基本指令动作 */
  Lcd_Clr();                                          /* 清屏,地址指针指向00H */
  Lcd_Write(Lcd_Comm,0x06);                           /* 光标的移动方向 */
  Lcd_Write(Lcd_Comm,0x0c);                           /* 开显示,关游标 */
}
// ================================================================
//    函 数 名: void  Printf(uchar H1,uchar V1,uchar * chn,uchar Num)
//    函数功能: 在指定的位置显示字符
//    输入参数: 1.开始行号,  2.开始列号(单位为字即双字节),
//                 3.字串,      4.显示字串中开始个数
//    输出参数: No
```

```
// =================================================================
void Printf(unsigned char H1,unsigned char V1,unsigned char * chn,unsigned char Num)
{
    unsigned char Pr[16];
    unsigned char i;
    Lcd_Write(Lcd_Comm,0x30);                        //8 位数据接口
    for(i = 0;i < Num;i++) Pr[i] = chn[i];
            if(H1 == 0)       V1 = V1 + 0x80;        //第 1 行
            else if(H1 == 1)  V1 = V1 + 0x90;        //第 2 行
            else if(H1 == 2)  V1 = V1 + 0x88;        //第 3 行
            else if(H1 == 3)  V1 = V1 + 0x98;        //第 4 行
    Lcd_Write(Lcd_Comm,V1);                          //设置 DDRAM 地址
    for (i = 0;i < Num;i++) Lcd_Write(Lcd_Data,chn[i]);   //本行显示
}
void Delay_Us(uint us)
{  uint i;
    while(us -- )  { for(i = 1;i < 5;i++) ; }
}
// =================================================================
//                          延时
// =================================================================
void  Delay_Ms(unsigned int ms)
{  unsigned int i;
    while(ms -- )  {  for(i = 0;i < 200;i++) ; }
}
// =======   主函数   =======
void main()
{
    SP = 0x60;
    LCD_Init();
    Printf(0,2,"测试程序",8);
    Printf(3,0,"程序设计:周云龙",16);
    while(1)
    {
    Delay_Ms(100);
    }
}
```

程序运行后 LCD 显示屏上显示以下信息:

测试程序　　　程序设计:周云龙

5.5.3　键盘调试

按图 4-3 将设计好的硬件与最小系统连接,用行扫描法编写软件。测试程序如下。

```
/ *****************************************
    P1 -- 0,1,2,3  行
    P1 -- 4,5,6,7  列
    有键返回 1,无键返回 0
***************************************** /
```

```
unsigned char Key_Scan(void)
{
    unsigned char Key;
    P1 = 0xf0；
    Key = P1；
    if(Key == 0xf0)   return 0；                    //无键      返回 0
    Delay(20)；                                     //消抖
    Key = P1；
    if(Key == 0xf0)   return 0；                    //无键      返回 0
    return 1；                                      //有键      返回 1
}
/ ******************************************
        读键值              返回键值 0～15
        xxx0,000x
****************************************** /
unsigned char   Key_Read(void)
{
  uchar temp, Key = 16；
    Delay_Us(20)；
    if(Key_Scan() == 0x00)
  P1 = 0xfe；                                        //1111,1110
  temp = P1；
  temp = (temp & 0xf0)；
  if (temp == 0xe0) Key = 1；
  if (temp == 0xd0) Key = 2；
  if (temp == 0xb0) Key = 3；
  if (temp == 0x70) Key = 4；

  P1 = 0xfd；                                        //1111,1101
  temp = P1；
  temp = (temp & 0xf0)；
  temp = (temp & 0x1e)；
  if (temp == 0xe0) Key = 5；
  if (temp == 0xd0) Key = 6；
  if (temp == 0xb0) Key = 7；
  if (temp == 0x70) Key = 8；

  P1 = 0xfb；                                        //1111,1011
  temp = P1；
  temp = (temp & 0xf0)；
  if (temp == 0xe0) Key = 9；
  if (temp == 0xd0) Key = 10；
  if (temp == 0xb0) Key = 11；
  if (temp == 0x70) Key = 12；

  P1 = 0xf7；                                        //1111,0111
  temp = P1；
  temp = (temp & 0xf0)；
  if (temp == 0xe0) Key = 13；
  if (temp == 0xd0) Key = 14；
  if (temp == 0xb0) Key = 15；
```

```
    if (temp == 0x70) Key = 16;
    while(Key_Scan() == 0x00);
    return   Key ;
  }
```

在前面建立的工程中加入 Key_Scan() 和 Key_Read() 函数,并修改 main() 函数即可调试,main() 函数修改如下。

```
// =======   主函数   =======
void main()
{
  uchar Disp[20];
  SP = 0x60;
  LCD_Init();
  Printf(0,2,"测试程序",8);
  Printf(3,0,"程序设计:周云龙",16);
  Printf(1,0,"键值 = ",6);
  while(1)
    {
    if(Key_Scan())
       {
       Disp[18] = Key_Read();
       Disp[0] = Disp[18]/16 + 0x30;
       Disp[1] = Disp[18] % 16 + 0x30;
       Printf(1,3,Disp,2);
       }
    }
}
```

程序运行后,LCD 显示屏上显示以下信息。

测试程序; 键值 = 01; 程序设计:周云龙

5.5.4 A/D 转换接口调试

编写驱动 TLC1549 的程序,就是通过软件的方法控制 P10、P11 和 P12,产生图 4.12 中的操作时序,完成一次 A/D 转换。使用 C 编写的采样函数如下。

1. 在 C51 模板中加入位变量声明

```
sbit AD_CS = P1 ^ 0;                    //TLC1549 片选信号
sbit AD_IOCLOCK = P1 ^ 1;               //TLC1549 时钟信号
sbit AD_DATAOUT = P1 ^ 2;               //TLC1549 数据输出信号
```

2. A/D 转换函数

先添加 TLC1549 的函数声明。

```
uint Ad_Convert(void);
```

再编写相应的代码。

```
/ ****************************************************************
AD 转换函数
函数原型：uint Ad_convert(void);
功能：驱动 TLC1549 完成一次 A/D 采样
返回值为 AD 转换结果,使用 16b 的 uint 型数据表示,低 10 位有效
 **************************************************************** /
uint Ad_Convert(void)
{
uchar i;
uint AD_DATA = 0;
AD_CS = 0;
for(i = 0;i <= 9;i++)
{
AD_IOCLOCK = 0;
if(AD_DATAOUT == 1)
{
AD_DATA = AD_DATA * 2 + 1;
}
else
{
AD_DATA = AD_DATA * 2;
}
AD_IOCLOCK = 1;
}
AD_IOCLOCK = 0;
AD_CS = 0;
return(AD_DATA);
}
```

3. 修改主函数

```
// =======   主函数   =======
void  main(void)
{
    uchar Disp[20];
    uint Adc1549;
    SP = 0x60;
    LCD_Init();
    Printf(0,2,"测试程序",8);
    Printf(3,0,"程序设计：周云龙",16);
    Printf(1,0,"AD 转换值 = ",10);
    while(1)
     {
        Adc1549 = Ad_Convert() ;                   //读 ADC
        Disp[0] = Adc1549/1000 + 0x30;
        Disp[1] = (Adc1549 % 1000)/100 + 0x30;
        Disp[2] = (Adc1549 % 100)/10 + 0x30;
        Disp[3] = Adc1549 % 10 + 0x30;
        Printf(1,6,Disp,4);
        Delay_Ms(10);              //完成一次采样后要延时,等待下一次采样结果转换完成
     }
}
```

程序运行后,LCD 显示屏上显示以下信息。

测试程序; AD 转换值 = 0000; 程序设计:周云龙

5.5.5 I²C 总线接口的日历时钟芯片 PCF8563 接口

PCF8563 是 PHILIPS 公司推出的一款工业级内含 I²C 总线接口功能的具有极低功耗的多功能时钟/日历芯片,PCF8563 的多种报警功能、定时器功能、时钟输出功能以及中断输出功能能完成各种复杂的定时服务,甚至可为单片机提供看门狗功能、内部时钟电路、内部振荡电路、内部低电压检测电路 1.0V 以及两线制 I²C 总线通信方式,不但使外围电路极其简洁,而且也增加了芯片的可靠性,同时每次读写数据后,内嵌的字地址寄存器会自动产生增量。作为时钟芯片 PCF8563 也解决了 2000 年问题(千年虫问题),因而 PCF8563 是一款性价比较高的时钟芯片,已被广泛用于电表、水表、气表、电话、传真机、便携式仪器以及电池供电的仪器仪表等产品领域。

I²C 总线是一双线串行总线,提供一小型网络系统,为总线上的电路共享公共总线上的器件、LCD 驱动器及 E²PROM 等。两根双向线中,一根是串行数据线 SDA,另一根是串行时钟线 SCL,总线和器件间的数据传送均由这根线完成,每一个器件都有一个唯一的地址以区别总线上的其他器件。当执行数据传送时,主器件和从器件如表 5-3 所示,主器件是启动数据发送并产生时钟信号的器件,被寻址的任何器件都可看作从器件,I²C 总线是多主机总线,意思是可以两个或更多地控制总线的器件与总线连接。

表 5-3 I²C 总线名词解释

术 语	说 明
发送器	发送数据到总线上的器件
接收器	从总线上接收数据的器件
主器件	启动数据传送,并产生时钟信号的器件
从器件	被主器件寻址的器件
多主器件	一个以上的主器件能同时控制总线而不破坏信息
仲裁	一个以上的主器件同时控制总线时,只允许一个有效,从而保证数据不被破坏的过程
同步	使两个或更多的器件的时钟信号同步的过程

总线上每一次数据传送都是由主器件发送起始信号开始,停止信号结束,其时序图如图 5-14 所示。对 E²PROM 而言从器件地址的前 4 位是固定的 1010,接下来的 3 位标定器件的组合地址,以便知道哪一个 2KB 存储器被寻址,最后一位是读写位,1 表示读命令,0 表

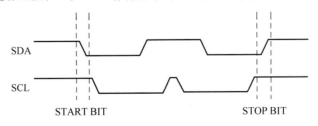

图 5-14 开始/停止时序

示写命令,如图 5-15 所示。

| 1 | 0 | 1 | 0 | A2 | A1 | A0 | R/W |

图 5-15　器件从地址

下面将介绍 80C51 微控制器对 E^2 PROM 进行字节写/任意地址读、页面写/连续地址读等模式的示例程序,本书以 PCF8563 为例说明 I^2C 接口器件的调试方法。其接口电路如图 5-16 所示。读者可在万能板上焊接电路,用杜邦线连接最小系统进行调试。

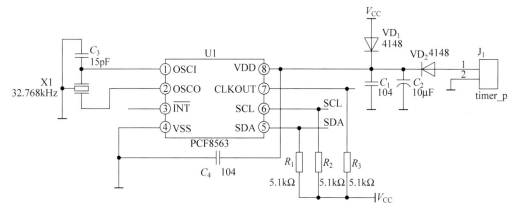

图 5-16　PCF8563 应用电路原理图

($C_3 = 1 \sim 20$pF)

1. 头文件编写

本例中接口配置为 SCL 接 P1.6,SDA 接 P1.7,将 PCF8563 的代码编写到文件 PCF8563.H,并在模块文件中包含此文件。

```
// ================================================================
//       PCF8563 驱动程序
//       作    者:      周云龙
//       时    间:      2010 年 8 月
// ================================================================
sbit   IIC_Scl = P1 ^6;
sbit   IIC_Sda = P1 ^7;
unsigned char hou, min, sec;
unsigned char bdata Zhou_B;
sbit Err = Zhou_B ^0;
// ================================================================
//                      开启 PCF8563   I²C
//              _____
// SDA         |_____
//       _____
// SCL         |_____
//
// ================================================================
void Start_IIC()
```

```
{
    IIC_Sda = 1;
    IIC_Scl = 1;
    IIC_Sda = 0;                          //SCL 为低,SDA 执行一个上跳
    IIC_Scl = 0;                          //SCL 为低,钳住数据线
}
// ================================================================
//                    关闭 PCF8563     I²C
//               _____
// SDA  _____|                  </ ---- />
//          _____
// SCL                       </ ---- />
// ================================================================
void Stop_IIC()
{   IIC_Sda = 0;
    IIC_Scl = 1;
    IIC_Sda = 1;                          //SCL 为高,SDA 执行一个上跳
    IIC_Scl = 0;                          //SCL 为低,钳住数据线
}
// ================================================================
//     函数功能:        从 I²C 从器件接收一个字节
//     作   者:        周云龙
//     时   间:        2010 年 8 月
// ================================================================
unsigned char Receive_IIC_byte()
{
    unsigned char cc;
    unsigned char number = 0;
    IIC_Sda = 1;
    for(cc = 0;cc < 8;cc++)
        {
        number << = 1;
        IIC_Scl = 0;
        _nop_();
        IIC_Scl = 1;                      //高电平后读数据
        _nop_();
        number =  number|IIC_Sda;
        }
    return number;
}
// ================================================================
//     向 I²C 从器件发送 1B (有应答 - 返回 0     无应答 - 返回 0)
//     作   者:        周云龙
//     时   间:        2010 年 8 月
// ================================================================
unsigned char Send_IIC_byte(unsigned char bb)
{
    unsigned char aa,busy;
    IIC_Scl = 0;
    for(aa = 0;aa < 8;aa++)
        {
```

```
            if((bb&0x80) == 0x80) { IIC_Sda = 1;}   //高位发给 I²C 器件
                else { IIC_Sda = 0; }
            IIC_Scl = 1;
            IIC_Scl = 0;
            bb = bb << 1;
            }
        _nop_();
        _nop_();
        IIC_Sda = 1;
        IIC_Scl = 1;
        if(IIC_Sda) { busy = 1;}                //没有应答信号,置忙
            else                                //有应答信号,置正常
                {
                _nop_();
                _nop_();
                IIC_Scl = 0;
                busy = 0;
                }
        return busy;
    }
                                                //以上是 I²C 共用部分
// ================================================================
//        向 PCF8563 对应地址写数据
//        作    者:      周云龙
//        时    间:      2010 年 8 月
// ================================================================
void Pcf8563_Write(unsigned char Address, unsigned char Dat)
{
    Err = 0;
    Start_IIC();                                //I²C 开始
    if(Send_IIC_byte(0xa2))      Err = 1;
    if(Send_IIC_byte(Address)) Err = 1;
    if(Send_IIC_byte(Dat))       Err = 1;
    Stop_IIC();                                 //I²C 停止
}


// ================================================================
//      功    能:      从指定的地址读数据
//      作    者:      周云龙
//      时    间:      2010 年 8 月
// ================================================================
unsigned char  Pcf8563_Read(unsigned char Address)
{
    unsigned char Num;
    Err = 0;                                    //清错误信息标志
    Start_IIC();                                //I²C 开始
    if(Send_IIC_byte(0xa2))      Err = 1;
    if(Send_IIC_byte(Address))   Err = 1;       //发一个字节(字地址)
    Start_IIC();                                //I²C 开始
    if(Send_IIC_byte(0xa3))      Err = 1;       //发从"从地址"读
    Num = Receive_IIC_byte();
```

```
        Stop_IIC();                              //I²C停止
        return Num;
}
```

2. 主函数编写

（1）添加包含文件。

```
#include "pcf8563.h"                            //PCF8563相关代码
```

（2）主函数修改。

```
// =======   主函数   =======
void  main(void)
{
    uchar Disp[20];
    uchar Sec;
    SP = 0x60;
    LCD_Init();
    Printf(0,2,"测试程序",8);
    Printf(3,0,"程序设计：周云龙",16);
    Printf(1,0,"       秒",8);
    while(1)
      {
          Sec = Pcf8563_Read(0x02);              //从PCF8563读秒
          Disp[0] = Sec/10 + 0x30;
          Disp[1] = Sec % /10 + 0x30;
          Printf(1,3,Disp,2);
          Delay_Ms(10);                          //延时
      }
}
```

程序运行后 LCD 显示屏上显示以下信息。

测试程序；程序设计：周云龙；10秒

第6章

综合电子系统设计实例

6.1 数控直流电流源（2005 年全国 F 题，获得全国一等奖）

6.1.1 任务和要求

1. 任务

设计并制作数控直流电流源。输入交流 $200\sim240\text{V}$、50Hz；输出直流电压不大于 10V。其原理示意如图 6-1 所示。

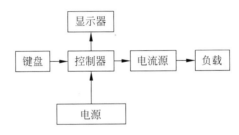

图 6-1　数控直流电流源原理框图

2. 要求

1) 基本要求

（1）输出电流为 $200\sim2000\text{mA}$。

（2）可设置并显示输出电流给定值，要求输出电流与给定值偏差的绝对值不大于（给定值的 $1\%+10\text{mA}$）。

（3）具有"$+$""$-$"步进调整功能，步进不大于 10mA。

（4）改变负载电阻，输出电压在 10V 以内变化时，要求输出电流变化的绝对值不大于（输出电流值的 $1\%+10\text{mA}$）。

（5）纹波电流不大于 2mA。

（6）自制电源。

2) 发挥部分

（1）输出电流为 $20\sim2000\text{mA}$，步进值为 1mA。

（2）设计、制作、测量并显示输出电流的装置（可同时或交替显示电流的给定值和实测值），测量误差的绝对值不大于（测量值的 $0.1\%+3$ 个字）。

（3）改变负载电阻,输出电压在10V以内变化时,要求输出电流变化的绝对值不大于（输出电流值的0.1%＋1mA）。

（4）纹波电流不大于0.2mA。

（5）其他。

6.1.2　方案论证与比较

在题目的基本要求中提出输出电流为200～2000mA,也就是说输出电流要达到2A,这就要求稳压电源能够提供较大的电流,对于一般的稳压电路来说无法达到该要求。就要求进行扩流,所以设计了以下方案。

1. 三端稳压电源扩流

该方案采用传统的稳压电源制法,利用集成稳压芯片7815产生15V电压,但因题目所要求的最大负载电流（2A）大于三端可调集成稳压器标称电流值,如图6-2所示,可用大功率PNP管TIP42C来扩流。用一只大功率管可将电流扩至5A。但输出电压的纹波太大必将会影响纹波电流的大小。不能完成本系统对电源的纹波电流的要求（纹波电流不大于2mA）,该方案不予采纳。

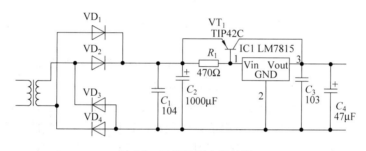

图6-2　三端稳压电源扩流

2. 高质量分立串联型稳压电源

针对方案一稳压电源输出的纹波电压太大这一问题,决定通过整流电路将交流变为脉动的直流电压,通过滤波电路加以滤波,从而得到平滑的直流电压。电源变压器的作用是将交流220V的电压变为所需的电压值,二次侧输出的电压还随电网电压波动、负载及温度的变化而变化。因而在整流、滤波电路之后,还需接稳压电路。稳压电路的作用是当电网电压波动、负载和温度变化时,维持输出直流电压稳定。因本设计输出电压为15V,故变压器输出电压选择24V（24V电压高些,但市场上24V的变压器容易购买）。

6.1.3　系统组成

本系统选择C8051F020为控制MCU,主要由处理器部分、恒流源部分和大功率高质量稳压电源部分组成。系统框图如图6-3所示。

1. 恒流源部分

带有放大环节的反馈调整型恒流电源由基准电压源、比较放大器、调整单元和采样电路组成。直流电源的电压扰动所引起输出电流的变化通过内部负反馈得到抑制,如图 6-4 所示。

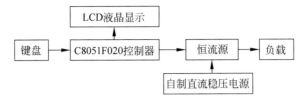

图 6-3　数控直流电流源系统框图

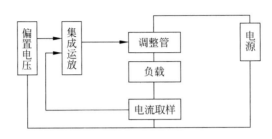

图 6-4　恒流源基本电路框图

实际恒流源电路:输出可达 2mA~2A 的电流。

本电路是由两片运算放大器 OP07 和一个高电压、高电流 OPA551 组成。第一级运算放大器电路放大器,是一个电压跟随器。为了克服相位问题,选用了同相放大器,反馈电阻用一个电位器代替,调节电位器使得电压增益趋近于 1。第二级运算放大器是由 OPA551组成恒流源。第三级运算放大器就是将采样电流进行放大。

如图 6-5 所示,R_6 为取样电阻。由于发射极最大电流可达 2A,所以选用康铜作为取样电阻。因为康铜电阻在温度变化时电阻值影响较小。这样电压和电流的关系就接近线性关系了,有助于对采样电压进行转化处理,同时也方便了编程时的数据转换。

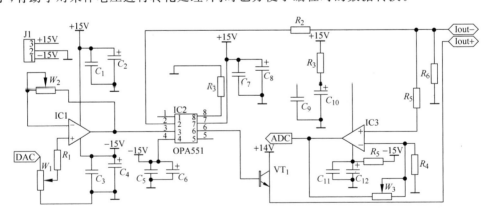

图 6-5　恒流源电路

几个辅助电源设计如下。

(1) +15V、-15V 电源电路如图 6-6 所示,主要用来为运算放大器提供电源。

(2) 由三端稳压块 LM7805 产生的 5V 电源是提供给键盘显示电路和蜂鸣器的,而AS1117_3.3 产生的 +3.3V 电源是供给 C8051F020 单片机的。电路如图 6-7 所示。

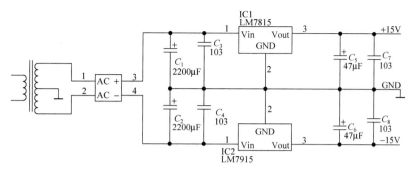

图 6-6 ＋15V、−15V 电源电路

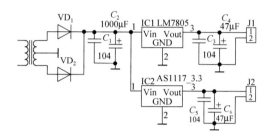

图 6-7 ＋5V 和＋3.3V 电源电路

恒流源电路的主电源采用线性串联型稳压电源,输出电压为 14V 直流电压,电路如图 6-8 所示。

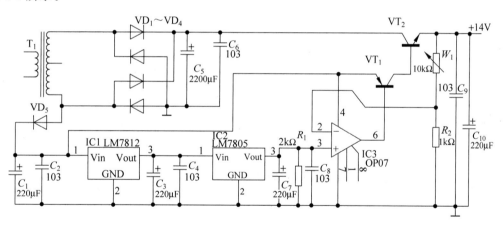

图 6-8 ＋14V 主电源电路

(3) 本系统所有电源都一点共地,减小了电源之间的相互干扰,从而最大限度地降低了纹波对整个系统的影响。

2. 显示模块

采用的液晶显示屏选用鑫鹏电子公司的 OCMJ4X8C 液晶屏。此屏是以 ST7920 为控制器,主要由行驱动器/列驱动器及 128×64 全点阵液晶显示器组成。可完成图形显示,也可以显示 16×16 的双字节点阵汉字和 16×8 的单字节点阵字符,提供了友好的人机界面接口。

3. 矩阵键盘模块

为了便于控制恒流源不同的步进值以及便于扩充系统功能,决定采用 4×4 行列式矩阵键盘,由行线和列线组成,按键位于行、列的交叉点上。如图 6-9 所示,一个 4×4 的行、列结构可以构成一个有 16 个按键的键盘。显然,在按键数量较多的场合,矩阵式键盘与独立式键盘相比,要节省很多的 I/O 口。

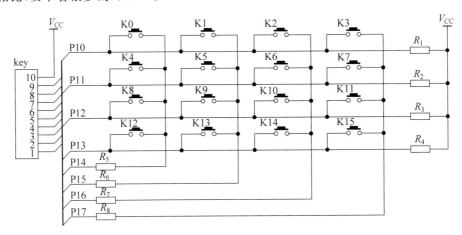

图 6-9　矩阵键盘电路

实际编程时采用了软件延时的方法进行消抖处理,消除了按键抖动的影响。

6.1.4　软件设计

软件设计主要分为键盘控制、液晶显示、A/D 采样及 D/A 反馈控制四部分。为了保证测量的精度,程序中采用了软件补偿的方法,即将 A/D 采样值与设定值进行比较,并在一定范围内做补偿处理。

详细设计流程如图 6-10 所示。

6.1.5　测试方法与测试数据

1. 测试仪器

低频毫伏表:YB2173。

数字万用表(4 位半):DT9203。

数字式万用表:DT890C。

负载电阻:$R=1\sim5\Omega$。

2. 测试数据

对设计制作的数控直流电流源进行了实验数据测试,如表 6-1 所示。

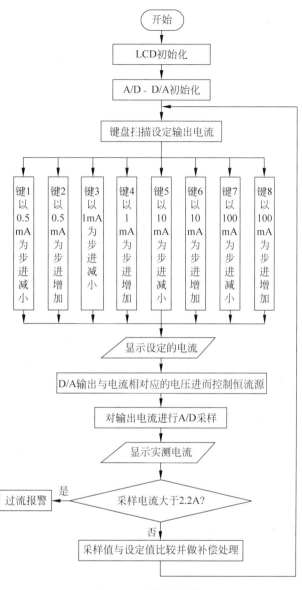

图 6-10 软件流程图

表 6-1 实验数据表

设定电流 /mA	实测电流 /mA	高精度电流 表值/mA	低频毫伏表值 /mV	负载电阻 /Ω	负载电压 /mV	输出电流与给定 值偏差绝对值
20	19.9	19	0.62	4	78.5	1
	20.5	20	0.64	4	79.6	0
50	49.6	48	0.64	4	195.2	2
	50.2	49	0.62	4	193.0	1
500	500.5	499	0.65	4	1964	1
	499.9	500	0.62	4	1966	0

设定电流 /mA	实测电流 /mA	高精度电流表值/mA	低频毫伏表值 /mV	负载电阻 /Ω	负载电压 /mV	输出电流与给定值偏差绝对值
1000	999.6	1000	0.63	4	3930	0
	1000.2	999	0.66	4	3930	1
1800	1800.0	1800	0.63	4	7070	0
	1800.6	1800	0.64	4	7060	0
2000	2000.3	2001	0.64	4	7840	1
	1999.7	2000	0.65	4	7840	0
20	19.9	20	0.32	2	44	0
	20.5	21	0.33	2	45	1
20	19.9	19	0.17	1	23	1
	21.1	21	0.17	1	24	1
1000	1000.2	1000	0.34	2	2160	0
	999.6	1002	0.32	2	2155	2
1000	1000.2	999	0.18	1	1208	1
	999.6	1001	0.18	1	1209	1
2000	1999.7	1999	0.35	2	4310	1
	2000.3	2001	0.36	2	4310	1
2000	1999.7	1998	0.19	1	2410	2
	2000.3	2001	0.17	1	2410	1

3. 性能总结

经测试后，产品各方面的性能和题目要求进行了比对，并以表格的形式总结，如表 6-2 所示。

表 6-2 作品性能表

基 本 要 求	发 挥 部 分	作品实际性能
输出电流为 200～2000mA	输出电流为 20～2000mA	基本要求与发挥要求均实现
可设定、显示电流值，且输出电流与设定值偏差的绝对值不大于（设定值的 1%＋10mA）	测量误差的绝对值不大于（设定值的 0.1%＋3 个字）	实现基本要求，在一定范围内实现了发挥要求
具有"＋""－"步进调整功能，步进不大于 10mA	步进 1mA	基本要求与发挥要求均实现
改变负载电阻，输出电压在 10V 以内变化时，要求输出电流变化的绝对值不大于（输出电流值的 1%＋10mA）	改变负载电阻，输出电压在 10V 以内变化时，要求输出电流变化的绝对值不大于（输出电流值的 0.1%＋1mA）	基本要求与发挥要求均实现
纹波电流不大于 2mA	纹波电流不大于 0.2mA	基本要求与发挥要求均实现（纹波电流不大于 0.16mA）
自制电源		本设计所有电源均为自己制作，完全实现题目要求
	其他	增加了过流报警（蜂鸣器）功能

6.1.6 总结

本次设计竞赛,选用了最新的 C8051F020 单片机进行设计,性能稳定。既完成了题目的基本要求,又完成了发挥部分,同时扩展了电流过流(大于 2.2A)报警功能,数据控制和检测中采用了 12 位转换精度的 A/D 和 D/A 转换器,确保了测量的精度和控制的稳定性。当然,如果采用 16 位的模数、数模转换器则系统更为完善。

6.2 低频数字式相位测量仪(2003 年 C 题)

6.2.1 任务和要求

1. 任务

设计并制作一个低频相位测量系统,包括相位测量仪、数字式移相信号发生器和移相网络三部分,示意图如图 6-11 和图 6-12 所示。

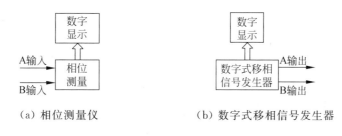

(a) 相位测量仪   (b) 数字式移相信号发生器

图 6-11 相位测量仪和数字式移相信号发生器示意图

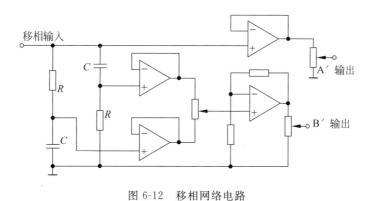

图 6-12 移相网络电路

2. 要求

1) 基本要求

(1) 设计并制作一个相位测量仪(图 6-11(a))。

① 频率范围为 20Hz~20kHz。

② 相位测量仪的输入阻抗不小于 100kΩ。

③ 允许两路输入正弦信号峰-峰值可分别在 1~5V 变化。

④ 相位测量绝对误差不大于 2°。

⑤ 具有频率测量及数字显示功能。

⑥ 相位差数字显示:相位读数为 0~359.9°,分辨力为 0.1°。

(2) 参考图 6-12 制作一个移相网络。

① 输入信号频率为 100Hz、1kHz、10kHz。

② 连续相移范围为 -45°~+45°。

③ A′、B′ 输出的正弦信号峰—峰值可分别在 0.3~5V 变化。

2) 发挥部分

(1) 设计并制作一个数字式移相信号发生器(图 6-11),用以产生相位测量仪所需的输入正弦信号,要求如下。

① 频率范围:20Hz~20kHz,频率步进为 20Hz,输出频率可预置。

② A、B 输出的正弦信号峰—峰值可分别在 0.3~5V 范围内变化。

③ 相位差为 0~359°,相位差步进为 1°,相位差值可预置。

④ 数字显示预置的频率、相位差值。

(2) 在保持相位测量仪测量误差和频率范围不变的条件下,扩展相位测量仪输入正弦电压峰-峰值为 0.3~5V。

(3) 用数字移相信号发生器校验相位测量仪,自选几个频点、相位差值和不同幅度进行校验。

(4) 其他。

6.2.2　方案论证与比较

1. 相位测量

1) 方案 1

两被测信号的相位差可表示为

$$\Delta\varphi = \left(\frac{\Delta T}{T}\right) \times 2\pi \tag{6-1}$$

式中　$\Delta\varphi$——相位差;

　　　　ΔT——相位差时间;

　　　　T——被测信号周期。

数字测量时的表达式为

$$\Delta\varphi = N\left(\frac{\tau}{T}\right) \times 2\pi = N\left(\frac{f_c}{f_m}\right) \times 2\pi \tag{6-2}$$

式中　τ——标准计数脉冲周期;

　　　　f_m——频率;

　　　　f_c——被测信号频率;

　　　　N——计数值。

倘若 $(\tau/T) \times 2\pi = 1$,则 $\Delta\varphi = N$,也就是说计数器的值 N 即是相位差 $\Delta\varphi$,这个假设成立的条件是被测信号频率是标准计数脉冲信号频率的 360 倍时,计数器的值就表示了相位差,显然此时测量的精度为 1°。若要使测量精度达到 0.1°,仍然从相位差表达式出发,将相位差表达式进行变形,即

$$\Delta\varphi = \left(\frac{N}{10}\right) \times \left(\frac{f_c}{f_m}\right) \times 2\pi \times 10 \tag{6-3}$$

当 $f_m = 3600 f_c$ 时,计数器的值 N 除以 10 即为相位差值,则测量精度提高到 $0.1°$,因此在译码显示时,小数点左移一位即表示相位差。

原理框图如图 6-13 所示。f_R、f_S 经过两个过零比较器构成整形电路,将输入的正弦波转换为方波,输出 TTL 电平;锁相环 MC14046 与嵌入在 CPLD 内的 3600 分频器一起构成 3600 倍频器,输出送入 CPLD,作为计数脉冲;数字电路部分中的鉴相器、3600 分频器、闸门电路、计数器、锁存器、译码器等都做在 CPLD 内;译码后的值直接送七段共阴极数码管显示。利用该方案,CPLD 不难提高测量精度,但测量范围受锁相环限制,精度的提高是以牺牲频率为代价,而且此电路的性价比不高,故不选择方案 1。

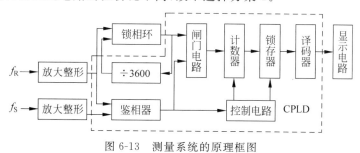

图 6-13　测量系统的原理框图

2) 方案 2

该方案的基本原理是将相位差转换为时间间隔,然后用单片机来测量时间间隔。如图 6-14 所示,被测信号 $e_1(t)$、$e_2(t)$ 经整形电路形成方波,方波的上升沿和下降沿分别与正弦信号的正负过零点对应。整形电路的输出均分为两路。一路送异或门,异或门输出矩形脉冲的宽度 τ 与相位 φ 成比例。在复合门上用高频时钟脉冲对相位脉冲进行刻度,即用异或门的输出脉冲来控制同期固定的高频时钟脉冲的通过。在单位时间内的计数值 N 正比于 τ,这样相位的测量就转化为数字化的时间测量;另一路送 D 触发器的输入端口,D 触发器的输出送给单片机用来区分超前相角和滞后相角。

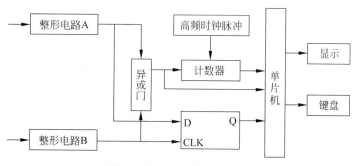

图 6-14　方案二的原理框图

具有角频率 ω 和相位差 φ 的信号 $e_1(t)$ 和 $e_2(t)$ 分别加到两路输入整形电路,图 6-15 所示为所标各点处的波形图。

设高频时钟脉冲的频率为 f_c,其周期为 $T_c = 1/f_c$;被测信号的周期为 T,频率 $f = 1/T$,则异或门的输出脉冲的周期为 $T/2$;被测信号 $e_1(t)$ 超前 $e_2(t)$,超前相角为 φ,转换成时间量为 τ,在时间 τ 内通过的脉冲为 N_1,有

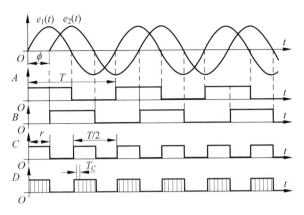

图 6-15　波形图

$$N_1 = f_c \times \tau \tag{6-4}$$

则

$$\tau = \frac{N_1}{f_c} \tag{6-5}$$

将异或门输出信号直接送到单片机,采样两个相连方波的上升沿,如波形 C,采样时间即为输入信号的 $T/2$,进而可求出频率 $f = 1/T$。已知周期 T 和时间 τ,则相位差 φ 为

$$\varphi = \left(\frac{\tau}{T}\right) \times 2\pi \tag{6-6}$$

本方案原理清晰,电路设计较简单,用常用元器件即可构成,而且性价比高,调试也比较简单,唯一不足的是用单片机实现计数功能。由于单片机的工作频率上限以及单片机还有其他任务的限制,会给时间间隔的测量带来较大的误差,所以也不采用方案 2。

3) 方案 3

在方案 2 的基础上,将计数单元电路改为外接计数器实现,这样标准计数的频率可以得到提高,则测量出的数据受 ±1 误差影响小。外接计数器的方法有以下两种:一是用 TTL 集成计数器实现,因为 TTL 集成计数器的工作频率可以达到 25MHz,±1 误差为 $0.04\mu s$;二是用可编程逻辑器件(CPLD)实现计数器,其工作频率可以做得更高。所以本设计选用方案 3。

2. 移相网络

1) 方案 1

数字移相,单片机或 FPGA 控制高速 ADC,对一个周期内的信号进行多次采样,将数据保存在高速 RAM 中。然后根据需要移相的大小,对量化数据的地址加上一个相位偏移量后输出。该方案的优点是相移量可以很大($0°\sim360°$),并且精度高,数字控制方便。但是一个周期内需要采样较多点,对 ADC 速度、RAM 速度要求很高。

2) 方案 2

可调阻容式移相电路及其相频响应波形如图 6-16 所示。

在图 6-16(a)中,输出电压 U_o 超前输入电压 U_i 一个相位角 φ;图 6-16(b)表明输出电压 U_o 滞后输入电压 U_i 一个相位角 φ。改变电容 C 的电容量,可以改变 φ 的值。这种电路原理简单,相角可调范围在 $-90°\sim+90°$ 之间,由于题目仅要求对 3 种不同频率的信号,即 100Hz、1kHz、10kHz 中的一个频率的信号输入到移相电路,通过改变滑动变阻器,很容易

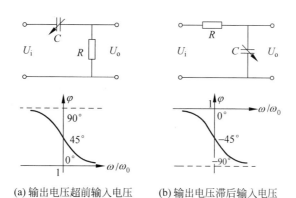

(a) 输出电压超前输入电压　　　　(b) 输出电压滞后输入电压

图 6-16　可调阻容式移相电路及相频响应波形

实现相位移从 −45° 到 +45°。由于通过移相后信号会有些衰减，所以再经一级运放放大后可直接输出。信号幅度的变化可以通过输出端的变阻器改变，以得到要求的幅值。

　　该方案不仅原理清楚，而且电路工作稳定，元器件也很容易买到，完全满足题目要求，所以选用方案 2。

3．数字式移相信号发生器

1）方案 1

采用传统的基于锁相环(Phase Locked Loop,PLL)的数字式移相信号发生器，该方案的总体框图如图 6-17 所示。

　　利用锁相环电路，可以根据所需频率，控制压控振荡器(Voltage Controlled Oscillator, VCO)，将频率锁定在所需频率上。这种波形发生器的优点是，频率具有很好的窄带跟踪特性，抑制杂散分量，而且可以省去大量复杂的滤波器的设计；缺点是，频率调节时间较长，波形的频率、幅度和相位难以控制，而且实现任意波形发生器比较困难，故舍弃方案 1。

2）方案 2

采用 DDS 专用芯片设计数字式移相信号发生器，该方案的总体框图如图 6-18 所示。

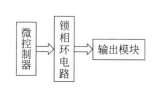

图 6-17　基于锁相环的数字式
移相信号发生器框图

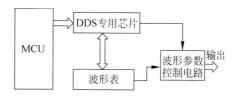

图 6-18　基于 DDS 专用芯片的数字式移相信
号发生器框图

　　DDS 专用芯片的种类也比较多，如 AD 公司的 AD9852，只要给它提供精确的时钟频率，就可产生频率和相位可编程的高稳定性的正弦波，正弦波经过电压比较器可以转化成方波。控制产生中、低频的波形可以选用 8 位的微控制器，如 MCS51 系列芯片，如果要产生频率比较高的信号，可以选用数字信号处理器(Digital Signal Processor,DSP)，如 TI 公司的 TMS320C54X 系列 DSP 芯片。

　　这种方案原理清晰，产生的信号不仅分辨率高，而且可以产生频率比较高的波形。但是这种方案的成本比较高,而且 DDS 专用芯片不容易买到,所以不采用方案 2。

3)方案 3

采用直接数字式频率合成(Direct Digital Frequency Synthesis,DDFS 或 DDS)。该方案的原理框图如图 6-19 所示。

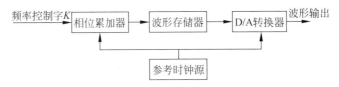

图 6-19　基于 DDS 的数字式移相信号发生器的原理框图

用随机存储器 RAM 存储所需波形的波形表,根据所需信号的频率要求输入频率控制字,相位累加器以频率控制字为步进进行累加,相位累加器的输出作为地址码读取放在存储器中的波形表,经过 D/A 转换和幅度控制,再经过滤波器滤波后即可得到所需的波形。

这种方案不仅具有波形频率易于控制且分辨率高,波形的相位连续,幅度可实现程控,而且全数字结构利于集成化、小型化,并且可以从理论上真正实现任意波形。综上所述,采用这种方案不仅原理清晰,而且实现起来相对容易。

直接数字频率合成器(Direct Digital Synthesizer,DDS)是从相位概念出发直接合成所需波形的一种频率合成技术。一个直接数字频率合成器由相位累加器、加法器、波形存储器、D/A 转换器和低通滤波器(Low Pass Filter,LPF)构成。DDS 的原理框图如 6-20 所示。

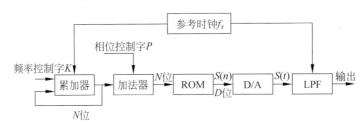

图 6-20　DDS 的原理框图

其中,K 为频率控制字;P 为相位控制字;f_r 为参考时钟频率;N 为相位累加器的字长,D 为 ROM 数据位及 D/A 转换器的字长。相位累加器在时钟 f_r 的控制下以步长 K 作累加,输出的 N 位二进制码与相位控制字 P 相加后作为波形 ROM 的地址,对波形 ROM 进行寻址,波形存储器 ROM 输出 D 位的幅度码 $S(n)$ 经 D/A 转换器变成阶梯波 $S(t)$,再经过低通滤波器平滑后就可以得到合成的信号波形。合成的信号波形形状取决于波形存储器 ROM 中存放的幅度码,因此用 DDS 可以产生数字式移相信号。这里用 DDS 实现正弦波的合成作为说明。

(1)频率预置与调节电路。K 称为频率控制字,也叫相位增量。DDS 方程为:$f_o = f_r K / 2^N$,f_o 为输出频率,f_r 为时钟频率。当 $K=1$ 时,DDS 输出最低频率(也即频率分辨率)为 $f_r / 2^N$,而 DDS 的最大输出频率由 Nyquist 采样定理决定,即 $f_r / 2$,也就是说,K 的最大值为 $2^N - 1$。因此,只要 N 足够大,DDS 可以得到很细的频率间隔。要改变 DDS 的输出频率,只要改变频率控制字 K 即可。

(2)累加器。相位累加器由 N 位加法器与 N 位寄存器级联构成,如图 6-21 所示。每

来一个时钟脉冲 f_r,加法器将频率控制字 K 与寄存器输出的累加相位数据相加,再把相加后的结果送至寄存器的数据输入端。寄存器将加法器在上一个时钟作用后所产生的相位数据反馈到加法器的输入端;以使加法器在下一个时钟作用下继续与频率控制字进行相加。这样,相位累加器在时钟的作用下,进行相位累加。当相位累加器累加到满量程时就会产生一次溢出,完成一个周期性的动作。

(3) 控制相位的加法器。通过改变相位控制字 P 可以控制输出信号的相位参数。令相位加法器的字长为 N,当相位控制字由 0 跃变到 $P(P \neq 0)$ 时,波形存储器的输入为相位累加器的输出与相位控制字 P 之和,因而其输出的幅度编码相位会增加 $P/2^N$,从而使最后输出的信号产生相移。

(4) 波形存储器。用相位累加器输出的数据作为波形存储器的取样地址,进行波形的相位—幅度转换,即可在给定的时间上确定输出波形的抽样幅值。N 位的寻址 ROM 相当于把 $0 \sim 360°$ 的正弦信号离散成具有 2^N 个样值的序列,若波形 ROM 有 D 位数据位,则 2^N 个样值的幅值以 D 位二进制数值固化在 ROM 中,按照地址的不同可以输出相应相位的正弦信号的幅值。

相位—幅度变换原理框图如图 6-22 所示。

图 6-21 累加器框图   图 6-22 相位—幅度变换原理框图

(5) D/A 转换器。D/A 转换器的作用是把合成的正弦波数字量转换成模拟量。正弦幅度量化序列 $S(n)$ 经 D/A 转换后变成了包络为正弦波的 $S(t)$。需要注意的是,频率合成器对 D/A 转换器的分辨率有一定的要求,D/A 转换器的分辨率越高,合成的正弦波 $S(t)$ 台阶数就越多,输出波形的精度也就越高。

(6) 低通滤波器。对 D/A 输出的阶梯波 $S(t)$ 进行频谱分析,可知 $S(t)$ 中除主频 f_0 外,还存在分布在 f_r、$2f_r$,两边 $\pm f_r$ 处的非谐波分量,幅值包络为辛格函数。因此,为了取出主频 f_0,必须在 D/A 转换器的输出端接入截止为 $f_r/2$ 的低通滤波器。

6.2.3 模块电路

低频相位计和移相网络包含单片机接口电路、移相网络、放大整形电路、计数电路等几个部分。

1. 单片机接口电路设计

单片机接口电路是整个电路系统控制电路的核心,所要完成的任务如下。
(1) 接收和处理从键盘输入的数据。
(2) 显示输出波形的类型和频率。
(3) 接收手写笔输入的任意波形的波形表。
(4) 给 FPGA 提供必要的数据。
该模块总的原理示意图如图 6-23 所示。

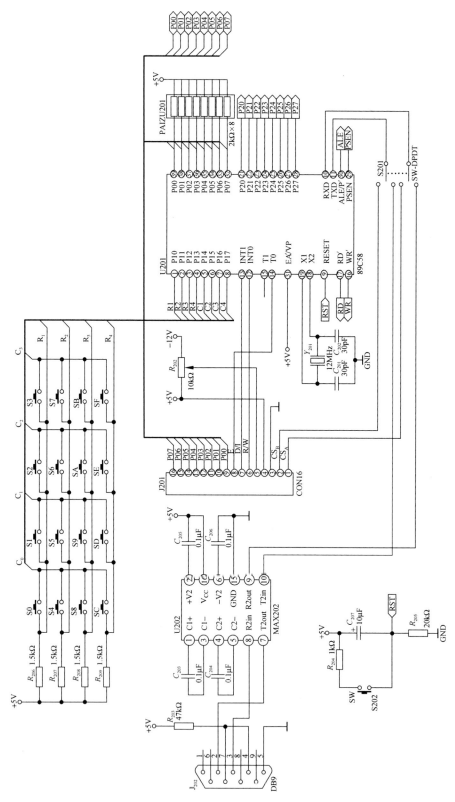

图 6-23　单片机系统接口电路原理示意图

2．移相网络

输入一路正弦信号，通过控制模拟开关，使正弦波分两路输出，一路从电压跟随器直接自 A 端输出；另一路通过模拟开关移相后从 B 端输出，从而可生成同频率的两路有相差的正弦信号。移相网络的电路图如图 6-24 所示。

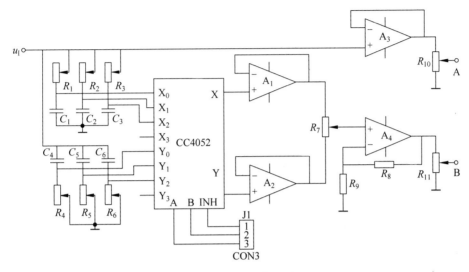

图 6-24　移相网络电路

3．放大、整形电路设计

在相位测量过程中，不允许两路信号在放大整形过程中发生相对相移。为了使两路信号在测量电路中引起的附加相移是相同的，图中安排了两个相同的电路。

图 6-25 所示为放大、整形电路的原理图。两路正弦波信号加至电压比较器 DA_1 和 DA_2 的输入端，变换成前、后沿足够陡峭的单极性脉冲，脉冲宽度与输入信号半周的时间相一致。动态 D 触发器分出相位差的符号，也就是说，在第二测量道作为同步脉冲前沿形成的时刻，测定第一测量道信号超前或滞后特性。第一通道 A_1 的输出端与异或门的一端相接，第二通道 A_2 的输出端与异或门的另一端相接，经整形后的波形异或后形成相位差的方波。该方波送入计数器计数，再将计数器的计数值送给单片机处理。

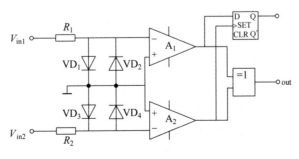

图 6-25　波形放大、整形电路 1

　　但是,图 6-25 中的电路抗干扰能力较差,尤其是输入信号在过零点受到干扰时,简单的过零电压比较器的输出端会出现频率很高的窄脉冲,对测量结果的影响较大,甚至是错误的时间间隔脉冲,故应该对简单的过零电压比较器进行改进,改进后的电路如图 6-26 所示。信号从正相端接入,引入正反馈,构成滞回比较器,可以有效地提高电路的抗干扰能力。

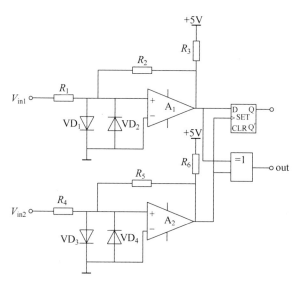

图 6-26　波形放大、整形电路 2

4. 计数器电路设计

　　单片机应用系统的时钟频率一般在 $6\sim12\mathrm{MHz}$ 之间,执行一条指令至少需要一个机器周期,而完成任何一项工作,至少需要若干条指令,这就是说,单片机操作比数字逻辑电路(无论是组合电路还是时序电路)都慢得多。如果应用系统中某一项任务速度高于 $100\mu s$,就要采用数字逻辑电路或单片机方案。

　　根据题目的精度要求,相位差绝对误差不大于 $2°$,最高频率为 $20\mathrm{kHz}$,如果将异或门输出的方波直接送给单片机计时,由于单片机系统的速度较慢,执行单字节指令至少需要 $1\mu s$,永远也达不到精度的要求,所以要经过数字逻辑电路计数后,再送给单片机处理。这里先用 74LS161 构成 16 位的计数器计数,然后再采用测周的方法求出周期和相位。74LS161 有一个重要优点,就是工作速度快,它的平均传输延迟时间为 20ns,时钟最大工作频率为 $25\mathrm{MHz}$。它最高可以对 $0.04\mu s$ 的脉冲进行计数。显然,计数脉冲周期为 $0.04\mu s$ 的脉冲比单片机的计时脉冲周期 $1\mu s$ 所产生的 ±1 误差要小得多,这里选用 74LS161 的原因也就在此。

　　图 6-27 所示是由 4 片 74LS161 构成的 16 位同步二进制计数器,控制信号接前级异或门的输出,计数脉冲接计数器的 CP 端,根据异或门输出的方波控制计数器计数,再将计数值送入单片机处理。在每次计数前可以通过 R_D' 端对计数器进行复位,该计数器的效果还是很好的,2003 年参加测试时,测量的结果精度很高。由于 2003 年 EDA 技术应用还没有实践经验,如果能用可编程逻辑器件,设计的方案会更佳。有关用可编程逻辑器件实现计数功能,现在来看已经很简单了,这里就不再叙述。

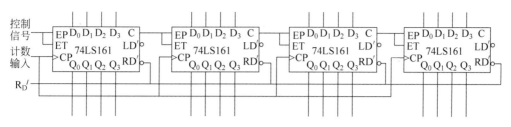

图 6-27 计数器电路

6.2.4 电路调试

电路制作完成后,要进行系统的调试。调试一般可分成硬件电路调试和软件调试两部分。

1. 硬件电路调试

首先要检查电路的接法是否正确。由于采用万能板搭电路很容易出错,所以电路检查特别重要。其次要做一个简易 RC 移相网络用于 A、B 输入,进行检测电路;在接入信号时用示波器检查其电路输入输出端的信号。在整个电路的测试过程中,比较器的输入为正弦波,输出方波;异或门输入为比较器的输出,输出为占空比随 A、B 相的相位差变化而变化的方波;D 触发器的 D 端接 A1,Q 输出为高电平或低电平。通过移相网络后的波形为同频率的两个正弦信号,其波形如图 6-28 所示。

将上述整形后的方波通过异或门后,即可看到相位差转化为时间的波形,如图 6-29所示。

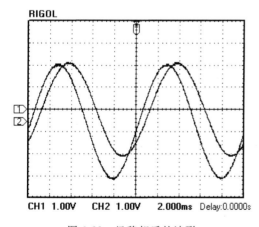

图 6-28 经移相后的波形

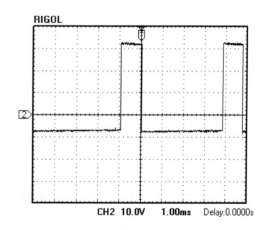

图 6-29 相位差转化为时间的方波波形

所用仪器如下。

- 示波器:YB4340G。
- 万用表:MF47。
- 信号源:EE1643 型函数信号发生器/计数器。
- 稳压电源。
- 仿真器:伟福^{R}E6000/L。

　　• 编程器：SUPERPRO^R/680。

2. 软件调试

　　因为测量仪既要测相位又要测频率,所以可以先测频率,再测相位差。测量是由外部计数器完成,因此在程序设计时只要读取数据即可。其流程框图如图 6-30 所示。

6.2.5　误差分析

　　误差分析包括整体系统数据统计与分析。

　　本设计的误差主要由三部分组成,即正弦波转化为方波的整形误差、计数器数值传输给单片机的时序误差和单片机数据处理的误差。

　　(1) 正弦波转化为方波的整形误差可以通过采用高精度的集成运放,信号从正向端输入并增加正反馈减小外界对系统的影响。

　　(2) 计数器数值传输给单片机的时序误差可以采用性能更高的单片机和高集成度的计数器,通过提高硬件的性能提高整体系统精度。

　　(3) 单片机数据处理的误差可以通过改进程序的设计方法,优化资源配置,提高其精确度。

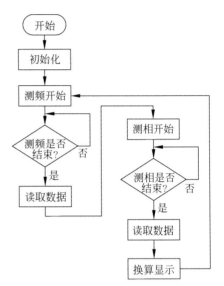

图 6-30　相位测量仪软件流程框图

6.2.6　小结

　　本设计的特点如下。

　　(1) 整形电路部分设计较合理。从拟定电路到选择器件都进行了周密考虑,也做了大量的尝试,取得了预期的结果。

　　(2) 相位差转换为时间的电路采用了异或门,简单易行,满足设计的要求。

　　(3) 计数器电路采用了传统的数字逻辑电路,没有采用可编程逻辑器件,节约了成本,而且效果也非常好。

　　(4) 整个设计都尽量采用当前的新颖电子技术。

6.3　无线温湿度传输系统设计

6.3.1　任务及要求

1. 任务

　　采用 AT89S51 处理器和 NRF905 无线模块和必要的接口芯片构成无线温、湿度采集发射机,根据系统技术要求选择合适的温度和湿度传感器,编写系统程序完成无线温、湿度采集发射机设计。

2. 要求

1）技术要求

湿度、温度的测量指标：相对湿度的范围是 0～100％ RH，分辨力达 0.1％ RH，最高精度为±5％ RH；温度的范围是－20～＋100℃，分辨力为 0.1℃。

2）开发环境

Keil_C51 集成调试环境，用 C51 程序设计语言编写系统程序。

6.3.2　硬件电路设计

图 6-31 所示为低功耗温湿度无线测量系统的发送模块的框图。以 AT89S51 为主控制核心，控制温湿度传感器 SHT10 采集环境的温湿度，然后利用 NRF905 无线传输模块将采集到的温湿度数据发送给温湿度测量无线接收模块进行相应处理。

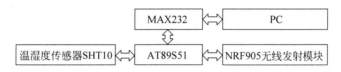

图 6-31　温湿度测量无线发送模块

1. 5V 电源模块与 3.3V 电源模块

系统中，AT89S51 单片机与 MAX232 芯片所需的电源电压为 5V，采用 LM7805 稳压块给这两片芯片供电，如图 6-32 所示。

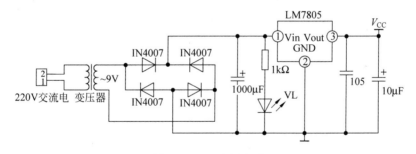

图 6-32　5V 电源电路

系统中使用的 NRF905 芯片与 SHT10 芯片所需的电压为 3.3V，故采用 AS1117-3.3 电源供电系统，如图 6-33 所示。无线发送模块以及温湿度测量模块使用的器件皆为低功耗器件。对发送端而言，可以采用 5V 电池供电，很适合在野外等环境进行温湿度测量采集。而接收端可以采用 5V 开关电源供电。其核心部件 LM1117-3.3 是一个低压差电压调节器系列。压差在 1.2V 输出，此时相应的负载电流为 800mA。

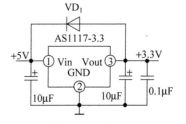

图 6-33　3.3V 电源电路

2. 无线发射模块

无线收发芯片采用挪威 Nordic 公司的单片无线收发

器芯片 NRF905。工作电压为 1.9~3.6V,工作于 433MHz、868MHz、915MHz 这 3 个 ISM 频道,最大数据速率为 100Kb/s。芯片内部集成了频率合成器、接收解调器、功率放大器、晶体振荡器和调制器。其主要特点是能够自动处理报头和 CRC 冗余校验,而且可以直接通过 SPI 接口来进行软件配置。此外,其功耗非常低,以 −10dBm 的输出功率发射时电流只有 11mA,工作于接收模式时的电流为 12.5mA,并内建有空闲模式与关机模式,易于实现节能。

NRF905 的应用电路如图 6-34 所示。电路主要利用 NRF905 与外围器件构成的电路组成无线发送接收电路,其中,NRF905 模块的 SPI 接口引脚 MOSI、MISO、SCK 引脚分别接 AT89S51 的 SPI 接口引脚。NRF905 的 SPI 接口工作于从机模式,并且利用环形天线发射信号。

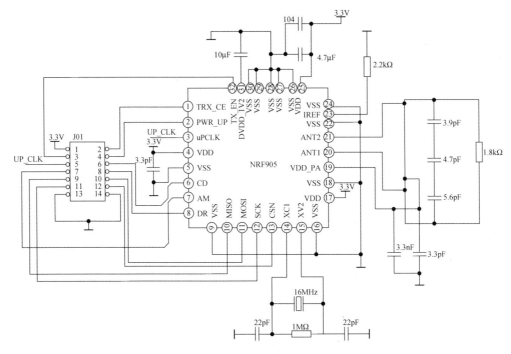

图 6-34 NRF905 应用电路

为了充分利用能量,NRF905 分别设定了两种工作模式和两种节能模式,分别由 TRX_CE、TX_EN 和 PWR_UP 这 3 个引脚决定。因此,设计使用 AT89S51 的 P1.0~P1.7 连接至 NRF905 的控制检测,用于切换模式以及配合通信。表 6-3 所示为 NRF905 的工作模式及相应功能。

表 6-3 NRF905 的工作模式及相应功能

PWR_UP	TRC_CE	TX_EN	工 作 模 式
0	×	×	掉电和 SPI 编程
1	0	×	Standby 和 SPI 编程
1	1	0	ShockBurst RX
1	1	1	ShockBurst TX

（1）模块性能及特点。

① 433MHz 开放 ISM 频段免许可证使用。

② 最高工作速率 50Kb/s,高效 GFSK 调制,抗干扰能力强,特别适合工业控制场合。

③ 125 频道,满足多点通信和跳频通信需要。

④ 内置硬件 CRC 检错和点对多点通信地址控制。

⑤ 低功耗。在 1.9～3.6V 下工作,待机模式下状态仅为 $2.5\mu A$。

⑥ 收发模式切换时间小于 $650\mu s$。

⑦ 模块可软件设地址,只有收到本机地址时才会输出数据(提供中断指示),可直接接各种单片机使用,软件编程非常方便。

⑧ TX 模式:在 +10dBm 情况下,电流为 30mA;RX 模式:12.2mA。

⑨ 标准 DIP 间距接口,便于嵌入式应用。

⑩ 因高频电路制作难度大,本系统采用成品模块,本模块与目前几大主流单片机(AVR、MSP430、51、C8051F 等)接口方便。NRF905B 配备板 PCB 载天线,直线可视通信距离约 100m,NRF905SE 及 NRF905RD,外置单鞭天线,直线可视通信距离可达 200～300m。如果配备高增益天线,则可以达到更远。

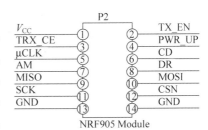

图 6-35　NRF905 模块电路与 MCU 接口管脚排列

（2）接口电路管脚说明。无线发送模块 NRF905 的管脚排列与说明分别如图 6-35 和表 6-4 所示。

表 6-4　NRF905 的引脚说明

管　脚	名　　称	管脚功能	说　　　明
①	V_{CC}	电源	电源 3.3～3.6V DC
②	TX_EN	数字输入	TX_EN=1,TX 模式;TX_EN= 0,RX 模式
③	TRX_CE	数字输入	使能芯片发射或接收
④	PWR_UP	数字输入	芯片上电
⑤	μCLK	时钟输出	本模块该脚废弃不用,向后兼容
⑥	CD	数字输出	载波检测
⑦	AM	数字输出	地址匹配
⑧	DR	数字输出	接收或发射数据完成
⑨	MISO	SPI 接口	SPI 输出
⑩	MOSI	SPI 接口	SPI 输入
⑪	SCK	SPI 时钟	SPI 时钟
⑫	CSN	SPI 使能	SPI 使能
⑬	GND	地	接地
⑭	GND	地	接地

（3）模块引脚和电气参数说明。NRF905 模块使用 Nordic 公司的 NRF905 芯片开发而成。NRF905 单片无线收发器工作在 433/868/915MHz 的 ISM 频段由一个完全集成的频

率调制器、一个带解调器的接收器一个功率放大器、一个晶体振荡器和一个调节器组成。ShockBurst 工作模式的特点是自动产生前导码和 CRC 可以很容易通过 SPI 接口进行编程配置;电流消耗很低,在发射功率为＋10dBm 时发射电流为 30mA,接收电流为 12.5mA。进入 POWERDOWN 模式可以很容易地实现节电。表 6-5 所示为 NRF905 模块的性能参数表。

表 6-5　NRF905 模块的性能参数

参 数 类 别	数值	单位
最低工作电压	3.0	V
最大发射功率	10	dBm
最大数据传输率曼彻斯特编码	50	kb/s
输出功率为－10dBm 时工作电流	9	mA
接收模式时工作电流	12.5	mA
温度范围	－40～＋85	℃
典型灵敏度	－100	dBm
POWERDOWN 模式时工作电流	2.5	μA

(4) 工作方式。NRF905 共有 4 种工作模式,其中有两种活动 RX/TX 模式和两种节电模式,其中活动模式为 ShockBurst RX、ShockBurst TX,节电模式为掉电和 SPI 编程、Standby 和 SPI 编程两种,NRF905 4 种工作模式通过对 TRX_CE、TX_EN、PWR_UP 的设置来确定。NRF905 工作模式的设置见表 6-6。

表 6-6　NRF905 工作模式的设置

PWR_UP	TRX_CE	TX_EN	工 作 模 式
0	×	×	掉电和 SPI 编程
1	0	×	Standby 和 SPI 编程
1	1	0	ShockBurst RX
1	1	1	ShockBurst TX

① ShockBurst 模式。ShockBurstTM 收发模式下,使用片内的先入先出堆栈区,数据低速从微控制器送入,但高速发射可以节能。因此,使用低速的微控制器也能得到很高的射频数据发射速率。与射频协议相关的所有高速信号处理都在片内进行,这种做法有 3 大好处:节能;低的系统费用(低速微处理器也能进行高速射频发射);数据在空中停留时间短,抗干扰性高。ShockBurstTM 技术同时也减小了整个系统的平均工作电流。

在 ShockBurstTM 收发模式下,NRF905 自动处理字头和 CRC 校验码。在接收数据时,自动把字头和 CRC 校验码移去。在发送数据时,自动加上字头和 CRC 校验码,当发送过程完成后,DR 引脚通知微处理器数据发射完毕。

② ShockBurst TX 发送流程。当微控制器有数据要发送时,通过 SPI 接口,按时序把接收机的地址和要发送的数据送传给 NRF905,SPI 接口的速率在通信协议和器件配置时确定。微控制器置高 TRX_CE 和 TX_EN,激发 NRF905 的 ShockBurstTM 发送模式。

AUTO_RETRAN 被置高,NRF905 不断重发,直到 TRX_CE 被置低;当 TRX_CE 被置低,NRF905 发送过程完成,自动进入空闲模式。

　　注意:ShockBurstTM 工作模式保证,一旦发送数据的过程开始,无论 TRX_EN 和 TX_EN 引脚是高还是低,发送过程都会被处理完。只有在前一个数据包被发送完毕,NRF905 才能接收下一个发送数据包。

　　③ ShockBurst RX 接收流程。当 TRX_CE 为高、TX_EN 为低时,NRF905 进入 ShockBurstTM 接收模式;$650\mu s$ 后,NRF905 不断监测,等待接收数据;当 NRF905 检测到同一频段的载波时,载波检测引脚被置高。当接收到一个相匹配的地址,AM 引脚被置高。当一个正确的数据包接收完毕,NRF905 自动移去字头、地址和 CRC 校验位,然后把 DR 引脚置高;微控制器把 TRX_CE 置低,NRF905 进入空闲模式;微控制器通过 SPI 口,以一定的速率把数据移到微控制器内;当所有的数据接收完毕,NRF905 把 DR 引脚和 AM 引脚置低;NRF905 此时可以进入 ShockBurstTM 接收模式、ShockBurstTM 发送模式或关机模式。

　　当正在接收一个数据包时,TRX_CE 或 TX_EN 引脚的状态发生改变,NRF905 立即把其工作模式改变,数据包则丢失。当微处理器接到 AM 引脚的信号之后,其就知道 NRF905 正在接收数据包,其可以决定是让 NRF905 继续接收该数据包还是进入另一个工作模式。

　　④ 节能模式。

　　NRF905 的节能模式包括关机模式和节能模式。在关机模式,NRF905 的工作电流最小,一般为 $2.5\mu A$。进入关机模式后,NRF905 保持配置字中的内容,但不会接收或发送任何数据。空闲模式有利于减小工作电流,其从空闲模式到发送模式或接收模式的启动时间也比较短。在空闲模式下,NRF905 内部的部分晶体振荡器处于工作状态。

　　⑤ 配置 NRF905 模块。

　　所有配置字都是通过 SPI 接口送给 NRF905。SIP 接口的工作方式可通过 SPI 指令进行设置。当 NRF905 处于空闲模式或关机模式时,SPI 接口可以保持在工作状态。

- SPI 接口寄存器配置。SPI 接口寄存器由状态寄存器、射频配置寄存器、发送地址寄存器、发送数据寄存器和接收数据寄存器 5 个寄存器组成。状态寄存器包含数据准备好引脚状态信息和地址匹配引脚状态信息;射频配置寄存器包含收发器配置信息,如频率和输出功能等;发送地址寄存器包含接收机的地址和数据的字节数;发送数据寄存器包含待发送的数据包的信息,如字节数等;接收数据寄存器包含要接收的数据的字节数等信息。

- SPI 指令设置。当 CSN 为低时,SPI 接口开始等待一条指令。任何一条新指令均由 CSN 的由高到低的转换开始。

- SPI 时序。SPI 的读操作和写操作分别如图 6-36 和图 6-37 所示。

3. 温度和湿度测量模块

　　本设计的温度和湿度测量所采用的是瑞士 Sensirion 公司生产的具有两线串行接口的单片全校准数字式新型相对湿度和温度传感器 SHT10,SHT10 可用来测量相对湿度、温度

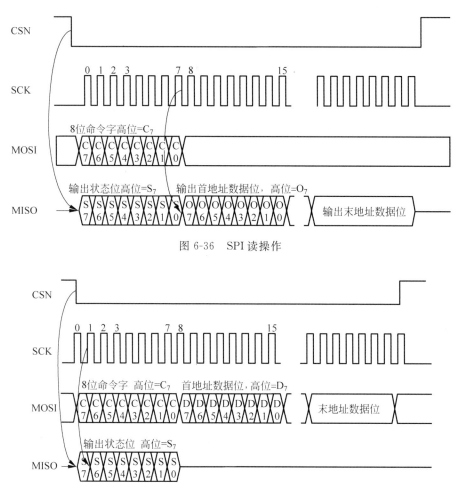

图 6-36　SPI 读操作

图 6-37　SPI 写操作

和露点等参数,具有数字式输出、免调试、免标定、免外围电路及全互换等特点。

SHT10 的湿度/温度传感器系统测量相对湿度是 $0\sim100\%$,分辨力达 0.03% RH,最高精度为 $\pm2\%$ RH,测量温度是 $-40\sim+123.8$℃,分辨力为 0.1℃。

SHT10 传感器默认的测量温度和相对湿度的分辨率分别为 14 位和 12 位,通过状态寄存器可降至 12 位和 8 位,并具有可靠的 CRC 数据传输校验功能。电源电压为 $2.4\sim5.5$V;电流消耗小:测量时为 550μA,平均为 28μA,休眠时为 3μA,是低功耗产品的最佳选择之一。

SHT10 的典型应用电路如图 6-38 所示,V_{DD} 与 GND 间通过 0.1μF 的去耦电容相连,且其 I^2C 接口的 SCK、DATA 直接与 AT89S51 的两线串行接口通过 4.7kΩ 上拉电阻与 SCL、SDA 相连,用于数据的传输交换。

SHT10 芯片传感器是一款含有已校准数字信号输出的温、湿度复合传感器。它应用专

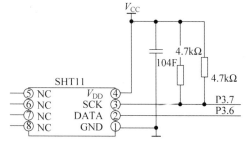

图 6-38　SHT10 典型应用电路

利的工业 COMS 过程微加工技术,确保产品具有极高的可靠性与卓越的长期稳定性。传感器包括一个电容式聚合体测湿元件和一个能隙式测温元件,并与一个 14 位的 A/D 转换器以及串行接口电路在同一芯片上实现无缝连接。因此,该产品具有品质卓越、超快响应、抗干扰能力强、性价比极高等优点。SHT10 传感器都在极为精确的湿度校验室中进行校准。校准系数以程序的形式储存在 OTP 内存中,传感器内部在检测信号的处理过程中要调用这些校准系数。

两线制串行接口和内部基准电压,使系统集成变得简易、快捷。超小的体积、极低的功耗,使其成为各类应用甚至最为苛刻的应用场合的最佳选择。产品提供表面贴片 LCC(无铅芯片)或 4 针单排引脚封装。特殊封装形式可根据用户需求而提供。

在 SHT10 引脚中:①——SCK,②——V_{DD},③——GND,④——DATA。

1) 电源引脚

SHT10 的供电电压为 2.4～5.5V。传感器上电后,要等待 11ms 以越过"休眠"状态。在此期间无须发送任何指令。电源引脚(V_{DD}、GND)之间可增加一个 100nF 的电容,用以去耦滤波。

2) 串行接口(两线双向)

SHT10 的串行接口,在传感器信号的读取及电源损耗方面,都做了优化处理,但与 I^2C 接口不兼容。

(1) 串行时钟输入(SCK)。SCK 用于微处理器与 SHT10 之间的通信同步,由于接口包含了完全静态逻辑,因而不存在最小 SCK 频率。

(2) 串行数据。DATA 三态门用于数据的读取。DATA 在 SCK 时钟下降沿之后改变状态,并仅在 SCK 时钟上升沿有效。数据传输期间,在 SCK 时钟高电平时,DATA 必须保持稳定。为避免信号冲突,微处理器应驱动 DATA 在低电平。需要一个外部的上拉电阻(如 4.7kΩ)将信号提拉至高电平(参见图 6-38)。上拉电阻通常已包含在微处理器的 I/O 电路中。

(3) 发送命令。

用一组"启动传输"时序表示数据传输的初始化,如图 6-39 所示。包括当 SCK 时钟高电平时 DATA 翻转为低电平,紧接着 SCK 变为低电平,随后是在 SCK 时钟高电平时 DATA 翻转为高电平。

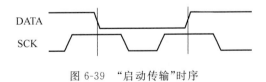

图 6-39 "启动传输"时序

后续命令包含 3 个地址位(目前只支持 000)和 5 个命令位。SHT10 会以下述方式表示已正确地接收到指令:在第 8 个 SCK 时钟的下降沿之后,将 DATA 下拉为低电平(ACK位);在第 9 个 SCK 时钟的下降沿之后,释放 DATA(恢复高电平)。SHT10 的命令集如表 6-7 所示。

表 6-7　SHT10 命令集

命　　令	代　　码
预留	000×
温度测量	00011
湿度测量	00101
读取状态寄存器	00111
写状态寄存器	00110
预留	0101×～1110×
软复位,复位接口,清空状态寄存器,即清空为默认值,下次命令前等待至少 11ms	11110

（4）测量时序（RH 和 T）。发布一组测量命令（00000101 表示相对湿度 RH,00000011 表示温度 T）后,控制器要等待测量结束。这个过程需要大约 20ms、80ms、320ms,分别对应 8b、12b、14b 测量。确切的时间随内部晶振速度,最多可能有 30% 的变化。SHTxx 通过下拉 DATA 至低电平并进入空闲模式,表示测量的结束。控制器在再次触发 SCK 时钟前,必须等待这个"数据备妥"信号来读出数据。检测数据可以先被存储,这样控制器可以继续执行其他任务在需要时再读出数据。

接着传输两个字节的测量数据和 1 个字节的 CRC 奇偶校验。UC 需要通过下拉 DATA 为低电平,以确认每个字节。所有的数据从 MSB 开始,右值有效（如对于 12b 数据,从第 5 个 SCK 时钟起算作 MSB;而对于 8b 数据,首字节则无意义）。用 CRC 数据的确认位,表明通信结束。如果不使用 CRC-8 校验,控制器可以在测量值 LSB 后,通过保持确认位 ACK 高电平来中止通信。在测量和通信结束后,SHT10 自动转入休眠模式。

（5）通信复位时序。如果与 SHT10 通信中断,信号时序可以复位串口,通信复位时序如图 6-40 所示。

当 DATA 保持高电平时,触发 SCK 时钟 9 次或更多。在下一次指令前,发送一个"传输启动"时序。这些时序只复位串口,状态寄存器内容仍然保留。

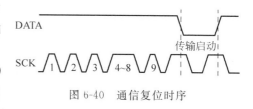

图 6-40　通信复位时序

（6）CRC-8 校验。数字信号的整个传输过程由 8b 校验来确保。任何错误数据将被检测到并清除。

3）状态寄存器

SHT10 的某些高级功能可以通过状态寄存器实现。状态寄存器位功能说明如表 6-8 所示。

（1）测量分辨率。默认的测量分辨率分别为 14b（温度）、12b（湿度）,也可分别降至 12b 和 8b。通常在高速或超低功耗的应用中采用该功能。

（2）电量不足。"电量不足"功能可监测到 U_{DD} 电压低于 2.47V 的状态。精度为 ±0.05V。

表 6-8 状态寄存器位

bit	类型	说 明		默 认 值
7		预留	0	
6	R	电量不足（低电压检测） 0 对应 $U_{DD} > 2.47V$ 1 对应 $U_{DD} < 2.47V$	×	无默认值，此位仅在 测量结束后更新
5		预留	0	
4		预留	0	
3		仅供测试，不使用	0	
2	R/W	加热	0	关
1	R/W	不从 OTP 下载	0	加载
0	R/W	1＝8b RH/12b T 分辨率 0＝8b RH/14b T 分辨率	0	12b RH 14b T

（3）加热元件。芯片上集成了一个可通断的加热元件。接通后，可将 SHT10 的温度提高 5～15℃。功耗增加 8mA/5V。

应用于：比较加热前后的温度和湿度值，可以综合验证两个传感器元件的性能。

在高湿度（大于 95%RH）环境中，加热传感器可防止凝露，同时缩短其响应时间，提高测量精度。

4）电气特性

$U_{DD}＝5V$，$T＝25℃$，除非特殊标注。表 6-9 所示为 SHT10 DC 特性，表 6-10 所示为 SHT10 I/O 信号特性。

表 6-9 SHT10 DC 特性

参 数	条 件	Min	Typ	Max	单 位
供电 DC		2.4	5	5.5	V
供电电流	测量		550		μA
	平均	2	28		μA
	休眠		0.3	1.5	μA
低电平输出电压	$I_{oL} < 4mA$	0		250	mV
高电平输出电压	$R_p < 25k\Omega$	90%		100%	V
低电平输入电压	下降沿	0		20%	V
高电平输入电压	上升沿	80%		100%	V
焊盘上的输入电流				1	μA
输出峰值电流	on			4	mA
	三态门（off）		10	20	μA

表 6-10　SHT10 I/O 信号特性

	参　数	条　件	Min	Typ	Max	单位
Fsck	SCK	$U_{DD}>4.5V$			10	MHz
		$U_{DD}<4.5V$			1	MHz
TRFO	DATA 下降时间	输出负载 5pF	3.5	10	20	ns
		输出负载 100pF	30	40	200	ns
TCLX	SCK 高/低时间		100			ns
TV	DATA 有效时			250		ns
TSU	DATA 设定时		100			ns
THO	DATA 保持时间		0	10		ns
TR/TF	SCK 升/降时间			200		ns

5) 输出转换为物理量

(1) 相对湿度。

为了补偿湿度传感器的非线性以获取准确数据,建议使用式(6-7)修正输出数值,即

$$RH_{linear} = c_1 + c_2 \cdot SO_{RH} + c_3 \cdot SO_{RH}^2 \qquad (6-7)$$

式中　c_1, c_2, c_3——湿度转换系数,其值如表 6-11 所示。

对高于 99%RH 的那些测量值则表示空气已经完全饱和,必须被处理成显示值均为 100%RH。湿度传感器对电压基本上没有依赖性。

湿度传感器相对湿度的温度补偿,实际测量温度 $T℃$ 与 25℃ 相差较大时,应对湿度传感器测量值进行修正,修正公式为

$$RH_{true} = (T-25) \times (t_1 + t_2 \times SO_{RH}) + RH_{linear} \qquad (6-8)$$

式中　t_1, t_2——温度修正系数,其值如表 6-12 所示。

表 6-11　湿度转换系数

SO_{RH}/b	c_1	c_2	c_3
12	−4	0.0405	-2.8×10^{-6}
8	−4	0.648	-7.2×10^{-4}

表 6-12　温度修正系数

SO_{RH}/b	t_1	t_2
12	0.01	0.00008
8	0.01	0.00128

在 50%RH 时的修正值约为 0.12%RH/℃。

(2) 温度。

由能隙材料 PTAT (正比于绝对温度)研发的温度传感器具有极好的线性。可用式(6-9)将数字输出转换为温度值,即

$$T = d_1 + d_2 \times SO_T \qquad (6-9)$$

式中　d_1, d_2——温度转换系数,其值如表 6-13 所示。

表 6-13　温度转换系数

U_{DD}/V	$d_1/℃$	SO_T/b	$d_2/℃$
5	−40.00	14	0.01
4	−39.75		
3.5	−39.66	12	0.04
3	−39.60		
2.5	−39.55		

在极端工作条件下测量温度时,可使用进一步的补偿算法以获取高精度。

(3) 露点。

由于湿度与温度经由同一块芯片测量,SHT10 系列产品可以同时实现高质量的露点测量。

露点是一个特殊的温度值,是空气保持某一定湿度必须达到的最低温度。当空气的温度低于露点时,空气容纳不了过多的水分,这些水分会变成雾、露水或霜。露点可以根据当前相对湿度值和温度值计算得出,具体的计算公式为

$$\lg EW = \frac{0.66077 + 7.5 \times T}{(237.3 + T) + \lg(SO_{RH}) - 2} \tag{6-10}$$

$$D_p = \frac{(0.66077 - \lg EW) \times 237.3}{\lg EW - 8.16077} \tag{6-11}$$

式中　T——当前温度值;

　　　SO_{RH}——相对湿度值;

　　　D_p——露点。

4. 预留上位机 RS232 串口通信接口

1) 电平转换芯片 MAX232 的介绍

本设计选择的是 MAX232,该产品是由德州仪器公司(TI)推出的一款兼容 RS232 标准的芯片。由于计算机串口 RS232 电平是 $-10 \sim +10V$,而一般的单片机应用系统的信号电压是 TTL 电平 $0 \sim +5V$,MAX232 就是用来进行电平转换的,该器件包含两个驱动器、两个接收器和一个电压发生器电路提供 TIA/EIA-232-F 电平。该器件符合 TIA/EIA-232-F 标准,每一个接收器将 TIA/EIA-232-F 电平转换成 5V TTL/CMOS 电平。每一个发送器将 TTL/CMOS 电平转换成 TIA/EIA-232-F 电平。

主要特点如下。

(1) 单 5V 电源工作。

(2) LinBiCMOSTM 工艺技术。

(3) 两个驱动器及两个接收器。

(4) $\pm 30V$ 输入电平。

(5) 低电源电流:典型值是 8mA。

(6) 符合甚至优于 ANSI 标准 EIA/TIA-232-E 及 ITU 推荐标准。

(7) ESD 保护大于 MIL-STD-883(方法 3015)标准的 2000V。

2) AT89S51 单片机串口通信电路

MAX232 与 AT89S51 单片机串口通信电路如图 6-41 所示,其中 4 个电容均取 $1\mu F$ 的典型值。串口 DB9 只用 3 根线,5 端公共端接系统的地,2、3 端分别是接收和发送端。DB9 接口通过交叉串口线连到 PC 上,这样就可以完成硬件串行通信。

在单片机控制系统中,要用到数/模(D/A)或模/数(A/D)变换以及其他的模拟接口电路,这里要经常用到正负电源,如 9V、$-9V$、12V、$-12V$。这些电源仅仅作为数字和模拟控制转换接口部件的小功率电源。在控制板上,有的只是 5V 电源,可通过外接或 DC-DC 变换的方法获得非 5V 电源,在这里采用一块常用的芯片 MAX232 获得非 5V 电源。MAX232 是 TTL-RS232 电平转换的典型芯片,按照芯片的推荐电路,取振荡电容 $4.7\mu F$ 的时候,若输入为 5V,输出可以达到 $-14V$ 左右;若输入为 0V,输出可以达到 14V。在扇出电流为 20mA 的时候,此处电压可以稳定在 12V 和 $-12V$。因此,在功耗不是很大的情况

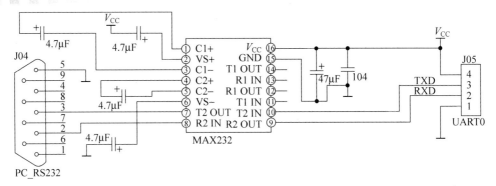

图 6-41　AT89S51 单片机 RS232 接口电路原理图

下,可以将 MAX232 的输出信号经稳压块后作电源使用。

6.3.3　系统软件设计

系统软件包括温、湿度测量和无线收发两个部分。

1. 温度和湿度测量

温度和湿度,并非是急剧变化的物理量,温湿度的变化往往是缓慢进行的,因此针对这个特点对于温湿度的测量采集并非需要时时刻刻都在进行。而是每隔 T 时间(T 根据实际需要而定,本系统选用 1s)采集一次,其余时间由于低功耗的要求使得 MCU 处于休眠状态。其程序流程如图 6-42 所示。其中 AT89S51 进入休眠状态是通过对 SE 编程休眠使能,并且对 SM 2.0 编程后进入相应的省电模式状态,然后通过定时器的计时中断 AT89S51 唤醒,再进行测量以及数据传输。

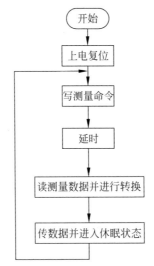

图 6-42　温度和湿度测量流程框图

2. 无线发送

对于无线发送而言,在测量发送数据以后,应考虑到数据传输的可靠性,因此加上校验功能,并且为防止偶然的发送失败带来的不良后果,采取定时等待,超时后重发,收到接收主机命令后才进入低功耗的模式。具体流程图如图 6-43 所示。

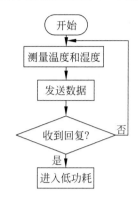

图 6-43 发送端程序流程框图

发送模块主程序如下。

```c
#include "reg51.h"                         //51 单片机头文件
#include "config.h"                        //目标板配置程序
sbit Led = P0 ^ 7;
uchar  i;
uint   Tmp_Num, Rh_Num;
// ====================================================
//                 NRF905 测试函数
// ====================================================
void Test(void)
{
    uchar i;
    nRF905_PWR = 1;
    Delay_Ms_rf905(10);
    nRF905_TXEN   = 1;
    nRF905_TRX_CE = 0;
    Delay_Ms_rf905(10);
    nRF905_CSN = 0;                        //允许 SPI
    i = 0;
  Led = 1;
    while(i! = 0x9e)                       //读取频率控制字,看是否正确
    {
    //Spi_Write(nRF905_RC);                //写命令字 = 读配置字
    Spi_Write(0x19);                       //写命令字 = 读配置字
    i = Spi_Read();
    }
Led = 0;
    nRF905_CSN = 1;                        //禁止 SPI
    nRF905_PWR    = 1;
    Delay_Ms_rf905(10);
    nRF905_TRX_CE = 0;
    Delay_Ms_rf905(1);
}
```

```
// ==========================================================
//                    主  函  数
// ==========================================================
void main( void )
{
    System_Init();                //系统初始化
    i = 1;
    while(i)
    {i = SHT10_Init();}           //SHT10 初始化,完成后返回 0,退出循环
    Config905();                  //初始化 NRF905
    Test();
    while(1)
    {
    Led = 0;
    Rh_Num = SHT10_Rh_Read();
    Tmp_Num = SHT10_Tmp_Read();
    TxRxBuf[0] = Tmp_Num/256;
    TxRxBuf[1] = Tmp_Num % 256;
    TxRxBuf[2] = Rh_Num/256;
    TxRxBuf[3] = Rh_Num % 256;
    nRF905_Tx();                  //NRF905 发送一组数据
                                  //4 个字节 = 温度高 8 位,温度低 8 位,湿度高 8 位,湿度低 8 位
    Delay_Ms_rf905(10);
    Led = 1;
    Delay_Ms_rf905(10);
    }                             //主循环体结束
}                                 //主函数结束
```

6.3.4 系统调试

无线温湿度传输系统中主要是用两种值的电压,即供单片机及 MAX232 与 SHT10 工作的 5V 电压和供 NRF905 工作的 3.3V 电压。首先通电测量变压器的输出电压,看看是否为 7.5V,然后测量 7805 输出端电压,正常时应为 5V 左右,由于 7805 三端稳压集成电路内部具有过流保护功能,因此若电路制作中有短路等故障,输出电压变为 0,而且三端稳压器件的散热片发热严重,此时应立刻断电;否则容易损坏稳压器件。再测量一下 AS1117 输出的电压是否为 3.3V 左右。当测得两个输出电压分别为 5V 和 3.3V 左右时,说明供电电路工作正常。温湿度传感器电路的调试:当电路都焊接好后,输入相应的程序,通过 LED 验证温湿度传感器模块是否能正常工作。无线发送模块电路的调试:电路焊接结束后,输入相应的程序,通过 LED 来验证无线发送模块是否能正常工作。

排除故障,这两模块电路都可以正常工作时,然后修改程序,发送固定的数据,看接收部分是否可以接收与显示,调试成功后,要做的就是通过编程来实现温湿度的采集通过无线发射电路发送,这些步骤都可以顺利完成,则该系统调试成功。

系统总体电路原理如图 6-44 所示。

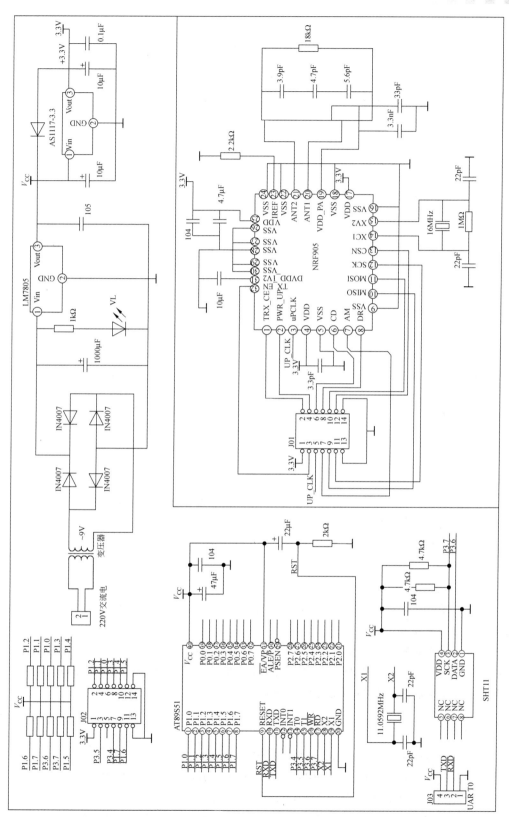

图 6-44　无线温湿度传输系统原理

6.4 点光源跟踪系统(2010 年江苏省 B 题,获江苏省一等奖)

6.4.1 任务及要求

1. 设计任务

设计并制作一个能够检测并指示点光源位置的光源跟踪系统,系统示意图如图 6-45 所示。

光源 B 使用单只 1W 白光 LED,固定在一支架上。LED 的电流能够在 150~350mA 的范围内调节。初始状态下光源中心线与支架间的夹角 θ 约为 60°,光源距地面高约 100cm,支架可以用手动方式沿着以 A 为圆心、半径 r 约 173cm 的圆周在不大于 ±45° 的范围内移动,也可以沿直线 LM 移动。在光源后 3cm 距离内、光源中心线垂直平面上设置一直径不小于 60cm 暗色纸板。

光源跟踪系统 A 放置在地面,通过使用光敏器件检测光照强度判断光源的位置,并以激光笔指示光源的位置。

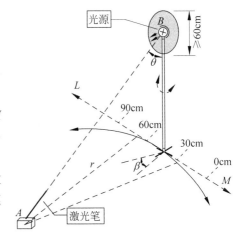

图 6-45 点光源跟踪系统示意图

2. 设计要求

1) 基本要求

(1) 光源跟踪系统中的指向激光笔可以通过现场设置参数的方法尽快指向点光源。

(2) 将激光笔光点调偏离点光源中心 30cm 时,激光笔能够尽快指向点光源。

(3) 在激光笔基本对准光源时,以 A 为圆心,将光源支架沿着圆周缓慢(10~15s 内)平稳移动 20°(约 60cm),激光笔能够连续跟踪指向 LED 点光源。

2) 发挥部分

(1) 在激光笔基本对准光源时,将光源支架沿着直线 LM 平稳缓慢(15s 内)移动 60cm,激光笔能够连续跟踪指向光源。

(2) 将光源支架旋转一个角度 $\beta(\leqslant 20°)$,激光笔能够迅速指向光源。

(3) 光源跟踪系统检测光源具有自适应性,改变点光源的亮度时(LED 驱动电流变化范围为 ±50mA),能够实现"发挥部分(1)"的内容。

3. 几点说明

(1) 作为光源的 LED 的电流应该能够调整并可测量。

(2) 测试现场为正常室内光照,跟踪系统 A 不正对直射阳光和强光源。

(3) 系统测光部件应该包含在光源跟踪系统 A 中。

(4) 光源跟踪系统在寻找跟踪点光源的过程中,不得人为干预光源跟踪系统的工作。

(5) 除"发挥部分(3)"项目外,点光源的电流应为(300 ± 15)mA。

(6) 在进行"发挥部分(3)"项测试时,不得改变光源跟踪系统的电路参数或工作模式。

6.4.2 硬件电路的设计

1. ARM 控制系统及外围电路的组成

核心处理器采用 32 位 ARM Cortex™-M3 内核(ARM v7M 架构),兼容 Thumb 的 Thumb-2 指令集,提高代码密度 25% 以上,50MHz 运行频率,1.25 DMIPS/MHz,加快 35% 以上,单周期乘法指令,2~12 周期硬件除法指令,快速可嵌套中断,6~12 个时钟周期,具有 MPU 保护设定访问规则,64KB 单周期 Flash,16KB 单周期 SRAM,内置可编程的 LDO 输出 2.25~2.75V,步进 50mV,支持非对齐数据的访问,有效地压缩数据到内存,支持位操作,最大限度使用内存,并提供创新的外设控制,内置系统节拍定时器(SysTick),方便操作系统移植,在系统中选择的是 Cortex-M3 内核的 TI 公司的 LM3S1138,硬件资源比较丰富,满足了系统的要求。

在系统设计中通常要对系统进行参数的设置,键盘作为输入信息的窗口,液晶显示可用于信息的输出。

键盘的方案选择,目前常用的键盘扫描方式有查询法,如常用的 4×4 键盘,都是通过软件查询的方法来实现的。它有两个缺点:一是,在程序执行时不断地扫描这样就浪费了时间;二是,4×4 只用了 8 个 I/O 口,极大地浪费了 ARM 的硬件资源。

在系统中采用了两片 74LS164 串行移位寄存器,采用了 16×1 的接线方式,当键盘有键按下时触发中断,在中断执行程序中进行扫描,读取按键的值。这样大大地提高了 ARM 的效率(只有按键按下才扫描读值)。在硬件上只占用了 3 个 I/O 口,节约了硬件资源。

显示的方案确定:常用的显示有数码管、1602 液晶屏、点阵屏、12864 等,鉴于在系统中显示的信息比较多,采用了 12864 液晶屏。

2. 光源电路的设计

在系统中可调光源 D_1 使用的是单只 1W 白光 LED,将其固定在一支架上。通过调节 LED 上电流的大小来控制光源的光强。在常用的 LED 光强调节中,是通过给定恒压的情况下,改变与 LED 串联电阻实现的。在这里采用恒流的方式为其供电。OPA549 是高电压、大电流功率运放,最大输出电流可达到 8A,满足 LED 的发光要求。R_2 用康铜丝绕制的电阻用于电流的检测,R_1 为阻值很小,可用多个电阻并联来满足阻值与功率的要求。这样就可以通过改变 D/A 处电压的大小来实现恒流(LED 的光强)。电路如图 6-46 所示。

3. 传感器信号检测

在光源移动时,传感器的信号发生变化,根据信号的变化判断光源移动的方向,从而控制移动平台对光源进行实时跟踪。

在使用前,在同等的条件下对上面传感器进行了测试。通过比较得出光敏电阻效果不错,而且在价格上相对便宜,满足系统的要求。光敏电阻工作原理:当外界光照强度变化时光敏电阻的变化(光照越强电阻值越小),R_1 为固定电阻,R_2 为光敏电阻。根据分压原理

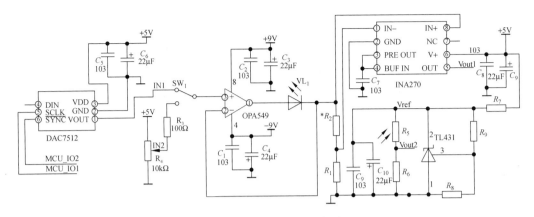

图 6-46　LED 恒流供电电路原理

$U_O = U_1 R_1 / (R_1 + R_2)$，光照越强输出电压越小。光敏电阻在使用时，应该给予一个稳定的电源。电源不稳定，有噪声时会影响输出精度。所以在供电时使用了 TL431 基准电压给其供电。

要确定光源的移动方向，必须使用多个传感器，在位置上也要进行合理的布局，来实现精确的定位。在使用传感器装置时，若将其直接暴露在正常光照强度下根本无法对光源进行检测，所以必须将其合理地安装。根据光的直线传播的原理，将传感器安装在一个直径为 8cm 的水管中，如图 6-47 所示。在管的内壁贴上黑色的隔光纸，这样有效地抑制了可见光的干扰。

传感器在光源移动时内部得到的光斑如下。

图 6-48(a)所示为 5 个输出电压值较大，图 6-48(b)所示为最右边的输出电压逐渐减小，图 6-48(c)所示为中间 3 个输出逐渐减小，图 6-48(d)所示为最左边的一个也逐渐减小。

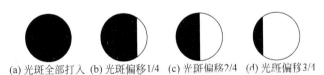

(a) 光斑全部打入　(b) 光斑偏移1/4　(c) 光斑偏移2/4　(d) 光斑偏移3/4

图 6-48　传感器内部光斑图

在上面不同光斑的作用下，光斑向左移时的传感器输出电压数据如表 6-14 所示，光斑向右移时输出数据与其对称。

表 6-14　传感器输出电压数据

传感器位置	图 6-48(a)电压/V	图 6-48(b)电压/V	图 6-48(c)电压/V	图 6-48(d)电压/V
左	2.21	2.20	2.21	1.45
上	2.19	2.21	1.5	0.4
中	2.23	2.21	1.55	0.5
下	2.3	2.19	1.32	0.53
右	2.25	1.45	0.5	0.46

可以通过对数据的分析判断光源的位置,从而控制移动平台的转动,使得接收管对准光源,实现点光的跟踪。

4．移动平台的设计

移动平台的设计主要能够根据现场光源的移动实现方位的调整。移动平台主要进行水平和垂直两个方向上的旋转。在平台里除了机械传动外,还要有电动机及相对应的控制电路。

常用的移动平台运动控制器有舵机控制和步进电动机控制两种,其特点如下。

1）舵机控制

舵机是一种位置伺服的驱动器,适用于那些需要角度不断变化并可以保持的控制系统。舵机的转动控制是通过给定信号占空比来实现转角控制的。给定信号的频率一定要稳定;否则会导致舵机的抖动。

2）步进电动机控制

步进电动机的显著特点就是具有快速启停能力,如果负荷不超过步进电动机所能提供的动态转矩值,就能够立即使步进电动机启动或反转。另一个显著特点是转速精度高,正反转控制灵活。

控制器的选择决定了系统的控制精度,常用的位置控制中舵机和步进电动机都得到了广泛的应用,在该系统中采用了步进电动机。

移动平台的机械传动：步进电动机的输出角度比较小,在实现大的范围调节时要进行传送调节,示意图如图 6-49 所示,在移动平台左右的控制中利用了传送比例调节这一原理,利用传送带轮实现其移动平台上机械方面的改进。α_1 为步进电动机的移动角度,α_2 为步进电动机带动移动平台的角度。

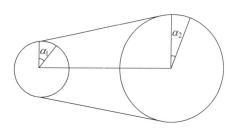

图 6-49　移动平台的机械传动示意图

5．步进电动机的驱动控制

一般的微处理器 I/O 口的输出电流都是 mA 级的,无法满足电动机的直接驱动,所以选择了高耐压、大电流达林顿管 ULN2003 步进电动机的集成驱动芯片。为了减小干扰,在I/O 口加了光耦合器进行隔离。TLP 输入端光耦的二极管阳极做公共端,高电平触发,电路稳定可靠,步进电动机原先用的是四相四拍转动,但是其中有一个步进电动机是用杠杆支撑受光用的,所以机械强度要可靠,在常用的步进电动机控制中,四相八拍运行是比较可靠的,最终选用了四相八拍控制两个电动机转动,提高了步进电动机转动的可靠性和稳定性。电路原理如图 6-50 所示。

6．系统电源

在电子系统中通常要对 MCU、传感器等器件供电,供电的电压为 3.3～12V 不等。采用了稳压电源芯片 7809、7805、7909、7905。在变压器输出进行桥式整流,将交流转换为直流,通过滤波后加在稳压芯片上,电路可靠地输出±9V 及±5V 的电压满足一般的运放要求。

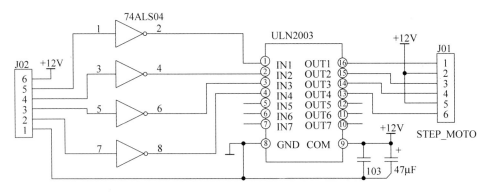

图 6-50　步进电动机驱动电路原理

6.4.3　系统程序的流程图

系统程序流程图如图 6-51 所示。

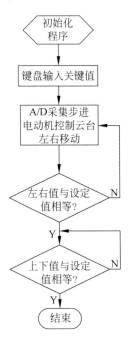

图 6-51　系统程序流程图

6.4.4　结论

在电光源相同的设计、制作过程中遇到了很多问题。首先在传感器的选择上,刚开始使用的是光敏三极管,由于光敏三极管的非线性,在受到光强变化时,输出的变化不是很明显,而且会随时变化,光敏电阻原理简单,效果明显,满足赛题提出的要求。机械结构也是非常重要的,在这个系统中采用传送比例控制,起到非常好的作用。

6.5　双向 DC-DC 变换器（2015 年全国 A 题，获江苏省一等奖）

6.5.1　任务及要求

1. 任务

设计并制作用于电池储能装置的双向 DC-DC 变换器，实现电池的充放电功能，功能可由按键设定，也可自动转换。系统结构如图 6-52 所示，图中除直流稳压电源外，其他器件均需自备。电池组由 5 节 18650 型、容量 2000～3000mAh 的锂离子电池串联组成。所用电阻阻值误差的绝对值不大于 5%。

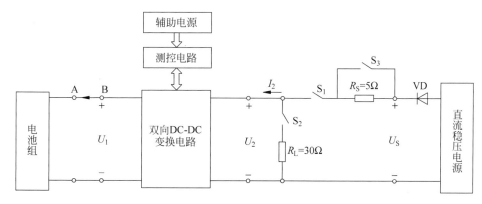

图 6-52　双向 DC-DC 变换器系统结构框图

2. 要求

1）基本要求

接通 S_1、S_3，断开 S_2，将装置设定为充电模式。

（1）$U_2 = 30V$ 条件下，实现对电池恒流充电。充电电流 I_1 在 1～2A 范围内步进可调，步进值不大于 0.1A，电流控制精度不低于 5%。

（2）设定 $I_1 = 2A$，调整直流稳压电源输出电压，使 U_2 在 24～36V 范围内变化时，要求充电电流 I_1 的变化率不大于 1%。

（3）设定 $I_1 = 2A$，在 $U_2 = 30V$ 条件下，变换器的效率 $\eta_1 \leqslant 90\%$。

（4）测量并显示充电电流 I_1，在 $I_1 = 1～2A$ 范围内测量精度不低于 2%。

（5）具有过充保护功能：设定 $I_1 = 2A$，当 U_1 超过阈值 $U_{1th} = 24V \pm 0.5V$ 时，停止充电。

2）发挥部分

（1）断开 S_1、接通 S_2，将装置设定为放电模式，保持 $U_2 = 30V \pm 0.5V$，此时变换器效率 $\eta_2 \leqslant 95\%$。

（2）接通 S_1、S_2，断开 S_3，调整直流稳压电源输出电压，使 U_s 在 32～38V 范围内变化时，双向 DC-DC 电路能够自动转换工作模式并保持 $U_2 = 30V \pm 0.5V$。

（3）在满足要求的前提下简化结构、减轻重量，使双向 DC-DC 变换器、测控电路与辅助电源三部分的总重量不大于 500g。

(4) 其他。

6.5.2　方案论证与选择

1. 隔离型双向全桥 DC-DC 变换器

在隔离型双向全桥 DC-DC 变换器中,高频整流-逆变单元和高频逆变-整流单元可以由全桥、半桥、推挽等电路拓扑构成。变压器两侧整流-逆变单元均是全桥型结构,高压侧的为电压型全桥结构,低压侧为电流型全桥结构。两侧可以实现能量的双向流动。虽然其开关频率稳定,但是其电路结构较为复杂、成本较高,适用于大功率系统,故不用此方案。

2. 推挽正激移相式双向 DC-DC 变换器

通过分析推挽正激移相式双向 DC-DC 变换器的工作原理,得到了其环流电流的表达式,从而总结出其结构简单、传输功率大等特点,但是因其变压器漏感引起大的开关电压尖峰,开关管工作条件恶劣,故舍去此方案。

3. Buck-Boost 双向 DC-DC 变换器

在双向 DC-DC 变换器中,通过 TL494 开关电源控制晶体管的导通,来选择 Buck 或 Boost 电路,从而实现充电或放电。采用 LM2576 作为开关稳压器,足以达到 2A 的负载驱动能力且可实现调节不同电压的输出方式。此方案电路结构简单,成本较低,可以满足设计要求。

综合以上 3 种方案,选择方案 3。

系统整体方案如下:市电(220V AC)经过变压器和整流滤波电路得到相应的直流电压。该电压经过以 TL494 为核心的开关电源电路,通过单片机控制 IR2104 的使能来选择升压或降压电路,从而实现充电或放电。系统原理框图如图 6-53 所示。

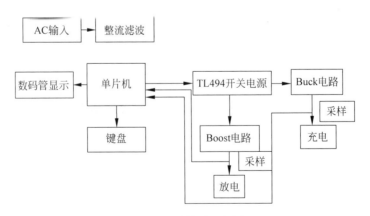

图 6-53　系统原理框图

6.5.3 模块电路

1. 双向 DC-DC 主回路与器件选择

1）双向 DC-DC 主回路

对于主回路,采用的电路是 Buck-Boost 电路,TL494 通过给 IR2104 使能信号来控制主回路 VT_1 和 VT_2 的导通,这就实现了 Buck-Boost 电路的选择。电路如图 6-54 所示。Buck 原理:TL494 选择 VT_1 导通,电感电流增加,电感储能,开关断开,电感释能,如果这个通断的过程不断重复,就可以在电容两端得到稳定的输出电压。Boost 原理:TL494 选择 VT_2 导通,电感储能,开关断开,电感给电容充能,电容电压升高,如果电容量足够大,那么在输出端就可以在放电过程中保持一个持续的电流,如果这个通断的过程不断重复,就可以在电容两端得到高于输入电压的电压。

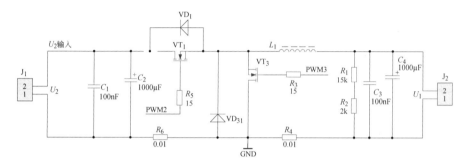

图 6-54 双向 DC-DC 主电路

2）控制芯片的选择

方案一:选择 MC34063 控制芯片。该器件本身包含了 DC-DC 变换器所需要的主要功能的单片控制电路且价格便宜。它由具有温度自动补偿功能的基准电压发生器、比较器、占空比可控的振荡器、RS 触发器和大电流输出开关电路等组成。该器件可用于升压变换器、降压变换器、反向器的控制核心,由它构成的 DC-DC 变换器仅用少量的外部元器件。主要应用于以微处理器(MPU)或单片机(MCU)为基础的系统里。

方案二:采用 TL494 芯片。它是一种固定频率脉宽调制电路,主要为开关电源电路而设计,在开关电路中比较常见。

综合对芯片的熟悉程度以及考虑到本次设计是比较小的手工制作电路,所以选择方案二最为合宜。

2. 测量控制电路

1）测量子系统框图

测量子系统采样信号有 U_1、U_2 和 I_1,为了达到单片机 ADC 的信号要求进行放大,电压和电流采样信号大小不同,所以放大器的放大倍数要进行测试后确定,为了提高精度,这些芯片的外围电阻器要选择高精度的,稳定性要好,因为身边没有这样的电阻器就用普通的电阻器代用,所以对测量精度有一定的影响。测量子系统框图如图 6-55 所示。

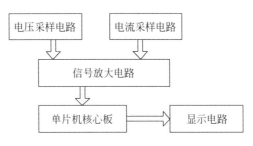

图 6-55　测量子系统框图

2）控制子系统框图

根据测试项目要求,通过键盘选择相应的测试功能,控制单片机转入相应的测试程序,控制双向 DC-DC 变换器完成相应的测试。控制子系统框图如图 6-56 所示。

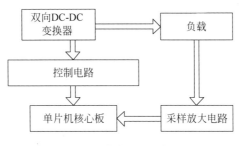

图 6-56　控制子系统框图

6.5.4　系统理论分析与计算

1. 主回路主要控制器件参数选择及计算

以 TL494 为核心的开关电源,通过单片机控制 IR2104 的使能来选择晶体管的升压或降压电路,从而实现蓄电池充电或放电。采用 LM2576 作为开关稳压器,足以达到 2A 的负载驱动能力且可实现调节不同电压的输出方式。提高效率的方法如下。

（1）选用多个低压降二极管并联构成全桥整流电路,降低管耗。

（2）减小开关管的栅极串联电阻,可改变控制脉冲的前后沿陡度、防止振荡,减小开关管漏极的冲击电压;同时在开关管的栅极和源极之间并联较大阻值电阻,减小开关管断开时的静态电流。

（3）选择导通压降较小的肖特基二极管,导通压降越小损耗越小。

TL494 的标准应用参数：V_{cc}（第⑫脚）为 7～40V,C1（第⑧脚）、C2（第⑪脚）为 40V,I_{c1}、I_{c2} 为 200mA,R_T 取值为 1.8～500kΩ,C_T 取值范围为 4700pF～10μF,内置 RC 定时电路设定频率的独立锯齿波振荡器,其振荡频率 $f_o = 1.2/R \cdot C$。图 6-57 是 TL494 接口及外围电路。

2. 驱动电路

综合考虑,选用 IR2104,其 V_{cc} 为 10～25V,传输延迟 520ns,具有独立的高、低端输入,低端反相输入。驱动电路如图 6-58 所示。

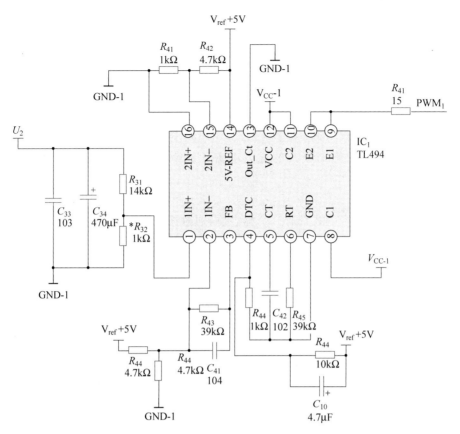

图 6-57 TL494 接口及外围电路

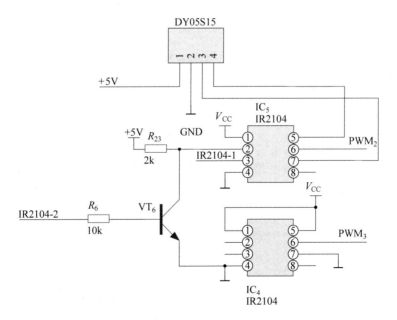

图 6-58 驱动电路

6.5.5　程序设计

1. 程序功能描述与设计思路

1) 程序功能描述

全程序共有 7 个模式,各模式间可通过矩阵键盘切换,在 $U_2 = 30\text{V}$ 充电模式下,充电电流 I_1 在 1~2A 范围内不仅可调;在 $I_1 = 2\text{A}$ 充电模式下,U_2 的电压可在 24~36V 范围内调节大小;数码管可以显示当前模式的充电电流 I_1;断开 S_1 接通 S_2,装置可设定为放电模式。

2) 程序设计思路

共设有 7 个模式,每个模式都有一个标志位,通过按键返回值可以确定模式的标志位,进而单片机通过标志位来识别并进入某个模式。实现双向 DC-DC 的变换。

2. 程序流程图

程序流程图如图 6-59 所示。

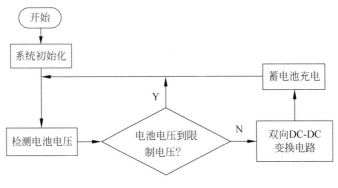

图 6-59　程序流程框图

6.5.6　测试方案与测试结果

1. 测试方案及其测试条件

测试条件:检查多次,仿真电路和硬件电路必须与系统原理图完全相同,并且检查无误,硬件电路保证无虚焊。

测试仪器:万用表。

2. 测试结果

$U_2 = 30\text{V}$　　　　　I_1 在 1~2A 调节

设定 I_1/A	1.0	1.2	1.4	1.6	1.8
测量 I_1/A	1.03	1.22	1.46	1.65	1.75
偏离百分比	0.03	0.017	0.0429	0.03125	0.029

$I_1 = 2\text{A}$ U_2 在 24～36V 变化

U_2/V	24	27	30	33	36
测量 I_1/A	2.004	2.03	2.01	1.994	1.993
变化率	0.002	0.0015	0.0005	0.0003	0.00035

$I_1 = 2\text{A}$ $U_2 = 30\text{V}$

U_1	P_1	I_2	P_2	η
18.6～42.2	1.32	39.6	93.9%	

I_1 在 1～2A 变化

测量 I_1/A	1.12	1.25	1.33	1.55	1.80
显示 I_1/A	1.13	1.27	1.35	2.57	1.83
变化率	0.009	0.016	0.015	0.013	0.016

放电模式，保持 $U_2 = 30\text{V} \pm 0.5\text{V}$

I_1/A	1.87	1.86	1.85	1.80	1.85
U_1/V	21.7	21.7	21.6	21.7	21.7
I_2/A	1.3	1.3	1.29	1.27	1.3
U_2/V	30.2	30.1	30.3	30.0	30.1
η	96.7%	97%	97.8%	97.5%	97.5%

3. 测试分析

根据上述测试数据，可以得出以下结论。

(1) U_2 条件下，可实现对电池恒流充电；充电电流 I_1 在 1～2A 范围内步进可调，步进值不大于 0.1A，电流控制精度不低于 5%。

(2) 设定 $I_1 = 2\text{A}$，U_2 可在 24～36V 范围内调节，且充电电流的变化率不大于 1%。

(3) 设定 $I_1 = 2\text{A}$，在 $U_2 = 30\text{V}$ 条件下，变换器的效率 $\eta > 90\%$。

(4) I_1 的显示电流测量精度不低于 2%。

(5) 设定 $I_1 = 2\text{A}$，当 U_1 超过阈值 $U_{1\text{th}} = 24\text{V} \pm 0.5\text{V}$ 时，停止充电，实现了过充保护功能。

(6) 当设定为放电模式时，保持 $U_2 = 30\text{V} \pm 0.5\text{V}$，此时变换器效率超过了 95%。

综上所述，本设计达到设计要求。

6.5.7 小结

通过努力，完成赛题的选择、方案论证、电路设计、软件设计和实物制作，各项功能都能实现，但是还存在不足的地方，如精度控制还需提高、测试过程还不是太熟练。

单片机核心电路原理图如图 6-60 所示，DC-DC 转换电路图如图 6-61 所示。

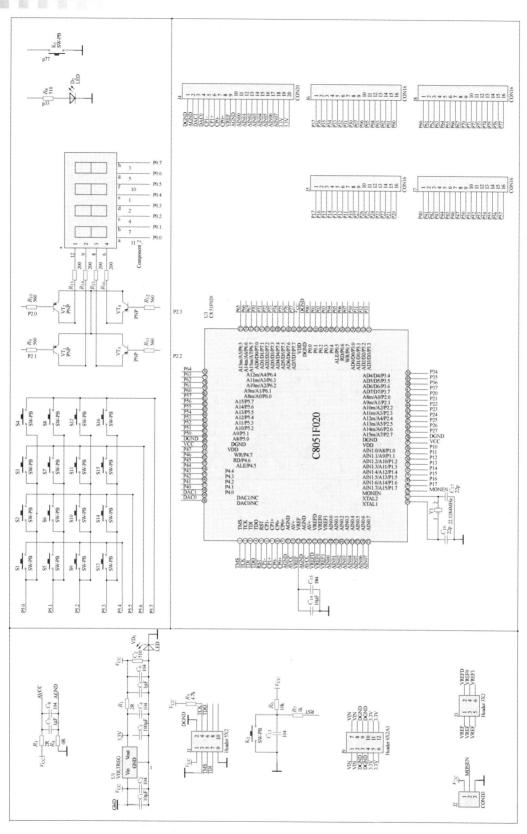

图 6-60 单片机核心电路原理图

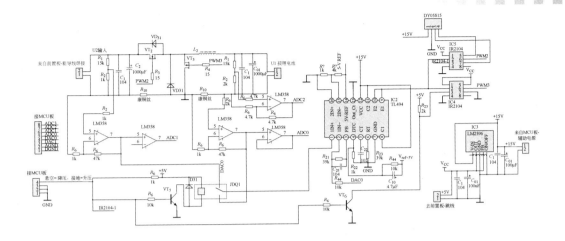

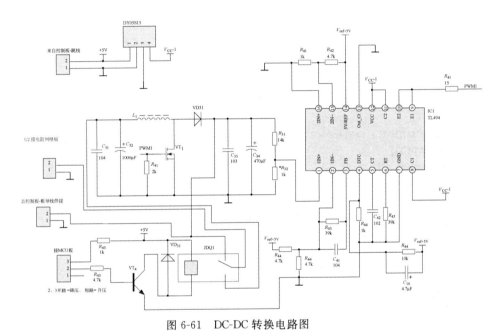

图 6-61 DC-DC 转换电路图

源程序如下：

```
void main()
{
    WDTCN = 0xde;                   //禁用看门狗定时器
    WDTCN = 0xad;
    SYSCLK_Init();
    ADC0_Init ();
    DAC0_Init();                    //初始化 DAC0
    XBR2 = 0x40;                    //使能交叉开关
    display_init();
    MODEPORT_init();
    Timer0_Init();
    EA = 1;
    while(1)
```

```
    {
     if(KeyScan()<16)
      {
       keyvuale = KeyScan();
            while(KeyScan()<16);
      }
      if(keyvuale == 15)        Mode_1();
      else if(keyvuale == 14)   Mode_2();
      else if(keyvuale == 13)   Mode_3();
      else if(keyvuale == 12)   Mode_4();
      else if(keyvuale == 11)   Mode_5();
      else if(keyvuale == 10)   Mode_6();
      else if(keyvuale == 9)    Mode_7();
     }

void ModeInit(void)
 {
   T1_IN = 1;                 //关充电晶体管 T1
   T2_OUT = 1;                //关放电晶体管 T2
   RELAY_IN = 1;              //关升压继电器
   RELAY_CP = 1;              //关恒压继电器

   Mled2 = 1;Mled1 = 1;Mled0 = 1;    //指示灯为 111
   Set_DAC0(0);
   Set_Current = 0;           //设定初始设定电流为 1000mA
   Set_Voltage = 0;           //设定初始设定电压为 0V
   FLAG = 0;                  //显示标志为 1
   MFLAG = 0;                 //模式标志为 1
   STAR = 0;
}
void AD_Sample(uint16 ADINn)
{
   static uint8 n = 0;
   uint16 temp;
   long temp1;
   AD_Data[ADINn][n] = ADC0_GET(ADINn); temp = (AD_Data[ADINn][0] + AD_Data[ADINn][1] + AD_
Data[ADINn][2] + AD_Data[ADINn][3] + AD_Data[ADINn][4])/5;
   temp1 = temp * 2430/4095;
   AD_Result[ADINn] = temp1;
   n++;
   if(n == 5)n = 0;
}
void Current_Adjust(uint8 n)
{
   static uint16 settemp;
   settemp = (uint16)(Set_Current * KA);
   if(AD_Result[n]> settemp + 10)
   {
     Current_adjust = Current_adjust - 1;
   }
   else if(AD_Result[n]< settemp - 10)
```

```
    {
      Current_adjust = Current_adjust + 1;
     }

    else
    {
      Current_adjust = settemp;
     }

    Set_DAC0(Current_adjust);
}

void Voltage_Adjust(uint8 n)
{
    if(AD_Result[n]> Set_Voltage + 10)
    {
      Voltage_adjust = Voltage_adjust - 1;
     }

    else if(AD_Result[n]< Set_Current - 10)
    {
      Voltage_adjust = Voltage_adjust + 1;
     }

    else
    {
      Voltage_adjust = Set_Voltage;
     }

    Set_DAC0(Voltage_adjust);
}
```

参 考 文 献

［1］ 康华光.电子技术基础［M］.北京：高等教育出版社,2006.
［2］ 阎石.数字电子技术基础［M］.北京：高等教育出版社,2006.
［3］ 刘昌华.数字逻辑 EDA 设计与实践［M］.北京：国防工业出版社,2006.
［4］ 王俊峰.电子制作的经验与技巧［M］.北京：机械工业出版社,2007.
［5］ 孙肖子.电子设计指南［M］.北京：高等教育出版社,2006.
［6］ 马建国.电子系统设计［M］.北京：高等教育出版社,2004.
［7］ 刘征宇.电子设计实战攻略［M］.福州：福建科学技术出版社,2006.
［8］ 张华林,周小方.电子设计竞赛实训教程［M］.北京：北京航空航天大学出版社,2007.
［9］ 王建校,张虹,金印彬.电子系统设计与实践［M］.北京：高等教育出版社,2008.
［10］ 冯先成.单片机应用系统设计［M］.北京：北京航空航天大学出版社,2009.
［11］ 陈光绒,葛鲁波.单片机应用技术教程［M］.北京：北京大学出版社,2006.
［12］ 潘永雄.电子线路 CAD 实用教程［M］.2 版.西安：西安电子科技大学出版社,2005.
［13］ 张毅刚.单片机原理及应用［M］.北京：高等教育出版社,2004.
［14］ 丁元杰.单片微机原理及应用［M］.3 版.北京：机械工业出版社,2005.

图 书 资 源 支 持

感谢您一直以来对清华版图书的支持和爱护。为了配合本书的使用,本书提供配套的资源,有需求的读者请扫描下方的"书圈"微信公众号二维码,在图书专区下载,也可以拨打电话或发送电子邮件咨询。

如果您在使用本书的过程中遇到了什么问题,或者有相关图书出版计划,也请您发邮件告诉我们,以便我们更好地为您服务。

我们的联系方式:

地　　址:北京海淀区双清路学研大厦 A 座 707

邮　　编:100084

电　　话:010－62770175－4604

资源下载:http://www.tup.com.cn

电子邮件:weijj@tup.tsinghua.edu.cn

QQ:883604(请写明您的单位和姓名)

用微信扫一扫右边的二维码,即可关注清华大学出版社公众号"书圈"。

资源下载、样书申请

书圈